河南省西华县耕地地力评价

金广彦　袁天佑　白永杰　主编

U0306216

中国农业科学技术出版社

图书在版编目（CIP）数据

河南省西华县耕地地力评价 / 金广彦，袁天佑，白永杰主编 . —北京：中国农业科学技术出版社，2016.9

ISBN 978 - 7 - 5116 - 2721 - 6

Ⅰ. ①河…　Ⅱ. ①金…②袁…③白…　Ⅲ. ①耕作土壤 - 土壤肥力 - 土壤调查 - 西华县②耕作土壤 - 土壤评价 - 西华县　Ⅳ. ①S159. 261. 4②S158

中国版本图书馆 CIP 数据核字（2016）第 203242 号

责任编辑　　徐　毅
责任校对　　马广洋

出 版 者　中国农业科学技术出版社
　　　　　北京市中关村南大街 12 号　邮编：100081
电　　话　(010) 82106631 (编辑室)　(010) 82109702 (发行部)
　　　　　(010) 82109709 (读者服务部)
传　　真　(010) 82106631
网　　址　http://www.castp.cn
经 销 者　各地新华书店
印 刷 者　北京卡乐富印刷有限公司
开　　本　787 mm × 1 092 mm　1/16
印　　张　16
字　　数　380 千字
版　　次　2016 年 9 月第 1 版　2016 年 9 月第 1 次印刷
定　　价　100.00 元

《河南省西华县耕地地力评价》
编 委 会

内容摘要

　　河南省西华县耕地地力调查工作从 2007 年开始，2010 年 10 月全面结束。本书内容包括：西华县基本概况、土壤形成条件和土壤分类、各种土壤的基本特征和特性、耕地地力调查、耕地地力评价及资料准备、县域耕地资源数据库建立、耕地地力评价过程、耕地地力等级划分结果、中低产田障碍因素分析及其改良措施、冬小麦、夏玉米作物适宜性评价等。

序　言

古人云，"民以食为天，食以地为本"。土地是人类生存的先决条件。人们视土地为最宝贵的自然资源，土地是"万物之源""财富之母""生存之本"，是农业生产的基础，是发展农业经济必须依赖的资源。

西华县是典型的平原农业县，总耕地面积81 727.57hm²，常年农作物播种面积155 980hm²，主产小麦、玉米、棉花、大豆、红芋、油料、杂粮，是国家重要的粮食生产基地。种植制度为典型的一年两熟制，气候和耕作条件对多种农作物的生产较为适宜。粮食产量由新中国成立初期的亩产40kg到1978年粮食亩（1亩≈667m²。全书同）产150kg，尤其是改革开放以来，粮食产量不断提高，从2003年起，粮食总产十二连增，到2010年粮食单产已达416.6kg的高产水平。总产6.2亿kg。创粮食产量历史新高，2009年、2010年、2011年连续3年被表彰为全国粮食生产先进县，全国种粮大县。

西华县推广化学肥料始于1953年，1953年全年施用化肥量仅59t，1957年全县施用量增到80t。从20世纪70年代开始，施用量增加，到1984年，氮、磷、钾三要素化肥总施用量达到12 669t，每亩平均施用93kg；80年以后开始使用微量元素肥料，如锌肥、硼肥、钼肥等。2010年化肥总施用量已达66 345t。

回顾西华农业发展历程，农业技术推广业绩斐然，新中国成立初期，西华县粮食总产只有8 000万kg，亩产只有40kg，自1953年开始施用化肥以来，农作物产量不断提高。20世纪70年代，施肥上重点推广了氮肥，1980年粮食作物总产18 963.5kg，小麦亩产120kg，玉米亩产150kg；20世纪80年代，施肥上着重推广了磷肥，特别是第二次土壤普查（1982年）以后，针对"富钾、缺磷、少氮"的地力状况，落实了"高产田氮磷配合、在低产田增氮增磷"技术措施，收到良好效果。1990年西华县粮食总产达到41 252万kg，小麦亩产达312kg，玉米亩产达278kg，进入20世纪90年代以后，氮、磷、钾大量元素肥料及锌、硼等微量元素肥料得到普及应用，高浓度复合肥开始被群众接受。化肥用量大幅增加，粮食产量也显著提高，2000年西华县粮食总产达到了54 472万kg，小麦亩产达410kg，玉米亩产达342kg。但由于过分依赖化肥，随即出现了轻视有机肥、滥施化肥的现象，造成土壤板结，耕性不良，养分不平衡，作物抗逆力下降，倒伏，病虫害严重的局面，粮食产量一度徘徊不前；进入21世纪后，国家发出了"优化节能、高产高效"的号召，随之应运而生了"测土配方施肥"，提出了"缺啥补啥、缺多少补多少"的施肥技术，以实现农业生产节本增效，高产优质。西华县由于推广了优良品种、测土配方施肥等农业技术措施，才取得粮食生产十二连增的骄人业绩。

西华县由于受黄河泛滥的影响，黄泛大溜流向变化无常，土壤种类较多，交错分布，土体构型复杂，土壤肥力差异较大。为促使耕地资源的合理配置与利用，地力的逐步提升，作物的合理布局，实现农业的高产优质，节本增效及可持续发展，对耕地地力进行全面评价，掌握耕地资源现状和耕地地力状况十分必要并尤为迫切。

2009年9月，西华县组织了精干的技术人员，全面系统地收集了多项基础资料，按照《全测土配方施肥技术规范》的要求，认真开展了西华县耕地地力评价工作。2010年12月底，完成了该项工作并通过了省级验收。经过对该项工作的一系列成果进行整理，编写成《河南省西华县耕地地力评价》一书。

《河南省西华县耕地地力评价》对西华县自然资源与农业生产概况、土壤与耕地资源特征、耕地地力评价指标体系、耕地地力等级与利用类型分区、小麦和玉米适宜性评价等分别进行了科学系统的阐述，为合理配置有限耕地资源，挖掘耕地生产潜力，提供了翔实的基础数据和科学依据，提出了耕地资源合理利用的对策与建议。

《河南省西华县耕地地力评价》是一部有广泛参考使用价值的专业书。该书的出版，将为今后西华县政府决策和农业生产提供科学的参考资料，对服务西华新型现代农业，促进农业结构调整与农业可持续发展，指导农民科学施肥，保障粮食生产安全，提升农产品品级，实现农业生产标准化，具有重要的现实意义。

马云峰

2016年3月

前　言

　　土地是人类赖以生存和发展的最根本的物质基础，耕地是土地的精华，是人们获取粮食及其他农产品不可替代的生产资料。耕地地力的高低直接影响作物的生长发育、产量和品质，是确保农业可持续发展的重要物质基础。西华县是国家粮食生产核心区重点县，2012 年、2013 年、2014 年连续 3 年被表彰为全国粮食生产先进县。西华县 1959 年、1982 年分别开展了两次土壤普查工作。查明了土壤的类型、数量和分布情况。土壤的养分状况和耕地质量随着人们的农业实践活动处于动态变化之中，因此，定期进行土样测试，了解耕地土壤养分变化，对耕地质量进行普查和评价是十分必要的，也是保护耕地资源，提高耕地质量的重要举措和必然选择。

　　2007 年西华县被农业部确定为国家测土配方施肥项目县，按照《2007 年测土配方施肥资金补贴项目实施方案》和 2007 年《农业部办公厅关于做好耕地地力评价工作的通知》〔农办〔2007〕66 号〕精神，2009 年下半年西华县启动了耕地地力评价工作，历经两年时间，经过资料收集、评价模型建立、报告撰写三阶段，于 2010 年年底完成了耕地地力评价工作。

　　本次耕地地力评价的耕地面积（包括耕地和园地）以西华县国土资源局提供的土地利用现状图为依据，按照《全国测土配方施肥技术规范》的要求，全面系统地收集了第二次土壤普查的资料和测土配方施肥项目的土样化验、田间试验、调查数据，采用了地理信息系统（GIS）、全球定位系统（GPS）和计算机技术，利用农业部提供的"县域耕地资源管理信息系统"平台进行数据管理，构建了西华县耕地资源管理信息系统，并开展了耕地地力评价工作。

　　通过耕地地力评价，探明了西华县耕地地力情况，为耕地资源的利用和开发提供了翔实的基础数据。本次耕地地力评价全面查清了耕地的基础生产能力、土壤肥力状况及变化态势、土壤障碍因素以及环境质量状况，为制定农业结构调整与无公害农产品生产规划及配置耕地资源与加强耕地质量管理方案奠定了基础、提供了依据。具体而言，耕地地力评价取得了以下主要成果。

1. 建立西华县耕地资源管理信息系统。该系统以县级行政区域内耕地资源为管理对象，以土地利用现状与土壤类型的结合为管理单元，对辖区内耕地资源进行信息采集、管理、分析与评价。县域耕地资源管理信息系统是本次耕地地力评价的系统平台，具有耕地资源数据建设与管理、GIS 系统模型库的建立与管理及专业应用与决策支持等功能。

2. 撰写西华县耕地地力评价技术报告和小麦、玉米适宜性专题评价报告。通过耕地地力评价，将全县耕地划分为 4 个等级，并针对不同等级的耕地提出了合理利用的对策与建议。

3. 对第二次土壤普查资料及相关历史资料进行系统整理。本次耕地地力评价对土壤图进行了数字化，对全县耕地土壤分类系统进行了整理，实现了与河南省土壤分类系统的对接，利用和保护了第二次土壤普查资料。

4. 制定了西华县土壤养分图、耕地地力等级图、耕地资源利用类型分区图和中低产田类型分布图。

5. 奠定了基于 GIS 技术咨询、指导和服务基础。

6. 为新型现代农业利用 GIS、GPS 和计算机技术，开展资源评价，建立农业生产决策支持系统奠定了基础。

本书是参加河南省西华县耕地地力评价工作的广大科技工作者的集体智慧的结晶。书中数据资料均系河南省西华县耕地地力评价第一手资料。在该项工作中，得到河南省土壤肥料站、河南省农业大学资源与管理学院、周口市农业局、西华县国土资源局、西华县统计局、西华县水利局、西华县民政局、西华县气象局等单位的大力支持，在此一并致谢！

如果本书所述内容对本县耕地资源合理利用有所裨益，参加本项研究者均将感到欣慰。同时，由于耕地地力评价是一项技术性强、工作量大的工作，而我们的研究水平有限，编写时间仓促，历史资料不完整，疏漏与欠妥之处在所难免，恳请读者批评指正。

编 者

2016 年 3 月

目　　录

第一章　自然和农业生产概况

第一节　地理位置与行政区划

一、地理位置

西华县位于河南省中东部，行政区划归周口市管辖，地处北纬33°36′~33°59′，东经114°05′~114°43′，东连淮阳，南隔沙河与周口市区、商水相望，西与鄢城、临颍、鄢陵为邻，北同扶沟、太康接壤。全县东西长57km，南北宽21km，全县土地总面积1 065km²（不计县境内国营黄泛区农场、周口监狱120km²），占全省总面积的0.6%。

境内地势平坦，沟河纵横，地势西高东低。属淮河流域，分沙河，颍河，贾鲁河三大水系，河流呈西北东南走向，地下水源充沛。

西华县交通十分便利，西靠京广铁路和京珠高速公路，东临京九交通大动脉，省道S329线（南石路）横穿东西，S219线（永定路）、S102线（周郑路）、S213线（吴黄路）纵贯南北，大广高速、周商高速、永登高速、机西高速建成通车，交通便利，通信快捷。全县实现了村村通柏油路，构成了四通八达的交通网络，为城乡经济的发展提供了便利的交通条件，见下图所示。

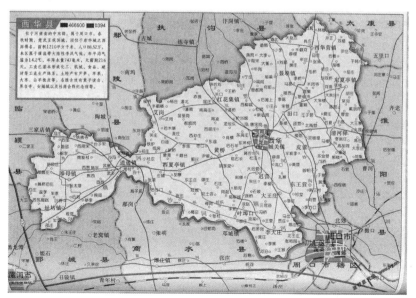

西华县地图

二、行政区划

西华县辖娲城办事处、箕子台办事处、昆山办事处3个办事处，红花集镇、聂堆镇、西华营镇、东夏亭镇、西夏亭镇、逍遥镇、址坊镇、奉母镇、艾岗乡、黄土桥乡、田口乡、皮营乡、李大庄乡、叶埠口乡、迟营乡、大王庄乡、东王营乡和清河驿乡，18个乡镇；3个农林场（县林场、县农场、园艺场），434个行政村，1 099个自然村，3 092个村民组。总人口88.5万口，其中，农业人口80.5万人，占总人口的93%，人口密度每平方千米831人，总土地面积159.75万亩（1亩=667m²），其中，耕地面积108.6万亩，占总土地面积的68%。

第二节　农业自然资源条件

根据全国气候区域划分和县内气象资料统计，西华县为半湿润地区暖温带季风型气候。由于太阳辐射与季风环流的影响，其突出的气候特点是：四季分明，光照充足；冬季寒冷，雨雪较少；夏季炎热，雨水集中；春秋温暖，季节短暂，全年水热分配不均。因水热分配不均容易产生旱涝灾害。

一、温度

（一）气温

据1949年后多年资料所示，西华县年平均气温14.2℃，年际变化不大。一年中1月平均-0.1℃，冬季不太冷，有利于秋冬农作物安全越冬；7月最热，平均27.2℃，有利于春夏播作物发育生长。日平均气温稳定通过5℃的日数是216.5天，活动积温≥10℃为4 664.5℃。无霜期平均为217天。初霜期一般在10月30日左右，终霜期一般在3月26日左右，耕作制度为典型为一年两熟制。

（二）地温

全县年平均地面温度16℃，比气温高1.8℃，各月变化趋势与气温相同。春季地面温度回升较快，而秋季则下降迅速，5cm地温稳定通过14℃的初日是4月17日，此时正是棉花播种的时期，而秋季温度下降迅速不利于小麦形成壮苗。年冻土日数平均为36天（表1-1）。

表1-1　历年各月气温和5cm地温情况表

月　份	1	2	3	4	5	6	7	8	9	10	11	12	全年平均
月平均气温	-0.1	2.5	7.9	14.5	20.2	25.7	27.2	26.1	21.0	15.1	8.2	2.1	14.2
月平均5cm地温	1.0	3.7	9.1	15.5	21.7	27.0	29.0	28.4	22.5	16.2	9.0	3.1	15.5

二、日照

全县平均日照时数为2 318.54h，年日照百分率为52%，但是在不同年份、不同月份分布不平衡。一般是冬季日照较短，占全年日照时数的20%；夏季较长，占全年日照时数的31%；春季占全年日照时数的25%；秋季占全年日照时数的24%。

三、降水

西华县年平均降水量746.9mm，据27年气象资料统计：年降水量在600～900mm的正常年份有18年，占44.7%年降水量不足600mm的年份15年，占18.5%；年降水量超过900mm的年份有4年，占18.4%。总的来看，年际变化较大。在四季中，夏季最多，冬季最少，秋大于春。从年代上看，1961—2000年降水量变化总趋势是在增加，20世纪90年代大于80年代，80年代大于70年代，70年代大于60年代，增加最明显的月份是7月，4月、8月、9月、11月减少，4月减少最多，历年平均降雨天气93天，水热同季是西华县降雨一大特点小麦全生育期一般有2/3的年份缺水；夏玉米的水分供求不稳定，由2/3的年份不是雨水过多，就是雨水过少（表1-2）。

表1-2　西华县各月平均降水量

（2007年、2008年、2009年3年平均值）（单位：mm）

月　份	1	2	3	4	5	6	7	8	9	10	11	12
降水量	13.8	19.4	36.6	51.5	76.0	77.0	303.3	117.3	50.2	35.0	21.9	9.5

四、蒸发量与空气湿度

据24年的统计，平均年蒸发量为1 622.7mm，为平均降水量的2.2倍。历年来各月降水量均小于蒸发量，蒸发量四季分配为冬季最小，夏季最大，春大于秋。

年平均相对湿度27%，绝对湿度为13.8mb。这种气候特点对本县土壤形成发育和农业生产起着重要的作用。

总之，西华县气候适宜，光热丰富，水热同期，雨量充沛，总体上对粮食作物和蔬菜生产都非常有利。但是也有不利因素，春末夏初之干热风，夏末秋初之多阴雨，初春之倒春寒，冬季少雪干旱，这些都是生产中的障碍性因素。

五、地表水资源与主要水系

西华县地表水资源主要靠降雨和上游外来客水。多年的自然降水统计资料表明，年平均降水总量8.85亿m³，年平均径流量38.31亿m³。地表径流表现特点为径流量在时间上分布不均，与降水分布一致，径流多集中在夏秋季节的雨季。

西华县入境水均属淮河流域的沙颍河水系。具体划分为3个流域，西部为沙颍河流域，其支流有柳塔河、南马沟、北马沟、乌江沟、鸡爪沟、清泥河、鲤鱼沟、清流河、重建沟等，排水面积518km²，占县境内排水面积的43.8%；中部为贾鲁河流域，主要支流有双狼沟、七里河等，排水面积160km²，占县境内排水面积的14.9%；东部为新运河流域，主要支流有洼冲沟、清水沟、黄水沟等，排水面积394km²，占县境内排水面积的36.8%。县境内总排水面积1 072km²。占全县总面积的89.8%。多年平均年过水总量为36.65亿m³。按利用率5%计算，年平均可利用过境水1.83亿m³。

六、地下水资源

西华县县内地下水储量比较丰富，埋藏较浅，补给容易，水质较好，便于开发利用，宜于发展井灌。据抽水试验，全县平均单井出水量 59.8t/h，其中，贾东区 62.5t/h，贾西区 61.5t/h，颍西南区 55.4t/h。促进作用单井出水量看，3 个区浅层地下水都很丰富，但是由于富水性能不同，贾东为大水量区，贾西属中水量区，颍西南属中小水量区。

由于浅层水的动态变化主要受大气降水、河渠入渗、人工开发及潜水蒸发等因素影响，其类型为入渗 - 蒸发型或入渗 - 开采 - 蒸发型。因 7—9 月雨量集中，地表入渗加大，开采量减少，地下水开始回升，到 3 月春灌以后，水位又开始下降。多年实测资料证明，县内地下水位 11—12 月为最高时期，6 月是最低时期，水位变幅在 0.5 ~ 1.2m，按水均衡法计算，西华县多年平均地下水综合补给 2.21 亿 m^3，消耗量 1.99 亿 m^3，余 0.22 亿 m^3；旱年补给量 1.64 亿 m^3，消耗量 2.51 亿 m^3，缺口 0.87 亿 m^3。

七、水资源利用现状

目前，西华县的用水结构主要是农业灌溉用水，工业用水、生活用水等。

（一）农业灌溉用水

全县农业灌溉 95% 使用浅层地下水。据 2009 年水资源开发利用调查，全县有农用机电井 17 704 眼，平均机井密度 156 眼/万亩。1985—2006 年，每年实际灌溉面积 23 ~ 80 万亩，年开采量 1 087 ~ 9 780.5 万 m^3。农业灌溉次数与降水量密切相关。

（二）工业用水

西华县现有大小企业 540 个，按行业分类主要有：食品、饮料、纺织、造纸、电力、皮革、医药、建材、机械和其他工业，大部分开采地下水，2009 年用水量达 7 万多 m^3。

（三）人、畜生活用水

2009 年全县人口 88.5 万人，全部饮用地下水，用水标准城镇采用 50kg/人，日计算。农村采用 40kg/人，日计算。全年生活用水 1 328.6 万 m^3；大牲畜 15.87 万头，用水标准采用 80kg/头，日计算，全年共用水 463.4 万 m^3；有小牲畜 50.4 万头，平均 25kg/头，日计算，全年共用水 459.9 万 m^3，2009 年人、畜生活共用水 2 251.9 万 m^3。

（四）林业苗圃用水

2009 年全县林业苗圃面积 10 960 亩，苗圃用水均用地下水，不同保证率采用不同的灌溉定额，单位面积用水量 120m^3/亩，2009 年苗圃用水 131.52 万 m^3。

八、水利设施与灌溉情况

西华县流域面积 100km^2 以上骨干河道 14 条，80% 可达到 20 年一遇防洪标准；30km^2 以下的支斗沟河 143 条，大部分已按 5 年一遇除涝标准进行了治理。全县有机电灌站 154 处，涵闸 131 座。拥有逍遥、阎岗、黄土桥和周口四大灌区。除补充沿河地下水外，可供提水灌溉耕地 50 多万亩。

西华县的灌溉条件主要是利用地下浅水层采用移动式管道进行漫灌或人工喷灌。据统计 2009 年全县农用机电井 17 704 眼，有效灌溉面积 96 万亩，基本达到了旱能浇、涝能排。

西华县耕地和园地排涝能力达 10 年一遇，面积为 60 万亩；5 年一遇，面积为 30 万亩；3 年一遇，面积为 15 万亩。

第三节 农业生产和农村经济

一、农村经济情况

西华县是一个以粮食生产为主的农业大县，党的三中全会以来，农业生产得到了长足的发展。至 2009 年全县实现了农业生产总值达 463 866.9 万元。其中，农业产值 312 465 万元。林业产值 25 334 万元，牧业产值 113 317.9 万元，渔业产值 138 万元农林牧服务业 12 612 万元。

农民家庭劳动力人数 2.31 人/户，经营耕地 5.85 亩/户，平均每个劳动力经营耕地 2.53 亩，人均住房面积 18.69m²，全年农民家庭纯收入达到人均 3 210 元。

农民人均耕地 1.33 亩。2010 年，农民人均纯收入达 4 041 元。

二、农业生产现状

随着国民经济的快速发展及国家对农业扶持力度的加大，西华县的农业生产得到了长足发展。

（一）粮食生产情况

近几年，西华县紧紧围绕增加农民收入这个中心，把提高粮食生产能力作为农业生产的重中之重来抓，认真落实国家扶持粮食生产的政策，稳定粮食播种面积，推广优良品种和先进适用生产技术，有效地提高了粮食的生产能力，取得了显著的成效。

粮食生产持续稳产高产：西华县粮食作物主要以小麦、玉米为主，兼种大豆等。近年来，西华县粮食生产面积一直稳定在 160 万亩左右，实现了连续 11 年增产。2009 年西华县粮食生产再获丰收，全县 100 万亩小麦，平均单产 512.6kg，总产 51 200 万 kg，玉米面积 60 万亩，单产 475kg，总产 28 500 万 kg，全年粮食总产接近 8 亿 kg，创历史新高。

粮食品种结构不断优化：几年来，西华县积极调整优化粮食品种结构，大力推广优质高产品种，粮食生产优质化程度不断提高，自 2000 年以来，全县小麦主推了周麦 16、周麦 18、新麦 18、新麦 19、众麦一号、矮抗 58、偃展 4110、洛麦 21 号、太空 6 号、中育 6 号、平安 6 号、周麦 19、金丰 3 号等品种，玉米主推了郑单 958，蠡玉 16、浚单 20、洛玉 4 号、中科 4 号、中科 11 号。大豆主推了豫豆 22、周豆 12、中黄 13、徐豆 14 等品种，基本做到了主导品种明确，布局合理，品质优良，抵抗灾害能力强。

粮食产业化水平不断提高：一是订单化水平显著提高，西华县积极组织龙头企业和粮食生产基地和农户签订粮食购销合同，有效减少了农民投资风险；二是粮食加工业不断发展，大力发展小麦深加工，2009 年，全县有面粉加工企业 15 家，年加工粮食 36 万 t；三是专业合作组织不断建立，全县已成立 136 个专业合作组织，为农民提供了产前、产中、产后服务。

（二）经济作物

西华县的经济作物主要以棉花、蔬菜为主，兼种瓜果、油料、果树等。2009 年经济作物播种面积 24.41 万亩，其中，辣椒 10.5 万亩，总产小辣椒 7 875t；蔬菜 8.04 万亩，总产 24 723t；西瓜 1.02 万亩，总产 30 600t，油料 2 万亩，总产 6 000t，果树 1.2 万亩，总产水果 36 000t。

（三）林业生产

几年来，西华县林业生产坚持"完善、巩固、提高"的主导思想，重点抓好林网建设通道绿化，杨树丰产林建设，既注重商品林发展，同时，又注重生态公益林的发展，全县林业用地 17.7 万亩，其中，成片林地面积 2.5 万亩，活立木蓄积量 422 248m³，树木总株数 14 675 800 株，树木覆盖率达到 13.4%，2009 年林业产值达到 25 334.88 万元。

（四）畜牧养殖情况

近几年，西华县狠抓养殖业，大力推广畜禽优良品种，并强化技术服务，落实各项补贴政策落实，实现了畜牧业的持续稳定发展，逐渐形成了牛、猪、羊、禽全面发展的格局，培养了一批具有较强发展实力的畜牧养殖企业，畜牧养殖业实现了规模化、专业化、产业化发展趋势，截至 2009 年年底全县规模饲养场（户）达 2 914 个，其中，年出栏万头以上的养猪场 20 个，存栏万只以上的养鸡场 27 个，存栏 600 头以上的奶牛场 3 个；全县出栏生猪 139 万头、羊 60.5 万只、牛 6.5 万头、家禽 620.1 万只；实现畜牧业产值 11.33 亿元，占农业总产值的比重达 22.44%，全县农民人均畜牧业产值达 2 600 元。

（五）渔业生产情况

西华县的渔业生产在不断发展，近几年来不断扩大养殖规模，改善生产条件，推广新的养殖模式，调整了产品结构，据统计，2009 年全县渔业水面面积 7 650 亩，水产品总产量 230t，产值 138 万元，不仅丰富了群众菜篮子，又是农民增收的一条新途径。

三、主要生产问题

（一）作物种植结构不合理

作物布局不合理，种植结构调整难度大，随着市场经济的发展，农民外出务工人员不断增加，农村劳动力缺乏，对农业生产重视不够，加大了种植业结构调整难度以及新技术推广的难度。

（二）耕作以农户分散经营为主

目前，农业以农户分散经营为主，地块规模小，不利于大型机械的耕种，而且耕作粗放，致使土壤犁底层上移，耕层变浅，降低了土壤保肥保水性能和抗御自然灾害能力。

（三）不重视有机肥施用

近 20 年来，农家肥投入数量锐减。有机肥投入主要表现在作物根茬还田，秸秆覆盖还田，堆沤还田，直接还田方面。

（四）秸秆资源浪费严重

堆沤肥和人粪便缺乏科学化管理和挖潜工作做得不够。

第四节　农业生产简史

西华县从有历史记载以来，就是以农作物种植业为主的粮食生产大县，以旱作农业为主，主产小麦、玉米、棉花、大豆、红薯、油料、杂粮、林果苗木、蔬菜瓜果等，是国家重要的粮食生产基地，全国粮食生产百强县，省优质粮食生产基地。勤劳的西华农民，利用丰富的自然资源在长期的农业生产实践中积累了科学种田和战胜自然灾害的丰富经验，小麦产量由 1949 年的亩产 40kg 到 1978 年亩产 149kg，农业生产条件由新中国成立前的靠天吃饭，发展到具有一定的抗御自然灾害能力，到 2009 年小麦单产达 525.6kg 的高产水平。从新中国成立至今，西华县的农业发展大体可分为 5 个阶段。

第一阶段：（1950—1957 年）

该阶段又称 3 年恢复和第一个 5 年计划时期，实行土地改革和对农业社会主义改造，解放了生产力，农业发展很快。全县粮食总产由 1950 年的 8 700 万 kg，到 1957 年增加到 14 246.8 万 kg，年递增率为 7.3%，平均亩产由 75kg 增加到 122.8kg；棉花总产由 657 万 kg，增加到 976 万 kg，主要经验精耕细作，增施有机肥，适当调整作物布局。

第二阶段：（1958—1963 年）

由于受"大跃进""共产风"的影响，违背了自然规律，生产上瞎指挥，盲目压缩高产、稳产、抗灾能力强的小麦、大豆、高粱面积，扩大水稻面积，加大播种量，造成粮食产量急剧下降，全县粮食总产由 1957 年 14 264.8 万 kg，1963 年下降到 5 360 万 kg，棉花总产由 976 万 kg，下降到 575 万 kg，油料由 100 万 kg 下降到 57 万 kg。

第三阶段：（1964—1976 年）

党中央采取一系列恢复发展农业生产的措施，产量稳步上升，1974 年粮食总产 21 375 万 kg，10 年递增率 6%；棉花总产 2 487 万 kg，10 年递增率 15.2%；油料总产 92 万 kg，10 年递增率 4.1%，人均产粮达 255.5kg。主要措施：重视农田基本建设，增加化肥施用量，推广优良品种，调整作物布局，扩大高产作物玉米、红薯，开展造林运动，但是作物布局不合理，重粮食轻经济。

第四阶段：（1977—1980 年）

贯彻中央关于发展农业生产方针政策，农村建立农业生产规章制度，调动了农民的生产积极性，提高农民科学种田水平，调整不合理耕作制度和种植比例。1980 年全县小麦播种面积 61.5 万亩，单产 135kg，总产 8 302.5 万 kg；棉花播种面积 20 万亩，单产 41kg，总产 820 万 kg；玉米播种面积 24 万亩，单产 187kg，总产 4 488万 kg；大豆播种面积 21 万亩，单产 65.8kg，总产 1 381.8 万 kg；红薯 28 万亩，单产 246kg，总产 6 888 万 kg。

第五阶段：（1981 年以后）

全县实行联产承包责任制，消除了多年来在集体经济中吃"大锅饭"的弊端，激发了农民生产积极性，农业生产进入了全面高速发展阶段，农作物产量不断提高，1985 年粮食总产 35 803.5 万 kg。其中小麦播种 87 万亩，平均单产 271.5kg；棉花播种面积 30 万亩，单产 74.1kg；玉米播种面积 34 万亩，单产 247kg，大豆播种面积 28 万亩，单产 90kg；红薯播种面积 5.2 万亩，单产 253kg；到 2009 年小麦单产已达到 525.6kg，总产 52 560 万 kg；玉米单产达 487kg，总产 24 350 万 kg；棉花单产 77kg，总产 770 万 kg；大豆单产 162kg，总产 4 536 万 kg。

第五节　农业生产施肥

一、农业施肥历史、数量、粮食产量变化趋势

西华县农业生产上施用化肥，始于 20 世纪 50 年代中期，最初施用的是氮肥硫铵，俗称

"肥田粉"。开始，缺乏科学施肥方法，农民由于使用不当，肥料效果不好，推广不开；后来农民逐渐掌握了化肥施用技术，提高了化肥的使用效果。随着化肥肥效的显现，化肥用量不断增加，使用面积越来越大，至1970年全县化肥施用量达到50.3万kg，每亩平均3.14kg，这一阶段的肥料品种主要以硫铵、碳铵、氨水为主。20世纪70年代后期才开始普遍施用磷肥、复合肥，80年代以后开始使用微量元素肥料，如锌肥、硼肥、叶面肥等。

随着化肥施用的面积扩大，用量增加，作物亩产量也相应提高。1950年全县粮食年平均单产75kg，总产8 700万kg。到1957年全县年平均单产122.8kg，总产14 246.8万kg，年增幅达7.3%。到1974年粮食总产21 375万kg，年平均单产达152.7kg。随着作物产量提高，土壤中磷素的供应不足显现出来，制约着作物产量的进一步提高，农业科技部门提出了增施磷肥，并进行了广泛宣传推广。到20世纪70年代后期，磷肥的施用才得到普遍应用，主要品种有过磷酸钙、钙镁磷肥，随着磷肥施用量不断增加，产量也在不断提高。1978年西华县粮食总产达到了24 650万kg，小麦单产达176.1kg，玉米单产387kg。到1985年西华县小麦施用化肥量每亩底施碳铵40~50kg，苗肥每亩用尿素7~8kg，磷肥（12%~14%），每亩施用40~50kg，小麦平均单产达213.5kg，总产达19 218万kg，玉米单产达242kg，总产9 680万kg。

随着氮、磷肥用量增加，粮食产量在不断提高，通过耕地地力监测，发现西华县土壤速效钾含量有所下降，而且土壤质地越轻，钾元素含量越低，已成为了新的制约因子。当时河南省土肥站提出在全省实施"补钾工程"，钾肥施用受到了重视，西华县开展了有针对性补施钾肥，到2000年全县钾肥施用量已达2 400t，多用于麦播基肥，小麦亩产达422.1kg，玉米单产415.6kg。

随着国家对农业生产重视及保证粮食安全的需要，各项惠农政策相继出台，农业部、财政部在全国安排测土配方施肥资金补贴项目，目的在于促进农业生产施肥更加科学平衡，减少过量施肥，节约资源，保护农业生态环境，优化农产品品质，使农业节本增效，进一步增加农民收入。2007年西华县被定为测土配方施肥补贴县。通过3年来在项目实施中对测土配方施肥技术的大力宣传推广，全县广大农民对测土配方施肥已达成较为广泛的共识。施肥结构明显改善，配方肥、复合肥的施用得到普及，单一肥料现象已经杜绝，充分显示出测土配方施肥的社会效益和经济效益，在化肥施用方面更加科学、合理（表1-3）。

表1-3 西华县历史粮食亩产和化肥用量变化

产量	1957年	1970年	1985年	2000年	2009年
实物量（t）	—	503	9 875	34 945	160 020
小麦单产（kg）	75.0	105.0	213.5	422.1	525.6
玉米单产（kg）	81.2	152	287	375.4	487

二、有机肥施用现状

西华县在农业生产方面，历来有积造施用有机肥良好习惯。20世纪90年代前在农闲高温季节，农民的主要任务就是利用秸秆、杂草、枯枝败叶，人畜粪尿等原料积造有机肥，重点施用于小麦底肥和部分春作物基肥，每亩用量1 500kg左右，全县施用面积70%以上。70

年代以前农业主要靠有机肥来提高作物产量，70 年代以后农业是有机肥、化肥兼施阶段。近 10 多年来，农村生产管理发生了变化，青壮劳动力大部分外出务工，农村劳动力减少，有机肥施用锐减。目前，有机肥施用主要分布在饲养户和个别劳动力充裕的农户当中，养殖户一般亩施有机肥 2 000kg 以上，而且质量好，养分含量高。一般农户有机肥施用很少或不施用。但是西华县的秸秆还田量在逐年增加，小麦高留茬面积在 90% 以上，麦秸、麦糠全部还田的面积也在 50% 以上，玉米秸秆全部还田的面积在 70% ~85%。连年的秸秆还田，使土壤有机质得以补充和提高。如第二次土壤普查时，西华县土壤有机质平均 8.74g/kg，上升到现在 15.74g/kg，使土壤结构得到改善，肥力提高，增加了耕地土壤的生产能力。

三、化肥施用现状

几年来，通过各级农业技术部门，特别是土肥技术部门对科学施肥，施肥技术的大力宣传，科学施肥意识有了很大提高，西华县农户施用单一肥料现象基本消失。但是还有少数农民，靠听广告、看包装、凭经验施肥现象仍然存在，虽能取得较高的产量，却不能获得最佳产投效益。

（一）小麦施肥现状

小麦施肥从肥料品种看，底肥施用专用配方肥和按方施肥占 70%，亩用量约 50kg；其他种类复合肥占 20%，平均亩用量 50kg；以氮肥、磷肥为主的占 10%，平均亩用量 75kg。有机肥为秸秆还田、堆沤肥、畜禽粪便，面积比例和施肥数量分别为 85%、10%、5% 和 900kg、1 000kg、800kg。施肥方法中，将氮肥用量的 30% ~40% 后移到返青至拔节期施用的面积比例由 2% 提高到 10% 以上。

（二）夏玉米施肥现状

夏玉米施肥从肥料品种上看，配方肥占 60%，平均亩用量 50kg，氮磷钾比例为 1∶0.2∶0.3；复合肥占 45%，平均亩用量 50kg，氮、磷、钾比例 1∶0.5∶0.5；尿素为主的单质化肥占 5%，亩用量 35kg，从夏玉米施肥方法上看，2 次或 2 次以上施肥的比例由 5% 提高到 50% 左右。

四、其他肥料施用现状

主要包括叶面肥和微量元素，微量元素主要有硼、钼、锌、铜等，主要用于小麦、棉花、大豆、玉米、果树等底施或叶面喷施。叶面肥有磷酸二氢钾、稀土类、氨基酸类、腐殖酸类等大量、微量元素肥料，主要用于叶面喷施，叶面肥在小麦、大豆、瓜果上的应用面积达 80% 以上。

五、氮磷钾养分比例及利用率

根据 2007—2009 年农户施肥调查，在小麦上氮、磷、钾施肥养分比例为：1∶（0.2 ~ 0.5）∶（0.2 ~0.25）。其肥料利用率氮 30.1% 左右，磷 15.6% 左右，钾 36.9% 左右。在玉米上，氮、磷、钾施肥养分比例 1∶（0.2 ~0.5）∶（0.3 ~0.5），其肥料利用率氮 24.56% 左右，磷 15.8% 左右，钾 32.9% 左右。

六、施肥实践中存在的问题

（一）盲目施肥

通过对农户施肥调查，盲目施肥依然存在，施肥中一亩一袋或一亩一袋再追施 5～10kg 尿素的现象没有得到根本扭转，影响了配方施肥的质量与效果。

（二）轻施有机肥

通过施肥调查，农民在施肥方面重施化肥，轻施有机肥或不施有机肥，有机肥和无机肥施用比例严重失调，造成土壤地力下降，土壤板结、通透性差，保水保肥能力差。

（三）施肥方法不合理

在施肥方法上，西华县长期存在一次性施肥的陋习，小麦施肥一次性底施，玉米施肥"一炮轰"现象依然存在。这种现象制约着农作物产量的进一步提高，使得肥料利用率较低，造成资源浪费。

第二章 土壤与耕地资源特征

第一节 土壤类型及分布

一、土壤分类系统

西华县第二次土壤普查土壤分类系统，根据《全国第二次土壤普查工作分类暂行方案》《河南省第二次土壤普查工作分类暂行方案》，结合西华实际，采用土类、亚类、土属、土种四级制。西华县分 4 个土类，5 个亚类，9 个土属，26 个土种。土类和全国、全省保持一致，亚类是土类名称的前面加一成土过程形容词，土属是根据成土母质的类型、表层质地或加之其他特征的形容词并与群众习惯名称相结合进行命名，土种的命名主要依据表层质地和土体构型或在土属前面加以形容词并尽量结合群众习惯进行命名（表 2 – 1）。

表 2 – 1 西华县土壤分类系统表

县土类	县亚类	县土属	县土种	县土壤代码
	褐土化潮土	褐土化两合土	褐土化小两合土	2030201
			底沙两合土	2010214
			底沙小两合土	2010205
			底黏小两合土	2010209
			夹沙两合土	2010211
			夹黏小两合土	2010206
			两合土	2010210
		两合土	体沙两合土	2010213
			体沙小两合土	2010204
			体黏小两合土	2010208
潮土			小两合土	2010201
	黄潮土		腰沙两合土	2010212
			腰沙小两合土	2010203
			腰黏小两合土	2010207
			底壤沙壤土	2010105
			底黏沙壤土	2010109
		沙土	沙壤土	2010104
			体黏沙壤土	2010108
			细沙土	2010101
			腰黏沙壤土	2010107

（续表）

县土类	县亚类	县土属	县土种	县土壤代码
潮土	黄潮土	淤土	底壤淤土	2010309
			底沙淤土	2010305
			夹壤淤土	2010306
			夹沙淤土	2010302
			体壤淤土	2010308
			体沙淤土	2010304
			腰壤淤土	2010307
			腰沙淤土	2010303
			淤土	2010301
	灰潮土	灰沙土	灰体黏沙壤土	2020101
		灰淤土	灰底壤淤土	2020303
			灰腰沙淤土	2020302
			灰淤土	2020301
	盐化潮土	轻盐潮土	轻盐底沙两合土	2040202
			轻盐体沙小两合土	2040201
风沙土	冲积性风沙	沙滩风沙土	细沙风沙土	3010101
褐土	潮褐土	二潮黄土	黄土	1030101
沙姜黑土	沙姜黑土	灰质黑老土	黏质薄度灰质黑老土	5010502
			黏质厚度灰质黑老土	5010503
		灰质沙姜黑土	灰黑土	5010401
			灰质深位中质沙姜土	5010402

（第二次土壤普查数据）

二、与河南省土种对接后的土壤类型

根据农业部和河南省土肥站的要求，将西华县土种与河南省土种进行对接，对接后共有26个土种，对接与土种合并情况，见表2-2。

三、土壤分布

西华县由于受沙、颍河冲积和黄河泛滥的影响，土壤种类较多，交错分布。特别是在新中国成立前长达9年的黄水泛滥期间，水量年际间变化很大，加之上游修堤筑坝，村庄、林木和局部缓岗阻水，黄泛大溜流向变化无常，使土壤分布较为复杂。

（一）逍遥以东黄泛区的土壤分布概况

逍遥镇以东包括西夏亭、艾岗、叶埠口、黄土桥、红花集、李大庄、迟营、大王庄、东王营、聂堆、皮营、清河驿、东夏亭、西华营、田口、城关等16个乡镇以及五二农场和县

农场。主要分布着黄潮土，面积达 61 000hm²。沙姜黑土、盐化潮土和褐土化潮土面积很小。

表 2 - 2　西华县土种名称对照表

省土类	省亚类名称	省土属名称	省土种名称	县土种	省土种代码
潮土	潮土	壤质潮土	底沙两合土	底沙两合土	2111543
			底沙小两合土	底沙小两合土	2111558
			底黏小两合土	底黏小两合土	2111545
			两合土	两合土	2111539
			浅位厚沙小两合土	体沙小两合土	2111542
			浅位厚黏小两合土	体黏小两合土	2111547
			浅位沙两合土	夹沙两合土	2111541
				体沙两合土	2111541
				腰沙两合土	2111541
			浅位沙小两合土	腰沙小两合土	2111542
			浅位黏小两合土	夹黏小两合土	2111547
				腰黏小两合土	2111547
			小两合土	褐土化小两合土	2111557
				小两合土	2111557
		沙质潮土	底壤沙壤土	底壤沙壤土	2111440
			底黏沙壤土	底黏沙壤土	2111426
			浅位黏沙壤土	灰体黏沙壤土	2111428
				体黏沙壤土	2111428
				腰黏沙壤土	2111428
			沙壤土	沙壤土	2111427
			沙质潮土	细沙土	2111424
		黏质潮土	底沙淤土	底沙淤土	2111628
			浅位厚壤淤土	底壤淤土	2111630
				夹壤淤土	2111630
				体壤淤土	2111630
				腰壤淤土	2111630
			浅位厚沙淤土	体沙淤土	2111622
			浅位沙淤土	灰腰沙淤土	2111624
				夹沙淤土	2111624
				腰沙淤土	2111624
			淤土	灰底壤淤土	2111621
				灰淤土	2111621
				淤土	2111621
	盐化潮土	氯化物盐化潮土	氯化物轻盐化潮土	轻盐底沙两合土	2151122
				轻盐体沙小两合土	2151122
风沙土	草甸风沙土	固定草甸风沙土	固定草甸风沙土	细沙风沙土	1531116
褐土	潮褐土	潮褐土	壤质潮褐土	黄土	2141224

（续表）

省土类	省亚类名称	省土属名称	省土种名称	县土种	省土种代码
沙姜黑土	石灰性沙姜黑土	覆盖石灰性沙姜黑土	黏盖石灰性沙姜黑土	黏质薄度灰质黑老土	2221312
				黏质厚度灰质黑老土	2221312
		石灰性青黑土	石灰性青黑土	灰黑土	2221411
		石灰性沙姜黑土	深位多量沙姜石灰性沙姜黑土	灰质深位中质沙姜土	2221120

（二）非黄泛区土壤分布

非黄泛区包括址坊、奉母和逍遥 3 个乡镇，有褐土、潮土和沙姜黑土 3 个土类。潮褐土、灰潮土、沙姜黑土 3 个亚类。二潮黄土、灰沙土、灰淤土、灰质沙姜黑土和灰质黑老土 5 个土属，黄土、灰质沙黏壤土、矿腰沙淤土、灰底壤淤土、灰质深位中层沙姜黑土、灰黑土、黏质厚复灰质黑老土和黏质薄复灰质黑老土等 9 个土种，其中，褐土类面积 7 600hm^2，沙姜黑土 2 785hm^2，潮土 1 880hm^2。

（三）分布规律

西华县土壤水平分布的规律主要受地形地貌和河流泛滥，"慢出淤、紧出沙、不紧不慢出两花（两合）"的流水分选作用影响，湖坡洼地为沙姜黑土，距河流泛滥大溜近的为两合土壤，远的淤土，在高平坡地主要分布两合土壤。西华县西部鸡爪沟附近，由于地形低洼，湖相沉积物深厚，土壤质地黏重，土壤类型简单，分布黏盖石灰性沙姜黑土。逍遥镇以东黄泛区的土壤分布主要受黄河泛滥、冲积而形成的。大体以阎岗西段贾鲁河和阎岗东南的黄泛贾鲁河故道为中心，其中心部位属黄泛贾鲁河故道，主要分布飞沙土，东西两侧依次分布着沙土、沙壤土、小两合土、两合土和淤土。由于剖面内质地层的排列方式不同，底壤沙壤土、腰黏沙壤土、体黏沙壤土、底黏沙壤土、腰沙小两合土、体沙小两合土、腰黏小两土、夹黏小两合土、体黏小两合土、底黏小两合土、夹沙小两合土、夹沙两合土、腰沙两合土、体沙两合土、底沙两合土、夹沙淤土、腰沙淤土、体沙淤土、底沙淤土、夹壤淤土、腰壤淤土、体壤淤土和底壤淤土等，各类土壤交错分布，但是各土种之间宽窄不一，面积大小不同。黄土主要分布在逍遥、址坊镇沙河沿岸和从逍遥焦岗村、奉母姚桥颍河故道两侧的高地。由此可见，每一土壤类型的分布，无一不受其母质沉积和地形环境所制约。不同的自然环境条件，就形成不同的土壤类型。

四、各个土类的主要性状及生产性能

（一）潮土

西华县潮土发育在近代河流冲积物上，受地下水影响，并经耕种熟化而成的土壤。在自然和人为因素的作用下，发生、发展、演变过程中，又产生新的属性。其特征可概括为以下几方面。

（1）质地层次及其排列组合比较明显。有的通体比较均一，有的则黏、沙、壤层次相间排列。

（2）发生层次不明显，但是也具有与成土过程相联系的土壤属性。如剖面不同深度有蓝灰色或红棕色铁锈斑纹，有的亚类有石灰质假菌丝体，有些亚类有不同程度的钙积现象等。

（3）有机质和氮、磷含量较低，而钾、钙、镁等无机盐类含量丰富。

（4）富含碳酸钙，石灰反应强。土壤溶液呈碱性——弱碱性反应。

（5）同一层次的土壤颜色、质地、结构基本一致，而不同质地层次差异较大。

（二）沙姜黑土

西华县沙姜黑土的成土母质是第四纪上更新统的河湖相沉积物。它的形成过程，经历了草甸潜育化和脱潜育旱耕熟化两个阶段。前期沼泽草甸成土阶段，在干湿交替的气候条件下，土壤产生潜育化和碳酸钙淋溶淀积作用，于是在土体中形成两个基本层段，即上部的黑土层和下部的沙姜层。该土质地黏重，耕性不良，但是保水保肥能力较强，土壤养分含量较高，适宜种植小麦和其他粮食作物。

（三）褐土土类

西华县的褐土土类的成土母质为沙颍河洪积、冲积物，剖面内有褐色黏化层和钙淀积层。土壤质地适中较均一，地下水位一般 4~6m。土壤剖面发生层次不明显，下层具有铁锈斑纹，全剖面石矿反应强度不一。该土壤耕性较好，生产潜力较大。适宜种植小麦、玉米、大豆、棉花等作物。

五、土属的分布概况

西华县共有 9 个土属：壤质潮土、沙质潮土、黏质潮土、氯化物盐化潮土、固定草甸风沙土、潮褐土、覆盖石灰性沙姜黑土、石灰性青黑土和石灰性沙姜黑土（表 2-3、表 2-4）。

表 2-3 各类土属面积统计表

省土类	省亚类名称	省土属名称	汇总（hm²）	占总面积（%）
	潮土	壤质潮土	26 999.84	33.04
		沙质潮土	22 964.05	28.10
		黏质潮土	22 735.93	27.82
潮土	潮土 汇总		72 699.82	88.95
	盐化潮土	氯化物盐化潮土	243.11	0.30
	盐化潮土 汇总		243.11	0.30
潮土 汇总			72 942.93	89.25
风沙土	草甸风沙土	固定草甸风沙土	610.88	0.75
	草甸风沙土 汇总		610.88	0.75
风沙土 汇总			610.88	0.75
褐土	潮褐土	潮褐土	5 520.84	6.76
	潮褐土 汇总		5 520.84	6.76
褐土 汇总			5 520.84	6.76
	石灰性沙姜黑土	覆盖石灰性沙姜黑土	1 271.99	1.56
		石灰性青黑土	573.37	0.70
沙姜黑土		石灰性沙姜黑土	807.56	0.99
	石灰性沙姜黑土 汇总		2 652.92	3.25
沙姜黑土 汇总			2 652.92	3.25
总计			81 727.57	100.00

表 2-4　各乡镇土属分布表

（单位：hm²）

乡镇名称	省土属名称									总计
	潮褐土	覆盖石灰性沙姜黑土	固定草甸风沙土	氯化物盐化潮土	壤质潮土	沙质潮土	石灰性青黑土	石灰性沙姜黑土	黏质潮土	
艾岗乡	32.7	73.2			2 522.3	383.8			1 810.7	4 822.7
城关镇					569.5	642.3				1 211.8
迟营乡					1 448.4	2 436.5			90.0	3 974.9
大王庄乡					1 860.7	1 050.1			10.8	2 921.6
东王营乡			199.5		593.8	1 976.9			295.7	3 065.9
东夏亭镇				62.8	2 269.9	809.6			1 139.6	4 281.9
奉母镇	1 564.9	1 172.0					573.4	807.6	2 376.3	6 494.1
红花集镇			1.8		3 437.1	3 383.7			761.6	7 584.1
黄土桥乡					880.1	2 429.3			447.1	3 756.5
李大庄乡					1 191.2	26.5			1 604.2	2 821.9
聂堆镇			162.5	9.2	1 929.2	2 947.4			507.2	5 555.6
皮营乡			177.3		661.1	2 535.2			409.5	3 783.1
清河驿乡					963.7	878.3			1 565.2	3 407.1
田口乡			69.9	50.6	165.8	3 096.6			76.3	3 459.2
西华营镇				120.5	4 673.9	307.8			1 023.2	6 125.3
西夏亭镇	28.7				1 578.9				4 328.9	5 936.5
逍遥镇	2 213.1	26.8			20.5	18.8			1 996.0	4 275.2
叶埠口乡					2 233.7	41.3			2 217.5	4 492.4
址坊镇	1 681.5								2 076.3	3 757.8
总计	5 520.8	1 272.0	610.9	243.1	26 999.8	22 964.1	573.4	807.6	22 735.9	81 727.6
占总面积（%）	6.75	1.56	0.75	0.30	33.04	28.10	0.70	0.99	27.82	100.00

（一）壤质潮土

壤质潮土发育在河流壤质沉积物上或沙土和淤土经耕作而形成的，主要分布在西华县的除奉母镇和址坊镇外的 17 个乡镇，面积 27 000hm²，占总面积的 33.04%，是西华县主要土壤类型之一。土壤质地为轻壤和中壤，质地构型以均质中壤、沙身中壤、沙底中壤为主，有部分均质轻壤、沙身轻壤、夹沙中壤。农业生产障碍因素是干旱和很少年份的渍涝。耕性较好，肥力较高，适宜多种作物生长，通气透水，既发苗又拔籽，种植结构为小麦、玉米、大豆，是西华县较好的土壤，是粮食作物高产区域。小麦亩产量在 450kg 以上，玉米亩产量在 500kg 以上，是西华县的粮食、经作基地，农业产值较高。

（二）黏质潮土

黏质潮土发育在河流黏质沉积物上，多分布在稍低洼的地形部位，面积 22 736hm²，占总面积的 27.82%。这类土壤分布较分散，土壤质地黏重，多为重壤和轻黏土。可塑性、胀缩性、黏结性、黏着性都很强；黏着性大，通透性差，易旱怕涝；宜耕性差，保水、保肥能力强。土壤有机质含量和各种矿质养分含量都较高，农业生产的主要障碍因素是干旱和适耕性差，雨季湿黏，机械难以进地，旱季坚硬耕作难，拔籽适于种植粮食作物，只要耕作适时，生产潜力较大。作物苗期生长缓慢。中后期生长健壮。主要种植小麦、玉米，小麦亩产量 500kg 以上，玉米亩产量 550kg 以上，属粮食作物高产土壤类型。

（三）沙质潮土

沙质潮土发育在河流主流沉积物上，主要分布在贾鲁河两岸。面积 22 964hm²，占全县耕地总面积的 28.1%。其特性是耕层质地为沙土或沙壤土。因表层以下土层质地的不同划分为不同的土种，是西华县主要土壤类型之一。农业生产障碍因素是干旱和很少年份的渍涝。耕性好，肥力较差，保肥保水能力差，多为西华县的中低产田，是土壤改良的主要对象。

（四）潮褐土

成土母质为沙颍河洪积、冲积物，剖面内有褐色黏化层和钙淀积层。土壤质地适中、较均一，地下水位一般 8～10m。土壤剖面发生层次不明显，下层具有铁锈斑纹，全剖面石灰反应强度不一。该土壤耕性较好，生产潜力较大。适宜种植小麦、玉米、大豆等作物。

（五）覆盖石灰性沙姜黑土

覆盖石灰性沙姜黑土多分布奉母镇、逍遥镇和艾岗乡的沿河洼地和槽型洼地中。面积 1 272hm²，占总面积的 2.55%。该土种质地黏重，耕性不良低洼易涝，但是潜在肥力较高。适宜种植小麦和其他粮食作物。

（六）石灰性青黑土

石灰性青黑土主要分布在奉母镇的南马沟、北马沟、鸡爪沟两岸的低洼地带。面积 573.37hm²，占全县耕地面积的 0.7%。该土种质地黏重，耕性不良低洼易涝，但是潜在肥力较高。适宜种植小麦和其他粮食作物。

（七）石灰性沙姜黑土

石灰性沙姜黑土主要分布在奉母镇的南马沟、北马沟、鸡爪沟两岸的低洼地带。面积 807.6hm²，占全县耕地面积的 0.99%。该土种质地黏重，耕性不良低洼易涝，但是潜在肥力较高。适宜种植小麦和其他粮食作物。

（八）氯化物盐化潮土、固定草甸风沙土

这两种土属目前在西华县已经绝迹，从1982年第二次土壤普查以来，经过近30年的农业生产，通过增施有机肥、增加投入、加强水肥管理，土壤质地得到了彻底改变，但是仍是西华县土壤改良的对象。

六、不同土种乡镇分布情况

根据土体构型划分土种，全县共有土种26个，详见表2-5。

（一）浅位厚沙小两合土

主要分布艾岗乡、城关镇、迟营乡、大王庄乡、东王营乡、东夏亭镇、红花集镇、黄土桥乡、李大庄乡、聂堆镇、皮营乡、清河驿乡、田口乡、西华营镇、西夏亭镇、叶埠口乡，面积为7 201.82hm²，占总面积的8.81%。该土种耕层质地轻壤，20～50cm出现大于50cm厚的沙土层，虽表层疏松，耕性好，但是沙土层出现部位较高厚度大，易漏水漏肥。

（二）小两合土

主要分布在艾岗乡、城关镇、迟营乡、大王庄乡、东王营乡、东夏亭镇、红花集镇、黄土桥乡、李大庄乡、聂堆镇、皮营乡、清河驿乡、田口乡、西华营镇、西夏亭镇、叶埠口乡，面积为7 519.83hm²，占总面积的9.20%。该土种耕层质地为轻壤，耕性良好，管理方便，保水保肥能力差，虽提苗容易，但是肥劲较短。

（三）两合土

主要分布在艾岗乡、迟营乡、大王庄乡、东夏亭镇、黄土桥乡、李大庄乡、聂堆镇、皮营乡、清河驿乡、西华营镇、西夏亭镇、叶埠口乡，面积为7.57hm²，占总面积的6.17%，是西华县第二大土种。该土种耕层质地为中壤，沙黏比例适当，生产性能好，保水保肥与供水供肥能力强，发苗拔籽。

（四）底沙两合土

主要分布在艾岗乡、迟营乡、大王庄乡、东王营乡、东夏亭镇、李大庄乡、皮营乡、清河驿乡、西华营镇，面积为556.57hm²，占总面积的0.68%。该土种耕层质地中壤，50cm以下出现大于20cm厚的沙土层，耕性良好，因沙土层出现部位较低，对作物影响较小。

（五）浅位沙两合土

主要分布在艾岗乡、城关镇、迟营乡、大王庄乡、东王营乡、东夏亭镇、红花集镇、黄土桥乡、聂堆镇、皮营乡、清河驿乡、西华营镇、西夏亭镇，面积为5 078.5hm²，占总面积的6.21%。该土种耕层质地中壤，20～50cm出现大于20cm厚的沙土层，表层疏松，耕性好，中部有沙土层，较薄。

（六）浅位沙小两合土

主要分布在艾岗乡、东夏亭镇、红花集镇、李大庄乡、西华营镇，面积为406.21hm²，占总面积的0.5%。该土种耕层质地轻壤，20～50cm出现大于50cm厚的沙土层，表层疏松，耕性好，但是沙土层出现部位较高厚度大，易漏水漏肥。

（七）淤土

主要分布在艾岗乡、迟营乡、大王庄乡、奉母镇、东夏亭镇、红花集镇、黄土桥乡、李大庄乡、皮营乡、清河驿乡、西华营镇、西夏亭镇、叶埠口乡，面积为16 933.77hm²，占总面积的20.72%。为西华县第二大土种。该土种耕层质地为重壤，养分含量高，生产潜力大。

（八）底沙淤土

主要分布在城关镇、迟营乡、东王营乡、东夏亭镇、黄土桥乡、皮营乡、清河驿乡、西华营镇，面积为 723.86hm²，占总面积的 0.89%。该土种耕层质地重壤或轻黏，50cm 以下出现大于 20cm 厚的沙土层，因沙土层出现部位较低，对作物影响较小。

（九）浅位沙淤土

主要分布在艾岗乡、东夏亭镇、奉母镇、李大庄乡、皮营乡、清河驿乡、田口乡、西华营镇、西夏亭镇，面积为 1.1hm²，占总面积的 0.9%。该土种耕层质地重壤，20～50cm 出现大于 20～50cm 厚的沙土层。

（十）浅位厚沙淤土

主要分布在艾岗乡、迟营乡、东王营乡、东夏亭镇、红花集镇、黄土桥乡、李大庄乡、聂堆镇、皮营乡、清河驿乡、田口乡、西华营镇、西夏亭镇、叶埠口乡，面积为 3 401.29hm²，占总面积的 4.16%。该土种耕层质地重壤，20～50cm 出现大于 50cm 厚的沙土层，虽表层质地黏重，由于沙土层出现部位较高厚度大，保水保肥能力相对较差。

（十一）浅位厚壤淤土

主要分布在东夏亭镇、红花集镇、李大庄乡、聂堆镇、皮营乡、清河驿乡、西华营镇、西夏亭镇，面积为 943.28hm²，占总面积的 1.51%。该土种耕层质地重壤，20～50cm 出现大于 50cm 厚的轻壤土层，土质较优，农业生产性能好。

（十二）沙壤土

主要分布在艾岗乡、城关镇、迟营乡、大王庄乡、东王营乡、东夏亭镇、红花集镇、黄土桥乡、李大庄乡、聂堆镇、皮营乡、清河驿乡、田口乡、西华营镇、叶埠口乡，面积为 17 682.01hm²，占总面积的 21.64%。为西华县第一大土种。该土种耕层质地沙壤或轻壤，耕层疏松，易耕，通透性好，耐旱涝。但是保水保肥能力较差，肥力较低，适宜种植多种作物。

（十三）壤质潮褐土

多分布在艾岗乡、奉母镇、西夏亭镇、逍遥镇、址坊镇的地势较高部位。面积 5 520.84hm²，占总面积的 6.75%。该土种耕层质地为轻壤，耕性较好，生产潜力较大，适宜种植小麦、玉米、大豆等作物。

（十四）沙质潮土

主要分布在艾岗乡、城关镇、东王营乡、东夏亭镇、红花集镇、黄土桥乡、聂堆镇、皮营乡、清河驿乡、田口乡、西华营镇，面积为 4 097.24hm²，占总面积的 5.01%。该土种质松散，结构不良，保水保肥能力很差，但是适耕期长，发小苗，适宜种植速生蔬菜、西瓜、培植各类苗木。

（十五）底黏沙壤土

主要分布在艾岗乡、东夏亭镇、红花集镇、黄土桥乡、皮营乡、清河驿乡、西华营镇，面积为 646.91hm²，占总面积的 0.79%。该土种表层质地为沙壤，50cm 以下有 20～50cm 厚的黏土层。该土的特点是耕性良好，具有托水保肥能力。

（十六）深位多量沙姜石灰性沙姜黑土

该土种只分布在奉母镇。面积 807.56hm²，占全县耕地总面积的 0.99%。该土种表层质地黏重，耕性不良，通透性差，适宜种植小麦、玉米等作物。

（十七）黏盖石灰性沙姜黑土

该土种只分布在艾岗乡、逍遥镇和奉母镇的低洼部位。面积 1 271.99hm²，占全县耕地总面积的 1.56%。该土种母质为湖泊沉积物，后经沙、颍河冲积物所覆盖，具有石灰反应，表层质地黏重，耕性不良，通透性差，但是保水保肥能力较强，土壤养分含量较高，适宜种植小麦和其他粮食作物。

（十八）底沙小两合土

主要分布在城关镇、迟营乡、东夏亭镇、红花集镇、黄土桥乡、聂堆镇、皮营乡、田口乡、西华营镇，面积为 599.67hm²，占总面积的 0.73%。该土种耕层质地沙壤或轻壤，耕层疏松，易耕，通透性好，不耐旱涝。但是保水保肥能力较差，肥力较低，适宜种植多种作物。

（十九）石灰性青黑土

只分布在奉母镇，面积 573.37hm²，占全县耕地总面积的 0.70%。该土种表层质地黏重，耕性不良，通透性差，适宜种植小麦、玉米等作物。

（二十）浅位黏沙壤土

只分布在东王营乡、皮营乡、清河驿乡和逍遥镇，面积 328.40hm²，占全县耕地总面积的 0.4%。该土种表层沙壤，20～50cm 处出现黏土层。该土壤宜耕期长，管理方便，保水保肥能力强，适合于多种作物种植，是一种比较理想的土壤类型。群众称之为"黄金地"。

（二十一）底黏小两合土

主要分布在皮营乡、清河驿乡、东夏亭镇和艾岗乡。面积 266.65hm²，占全县耕地总面积的 0.33%。该土壤表层质地为轻壤，耕性良好，保水保肥能力较强，生产性能好。

（二十二）底壤沙壤土

只在艾岗乡、东夏亭镇、皮营乡和清河驿乡有零星分布，面积 209.49hm²，占全县耕地总面积的 0.26%。该土种耕层质地沙壤，耕层疏松，易耕，通透性好，耐旱涝。但是保水保肥能力较差，肥力较低，适宜种植多种作物。

（二十三）浅位黏小两合土

只在艾岗乡、皮营乡、清河驿乡、西华营镇有少量分布，面积 189.68hm²，占全县耕地总面积的 0.23%。该土种耕层质地沙壤或轻壤，耕层疏松，易耕，通透性好，耐旱涝，适宜种植多种作物。

（二十四）浅位厚黏小两合土

只在艾岗乡、皮营乡、清河驿乡、西华营镇有少量分布，面积 141.18hm²，占全县耕地总面积的 0.17%。该土种耕层质地沙壤或轻壤，耕层疏松，易耕，通透性好，耐旱涝，20～50cm 处出现黏土层。该土壤宜耕期长，管理方便，保水保肥能力强，适合于多种作物种植，是一种比较理想的土壤类型。

表 2-5　西华县各类土种面积统计表

（单位：hm²）

省土种名称	艾岗乡	城关镇	迟营乡	红花集镇	黄土桥乡	李大庄乡	聂堆镇	皮营乡	清河驿乡	田口乡
底壤沙壤土	39.09		1.86					25.86	69.57	
底沙两合土			58.89			17.56		52.94	87.42	
底沙小两合土		8.48	80.04	81.36	90.57	103.24	42.00	34.76		45.33
底沙淤土			39.77	12.96	47.08	1.84		96.20	326.20	
底黏沙壤土	65.05				54.62			83.04	302.24	
底黏小两合土	63.38							8.62	147.04	
固定草甸风沙土				1.75			162.54	177.27		69.87
两合土	515.20		54.20		23.47	531.49	19.32	244.47	255.15	0.13
氯化物盐盐化潮土							9.21			50.62
浅位厚壤淤土	85.99			46.58		81.97	14.55	15.06	316.57	
浅位厚沙小两合土	71.71	93.17	873.69	2 497.78	302.23	243.02	732.70	57.08	114.07	110.38
浅位厚沙淤土	52.61		39.75	671.98	215.82	14.80	491.48	73.34	672.87	68.05
浅位厚黏小两合土								34.70	14.74	
浅位沙两合土	879.09		274.94	316.17	130.67	1.25	287.90	75.19	160.58	
浅位沙小两合土	26.85			3.98		30.15				
浅位沙淤土		17.12								
浅位黏沙壤土	211.68					41.75		38.15	44.65	8.22
浅位黏小两合土	11.69							21.11	160.92	
壤质潮褐土	32.66							94.94	46.77	
沙壤土	259.46	552.95	2 434.65	2 870.80	2 351.23	26.52	2 696.60	14 77.68	336.72	1 647.80
沙质潮土	20.15	89.35		499.93	23.42		250.79	927.54	8.81	1 448.84
深位多量沙姜石灰性沙姜黑土										
石灰性青黑土										
小两合土	887.53	450.73	106.64	537.83	333.15	264.50	847.28	58.44	137.91	9.97
淤土	1 527.28		10.46	43.02	184.22	1 463.82	1.21	186.74	204.91	
黏盖石灰性沙姜黑土	73.24									
总计	4 822.66	1 211.80	3 974.89	7 584.14	3 756.48	2 821.91	5 555.58	3 783.13	3 407.14	3 459.21

（续表）

省土种名称	西华营镇	西夏亭镇	逍遥镇	叶埠口乡	址坊镇	总计	占全县总面积（%）
底壤沙壤土	99.85			0.86		209.49	0.26
底壤沙两合土	29.62					556.57	0.68
底沙小两合土	65.01					599.67	0.73
底沙沙淤土	9.02					723.86	0.89
底壤黏沙壤土						646.91	0.79
底黏黏小两合土						266.65	0.33
固定草甸风沙土						610.88	0.75
两合土	999.08	216.34	20.48	1 755.63		5 039.73	6.17
氯化物轻盐化潮土	120.46					243.11	0.30
浅位厚壤沙小两合土	203.55	96.46				943.28	1.15
浅位厚沙沙淤土	753.03	395.06		80.79		7 201.82	8.81
浅位厚黏黏小两合土	267.92	148.15		28.08		3 401.29	4.16
浅位沙沙两合土	34.52					141.18	0.17
浅位沙小两合土	1 335.48	693.56				5 078.50	6.21
浅位黏小两合土	206.12					406.21	0.50
浅位沙沙淤土	167.45	103.93				733.73	0.90
浅位黏黏沙壤土			18.83			328.40	0.40
浅位黏黏小两合土	36.28					189.68	0.23
壤质潮褐土	278.91	28.73	2 213.06	41.26	1 681.49	5 520.84	6.76
沙壤土	19.87					17 682.01	21.64
沙质潮土						4 097.24	5.01
深位多量沙姜石灰性沙姜黑土						807.56	0.99
石灰性青黑土						573.37	0.70
小两合土	1 179.95	273.92		396.38		7 519.83	9.20
淤土	319.22	3 980.31	1 996.04	2 189.39	2 076.30	16 933.77	20.72
黏盖石灰性沙姜黑土			26.77			1 271.99	1.56
总计	6 125.34	5 936.46	4 275.18	4 492.39	3 757.79	81 727.57	100.00

第二节　耕地立地条件

一、地形地貌

西华县南靠沙河、颍河与贾鲁河贯穿其中，西部位处沙河颍河冲积扇东部边缘，东部为黄河冲积扇西部边缘。但是由于近代河流多次泛滥，冲积沉积，致使局部地面稍有起伏，整个地形为大平小不平。县境内，西北略高于东南，海拔高度在 48.57m，相对高差 10m 左右，坡降 1/6 000 ~ 1/5 000。根据地貌特点，全县分为 5 个小区。

（一）沙颍河冲积沉积高平地

该区位于沙河以北的逍遥镇大部与颍河北岸的刘寨、焦岗以及奉母镇的奉母城、刘庄、姚桥北以南。主要是由沙颍河冲积的黏土和亚黏土。地下水位一般 6 ~ 8m，颍河两侧较低为 4 ~ 6m，沙河沿线深达 8 ~ 10m。主要土壤类型有潮褐土和灰潮土。

（二）河间碟形洼地

该区位于清异河以南、清异河和颍河交汇处至逍遥以西。该区系受沙颍河冲积影响，形成河间碟形洼地。主要为河湖相沉积的黏土。地下水位 1 ~ 3m。主要土壤类型为沙姜黑土。

（三）沙颍河间槽形洼地

此区以鲤鱼沟、重建沟为中心，位于逍遥以东，沙河以北，颍河和清流河以南及以西的狭长河套。沉积为沙颍河和黄河冲积物的黏土和亚黏土，地下水位 3 ~ 5m。

（四）黄河近期泛滥平原

该区位于清流河、颍河以东，除去黄泛贾鲁河故道以外的广大地方，在县内面积较大。黄泛沉积的主要是沙土、亚沙土和亚黏土，地下水位 5m 左右。

（五）贾鲁河黄泛故道区

此区以大沙沟，（又称洼冲沟）和部分贾东支渠为中心，西北至东南走向。其东部以牛岗、思都岗、卫营、皮营、东王营为界，西部以闫岗、东胡庄、周楼、水牛朱、杨庄、夏楼为界，呈狭长状，纵贯西华全境。面积约为 2.34 万亩，占全县总土地面积的 1.7%。主要沉积物为沙土，质地较粗，易受风侵蚀。地下水位 3 ~ 4m。该区以营造防风固沙林为主，一般不能作农耕地。

二、土壤质地

西华县土壤质地面积统计，见表 2 - 6。

表2-6　西华县土壤质地面积统计表　　　（单位：hm²）

乡镇 \ 质地	轻壤土	轻黏土	沙壤土	松沙土	中壤土	中黏土	重壤土	总计
艾岗乡	1 160.71		363.6	20.15	1 394.29	71.71	1 812.2	4 822.66
城关镇	552.38		552.95	89.35	17.12			1 211.8
迟营乡	1 060.37		2 436.51		388.03	39.75	50.23	3 974.89
大王庄乡	1 451.05		1 050.11		409.66		10.78	2 921.6
东王营乡	334.11		1 441.57	734.82	259.73	262.67	33.01	3 065.91
东夏亭镇	1 451.69	168.54	735.83	73.72	880.98	374.67	596.43	4 281.86
奉母镇	1 564.9	573.37					4 355.83	6 494.1
红花集镇	3 120.95	46.58	2 885.51	499.93	316.17	671.98	43.02	7 584.14
黄土桥乡	725.95		2 405.85	23.42	154.14	215.82	231.3	3 756.48
李大庄乡	640.91	81.97	26.52		550.3	14.8	1 507.41	2 821.91
聂堆镇	1 621.98	14.55	2 859.14	250.79	316.43	491.48	1.21	5 555.58
皮营乡	288.54	15.06	1 784.96	927.54	372.6	73.34	321.09	3 783.13
清河驿乡	460.53	316.57	869.45	8.81	503.15	672.87	575.76	3 407.14
田口乡	165.68		1 717.67	1 448.84	50.75	68.05	8.22	3 459.21
西华营镇	2 239.52	203.55	287.93	19.87	2 554.87	267.92	551.68	6 125.34
西夏亭镇	697.71	96.46			909.9	148.15	4 084.24	5 936.46
逍遥镇	2 213.06		18.83		20.48		2 022.81	4 275.18
叶埠口乡	477.17		41.26		1 756.49	28.08	2 189.39	4 492.39
址坊镇	1 681.49						2 076.3	3 757.79
总计	21 908.70	1 516.65	19 477.69	4 097.24	10 855.09	3 401.29	20 470.91	81 727.57
占总面积（%）	26.81	1.86	23.83	5.01	13.28	4.16	25.05	100.00

中黏土：耕地面积35 401.29hm²，占全县耕地面积的4.16%，除城关镇、大王庄乡、奉母镇、逍遥镇、址坊镇各个乡镇均有分布。

松沙土：耕地面积4 097.24hm²，占全县耕地面积的5.01%，除迟营乡、大王庄乡、奉母镇、李大庄乡、西夏亭镇、逍遥镇、叶埠口乡、址坊镇各个乡镇均有分布。

轻黏土：耕地面积1 516.65hm²，占全县耕地面积的1.86%，除艾岗乡、城关镇、迟营乡、大王庄乡、东王营乡、田口乡、逍遥镇、叶埠口乡、址坊镇外各个乡镇均有分布。

沙壤土：耕地面积19 477.69hm²，占全县耕地面积的23.83%，除奉母镇、址坊镇、西夏亭镇外各个乡镇均有分布。

中壤土：耕地面积10 855.09hm²，占全县耕地面积的4.16%，除奉母镇、址坊镇外各个乡镇均有分布。

重壤土：耕地面积20 470.91hm²，占全县耕地面积的25.05%，除聂堆镇、城关镇外各个乡镇均有分布。

轻壤土：耕地面积 21 908.70hm²，占全县耕地面积的 26.81%，各个乡镇均有分布。

三、土壤质地构型

西华县共有底沙重壤、夹壤黏土、夹沙轻壤、夹沙中壤、夹沙重壤、夹黏轻壤、均质轻壤、均质沙壤、均质沙土、均质黏土、均质重壤、壤底沙壤、壤身黏土、沙底轻壤、沙底中壤、沙身轻壤、黏底轻壤、黏底沙壤、黏底中壤、黏身轻壤、黏身沙壤等 21 种质地构型，其中，均质重壤在西华县面积较大，19 013.3hm²，其次是均质沙壤和均质轻壤，面积分别为 17 682hm² 和 13 040.7hm²，再次是沙身轻壤/夹沙中壤和黏底中壤，面积分别为 7 264.6hm²、5 078.5hm² 和 5 039.7hm²，其他各种土壤质地在西华县分布面积不大（表 2–7）。

四、成土母质

西华县土壤母质是新生界第四系河流冲积沉积物和湖相沉积物，由全新统（Q₄）和上更新统（Q₃）的沙土、亚沙土、黏土、亚黏土组成。其颜色为浅黄色、灰棕黄色。经过长期的自然风化，人类垦植耕作的影响形成不同类型的土壤。

根据成土母质的成因和来源，西华县土壤母质主要有河流沉积物和河湖相沉积母质两种类型。

（一）河流沉积母质

西华县不仅受淮河的主要支流的影响，而且由于黄河多次南泛入侵，受黄河冲积的影响更为严重，因此，其土壤母质有沙颍河冲积沉积物，又有大量的黄河冲积沉积物。

逍遥、址坊、奉母镇的沙颍河冲积沉积高平地。其土壤母质是沙颍河冲积沉积物。属第四系上更新统（Q₃）地层。而逍遥以东的广大地区则属于黄河冲积沉积物，属全新（Q₄）地层。

（二）河湖相沉积母质

主要分布在奉母、逍遥镇的河间碟形洼地之中。由于沙颍河冲积和黄河南泛沉积的影响，部分地方在湖相沉积物上，又有近代河流沉积物覆盖，形成二元母质。其母质质地黏重，较为均一。

（单位：hm²）

表2-7 不同质地构型质地乡镇分布表

质地构型＼乡镇	艾岗乡	城关镇	迟营乡	大王庄乡	东王营乡	东夏亭镇	奉母镇	红花集镇	黄土桥乡	李大庄乡	聂堆镇	皮营乡
底沙重壤			39.77		32.91	114.85			47.08	1.8		96.2
夹壤黏土						168.5		46.6		82.0	14.6	15.1
夹沙轻壤	26.9			0.1		139.0		4.0		30.2		75.2
夹沙中壤	879.1	17.1	274.9	217.3	181.1	508.2		316.2	130.7	1.3	287.9	38.2
夹沙重壤	211.7					96.0	22.0			41.8		94.9
夹黏轻壤	11.7											58.4
均质轻壤	920.2	450.7	106.6	1 306.3	185.0	544.4	1 564.9	537.8	333.2	264.5	847.3	
均质沙壤	259.5	553.0	2 434.7	1 050.1	1 113.3	544.0		2 870.8	2 351.2	26.5	2 696.6	1 477.7
均质沙土	20.2	89.4			934.3	73.7		501.7	23.4		413.3	1 104.8
均质黏土							573.4					
均质重壤	1 600.5		10.5	10.8	0.1	385.6	4 333.9	43.0	184.2	1 463.8	1.2	186.7
壤底沙壤	39.1		1.9		1.3	71.8						25.9
壤身黏土	71.7		39.8		262.7	374.7		672.0	215.8	14.8	491.5	73.3
沙底轻壤		8.5	80.0			84.3		81.4	90.6	103.2		34.8
沙底中壤					78.6	35.7					51.2	52.9
沙身轻壤		93.2	58.9	124.8	149.1	631.8				17.6		57.1
沙身重壤	86.0					47.6						8.6
黏底重壤			873.7	144.7				2 497.8	302.2	243.0	732.7	83.0
黏底沙壤	63.4					120.0						
黏底中壤	65.1		54.2	67.6		337.2		13.0	54.6		19.3	244.5
黏身轻壤	515.2								23.5	531.5		34.7
黏身沙壤	52.6				127.5	4.6						21.1
总计	4 822.7	1 211.8	3 974.9	2 921.6	3 065.9	4 281.9	6 494.1	7 584.1	3 756.5	2 821.9	5 555.6	3 783.1

（续表）

乡镇 质地构型	清河驿乡	田口乡	西华营镇	西夏亭镇	逍遥镇	叶埠口乡	址坊镇	总计
底沙重壤	326.2		65.0					723.9
夹壤黏土	316.6		203.6	96.5				943.3
夹沙轻壤			206.1					406.2
夹沙中壤	160.6		1 335.5	693.6				5 078.5
夹沙重壤	44.7	8.2	167.5	103.9				733.7
夹黏轻壤	46.8		36.3					189.7
均质轻壤	137.9	10.0	1 180.0	302.7	2 213.1	396.4	1 681.5	13 040.7
均质沙壤	336.7	1 647.8	278.9			41.3		17 682.0
均质沙土	8.8	1 518.7	19.9					4 708.1
均质黏土								573.4
均质重壤	204.9		319.2	3 980.3	2 022.8	2 189.4	2 076.3	19 013.3
壤底沙壤	69.6							209.5
壤身黏土	672.9	68.1	267.9	148.2		28.1		3 401.3
沙底轻壤		96.0	150.1					780.0
沙底中壤	87.4		99.9			0.9		556.6
沙身轻壤	114.1	110.4	753.0	395.1		80.8		7 264.6
黏底轻壤	147.0							266.7
黏底沙壤	302.2		9.0					646.9
黏底中壤	255.2	0.1	999.1	216.3	20.5	1 755.6		5 039.7
黏身壤	14.7		34.5					141.2
黏身沙壤	160.9				18.8			328.4
总计	3 407.1	3 459.2	6 125.3	5 936.5	4 275.2	4 492.4	3 757.8	81 727.6

第三节 农业基础设施

一、农业水利设施

新中国成立后60年来，西华县的农业基础设施显著改善。

农业灌溉用水：全县农业灌溉95%使用浅层地下水。据2009年水资源开发利用调查，全县有农用机电井17 704眼，平均机井密度156眼/万亩。1985—2006年，每年实际灌溉面积23万~80万亩，年开采量1 087~9 780.5万 m^3。农业灌溉次数与降水量密切相关。

（一）农业水利状况

西华县处于浅层地下水资源都比较丰富的灌溉型农业生产区域，水利设施建设是西华县农业生产建设的重要基础。全县现有各类农用井17 704眼，井灌面积达到了100万亩，占耕地面积的95%。在较干旱的年份，全县在7天以内即可完成当季作物一次灌溉任务，即7天为一个灌溉周期。

西华县干旱是农业生产的主要气候障碍因素，但是也有洪涝灾害发生。有时先旱后涝，涝后又旱，旱涝交替；每年的7月、8月、9月是雨季，发生涝灾年份主要集中在这3个月，但是春秋也有雨涝发生。据41年的统计资料，共发生春涝两次，占10%，夏涝10次，占50%；秋涝7次，占35%。

（二）农业水利设施与机械

20世纪60年代前后，西华县有计划地开展了大规模的农田水利基本建设，平整土地，修建畦田，整修改造扩建旧渠，规划开挖新渠，并使之逐步配套。近年来，西华县坚持"以人为本、人水和谐"的科学发展观，把农田水利基本建设作为促进农业增效、农民增收和农村发展的大事来抓，坚持兴利除害、抗旱除涝两手抓，初步形成了防洪、除涝、灌溉相结合的水利工程体系。

西华县现有各类农用井17 704眼，共拥有农用排灌机械16 630台，保证了全县农业灌溉需要。

二、农业生产机械

随着国民经济的提高，农村经济条件的改善，农业机械化作业水平不断提高。近年来，随着国家农机购置补贴政策的实施，西华县大中型农业机械得到较快发展，农机装备得到调整和优化，农机拥有量逐年增加，现全县农机总动力102.41万kW，电机动力4.33万kW。其中，大中型拖拉机1 755台，动力58 720kW；小型拖拉机24 100台，动力27 500kW；机引犁16 300台，机引耙8 420kW；机引播种机6 753台。联合收割机1 800台，旋耕机4 100台，机动喷雾机693台，农用运输车辆36 500辆。

第四节　耕地保养管理的简要回顾

一、发展灌溉事业

由于受气候干旱条件的制约，西华县自 1955 年前后，就开始重视农田灌溉事业的发展，从土井、旱井到砖圈井，从辘轳到水车的简单担水灌溉发展到 20 世纪 70 年代开始打机井，机器、水泵配套，进行了一次大的飞跃。从 80 年代末开始，由于地下水位下降，逐步开始农用电建设和潜水泵配套，到目前已发展成为保灌型灌溉农业。随着灌溉农业的发展，土地逐步得到平整，建成了以畦灌、喷灌形式为主的节水灌溉型旱涝保收基本农田网。

二、耕作制度改革

自 1958 年大跃进时代开始掀起了深翻土地高潮，耕作犁具也由原来的老式犁、人工翻，推广普及为新式步犁，使耕作层逐步加深。20 世纪 90 年代又开始逐步普及了机械耕作，使传统的精耕细作农业得以发展提高。

三、培肥地力、平衡土壤养分

1982 年开始对全县范围进行了第二次土壤普查，查清了各土壤类型及其分布。分析了理化性状，找出了制约农业生产的土壤有机质含量低，土壤缺磷、缺钾，土壤养分不平衡等限制农业发展的因素。提出了大力推广秸秆还田，增施有机肥、配方施肥技术，使农田基本肥力得到提高，土壤养分逐步得以平衡，加上基本农田保护政策的保护作用，使大部分农田得以培肥利用，变为高产粮田。保证了西华县农业生产的稳步健康发展。

第三章　耕地土壤养分

　　土壤养分是土壤肥力的主要因素之一，是作物生长发育的必要条件。为了摸清全县土壤肥力状况，为合理施肥提供科学依据，西华县2007—2009年对全县耕地有机质、大量元素、微量元素以及土壤物理属性进行了调查分析，充分了解了各个营养元素的含量状况及不同含量级别的面积分布，不同土壤类型、质地各个耕地土壤属性的现状，获取了大量的调查数据，也为耕地地力评价创造了条件。

　　耕地土壤养分的调查主要采用了空间插值法和泰森多边形"以点代面"估值法。

　　空间插值法的运用：将农化样测定分析得到的全氮、有效磷、速效钾、缓效钾、有机质、pH值、有效铁、有效铜、有效锰、有效锌等项数据，分别根据外业调查数据的经纬坐标生成样点图，然后以经纬度坐标表示的地理坐标系投影变换为高斯坐标表示的投影平面直角坐标系。对部分数据的坐标记录有误，样点落在县界之外的加以修改或删除。之后对数据的分布进行探查，剔除异常数据，观察样点数据的分布特征，检验数据是否符合正态分布和取自然对数后是否符合正态分布，以此确定选择空间插值法。其次是根据选择的空间插值方法进行插值运算。插值方法中参数选择以误差最小的准则进行选取，最后生成网格数据，采用20m×20m的GRID—格网数据格式，较好地保证了插值结果的精度和可操作性。

　　泰森多边形"以点代面"估值法主要应用在没有采样点的单元。对没有采样的单元，以邻近的单元值为缺样单元值。具体运用为：将各监测点Pi分别与周围多个监测点相连得到三角网，然后分别作三角网边线的垂直平分线，这些垂直平分线相交则形成以监测点P为中心的泰森多边形。每个泰森多边形内监测点数据即为该泰森多边形区域的估计值，泰森多边形内每处的值相同，等于该泰森多边形区域的估计值。

第一节　有机质

　　土壤有机质是土壤的重要组成成分，它和矿物质构成了土壤固相部分，与土壤的发生、演变，土壤肥力水平和许多土壤的其他属性有密切的关系。土壤有机质含有作物生长所需的多种营养元素，分解后可直接为作物生长提供营养；有机质具有改善土壤理化性状，影响土壤结构形成及通气性、渗透性、缓冲性、交换性能和保水保肥性能，因此，土壤有机质含量的高低是评价土壤肥力的重要标志之一，是评价耕地地力的重要指标。对耕作土壤来说，培肥的中心环节就是增施各种有机肥，实行秸秆还田，保持和提高土壤有机质含量。

一、耕层土壤有机质含量及面积分布

　　本次耕地地力调查共化验分析耕层土样6 008个，平均含量为15.39g/kg，变化范围

10.40～25.90/kg，标准差 3.03，变异系数 19.67%。比 1982 年第二次土壤普查平均含量 8.74g/kg，增加了 6.65g/kg。土壤有机质的积累与矿化是土壤与生态环境之间物质和能量循环的一个重要环节。西华县属暖温带半湿润季风型气候，气候温和，四季分明，干湿交替明显，夏季温度高雨水集中，冬季寒冷雨雪少，温度和水分条件适于有机质分解，加之土壤反应为微碱性，宜于土壤微生物的繁殖，故有机质的分解，无论是生物分解过程和非生物的矿化过程均较强烈，因此，有机质含量较低。随着近年来秸秆还田面积不断扩大，总体来说西华县土壤有机质含量略有上升，但是含量仍然偏低。

不同地力等级耕层土壤有机质含量不同，其中，一等地有机质含量比四等地多 6.23g/kg，各级别面积，见表 3 – 1。

表 3 – 1　各地力等级耕层土壤有机质含量及分布面积

级　别	一等地	二等地	三等地	四等地	总计
面积（hm²）	9 998.28	25 561.07	43 399.98	2 768.24	81 727.57
占总面积（%）	12.23	31.28	53.10	3.39	100
标准差	2.74	2.71	2.59	1.81	3.03
平均值（g/kg）	19.08	16.18	14.52	12.85	15.39
变异系数（%）	14.36	16.75	17.83	14.08	19.69

二、不同土壤类型有机质含量

利用不同土种类型土壤有机质含量的差异是人们社会活动对土壤影响的集中体现。不同土种，有机质含量有一定差异。从表 3 – 2 可以看出西华县有机质含量最低的土种是浅位沙小两合土，有机质含量最高的是壤质潮褐土，两者相差 5.8g/kg 左右。

表 3 – 2　不同土种有机质含量　　　　　　　　　　　　（单位：g/kg）

省土种名称	平均值	最大值	最小值	标准差	变异系数（%）
浅位沙小两合土	13.11	21.12	3.37	5.11	39.00
浅位厚黏小两合土	13.96	16.50	7.95	1.61	11.54
小两合土	14.08	20.80	6.04	2.69	19.12
浅位厚沙小两合土	14.31	22.29	6.20	2.55	17.80
底沙小两合土	14.43	20.39	9.82	2.35	16.28
浅位沙两合土	14.56	29.00	5.24	2.98	20.48
两合土	14.61	24.78	4.15	2.61	17.85
沙壤土	14.62	31.19	4.98	2.56	17.53
浅位沙淤土	14.81	31.84	3.89	3.98	26.88
浅位厚壤淤土	15.08	20.95	4.55	2.32	15.39
底沙两合土	15.14	23.10	7.75	2.80	18.48
氯化物轻盐化潮土	15.22	22.15	10.91	3.47	22.80
底黏小两合土	15.47	20.35	12.23	2.21	14.31
浅位厚沙淤土	15.48	31.08	5.86	2.46	15.91
底黏沙壤土	15.50	20.28	12.47	1.73	11.16
浅位黏沙壤土	15.71	20.48	12.00	1.98	12.60
沙质潮土	15.92	32.34	6.12	3.65	22.94

（续表）

省土种名称	平均值	最大值	最小值	标准差	变异系数（%）
浅位黏小两合土	16.24	28.64	13.19	2.99	18.43
底沙淤土	16.32	31.67	9.72	2.92	17.92
底壤沙壤土	16.72	24.38	13.30	2.52	15.07
淤土	16.73	27.61	7.58	2.75	16.44
固定草甸风沙土	17.30	31.86	11.35	3.31	19.11
深位多量沙姜石灰性沙姜黑土	18.21	21.30	16.11	0.90	4.93
石灰性青黑土	18.35	22.15	15.56	1.07	5.84
黏盖石灰性沙姜黑土	18.85	22.70	13.81	1.79	9.49
壤质潮褐土	18.91	24.77	14.16	2.03	10.76
总计	15.39	32.34	3.37	3.03	19.67

三、耕层有机质含量与土壤质地的关系

土壤质地与耕层有机质含量有较密切的关系。从化验结果分析中得出，不同土壤质地有机质含量在西华县的分布规律。各质地耕层有机质含量排列顺序为：重壤土 > 轻黏土 > 松沙土 > 中黏土 > 轻壤土 > 沙壤土 > 中壤土，其含量分别为：16.78g/kg、16.07g/kg、15.92g/kg、15.48g/kg、15.11g/kg、14.84g/kg、14.60g/kg。一般来说，质地越黏，有机质含量越高，反之，质地越轻，则有机质含量越低，而西华县的松沙土有机质含量偏高，而中壤土含量偏低，有点反常。有待以后校验，见表3-3。

表3-3　不同质地土壤有机质养分含量　　　　　（单位：g/kg、hm²）

质地	重壤土	轻黏土	松沙土	中黏土	轻壤土	沙壤土	中壤土	总计
平均值	16.78	16.07	15.92	15.48	15.11	14.84	14.60	15.39
标准差	2.86	2.52	3.65	2.46	3.20	2.65	2.80	3.03
变异系数	17.06	15.69	22.94	15.91	21.19	17.84	19.21	19.67

四、耕层土壤有机质各级别状况

根据全国第二次土壤普查办公室和省第二次土壤普查办公室规定的土壤养分分级标准，并结合西华县土壤有机质含量的实际状况，分级级别划分为五级，西华县土壤有机质分级情况及分布状况列于表3-4。含量在13.0g/kg以下的土壤面积为12 162.89hm²，占全县土壤面积的14.88%，主要分布在除奉母镇、逍遥镇、址坊镇以外的各个乡镇；含量在13.1~15.0g/kg的土壤面积为26 138.44hm²，占全县土壤总面积的31.98%，主要除逍遥镇以外的各乡镇；含量在15.1~17.0g/kg的土壤面积为21 593.87hm²，占全县土壤总面积的26.42%，全县各个乡镇均有分布；含量在17.1~20.0g/kg的土壤面积为15 617hm²，占全县土壤总面积的19.11%，全县除城关镇、李大庄乡和大王庄乡以外的各个乡镇均有分布；含量在20.0g/kg以上的土壤面积为6 215.38hm²，占全县土壤总面积的7.6%，主要零星分布在艾岗乡、东王营乡、东夏亭镇、奉母镇、聂堆镇、皮营乡、清河驿乡、西夏亭镇、逍遥镇、址坊镇等乡镇。由此可见，西华县土壤有机质含量在13.1~20.0g/kg的面积占全县土壤面积的77.51%。

表3-4　西华县土壤有机质含量分级面积

（单位：g/kg）

乡镇名称	一级 >20		二级 ≤20, >17		三级 ≤17, >15		四级 ≤15, >13		五级 ≤13		总计
	面积	比例	面积	比例	面积	比例	面积	比例	面积	比例	
艾岗乡	19.33	0.31	93.64	0.60	917.49	4.25	2 691.21	10.30	1 100.99	9.05	4 822.66
城关镇					4.48	0.02	146.25	0.56	1 061.07	8.72	1 211.8
迟营乡			3.40	0.02	355.50	1.65	2 399.31	9.18	1 216.68	10.00	3 974.89
大王庄乡					454.23	2.10	1 891.92	7.24	575.45	4.73	2 921.6
东王营乡	168.93	2.72	419.49	2.69	1 337.69	6.19	1 025.49	3.92	114.31	0.94	3 065.91
东夏亭镇	963.37	15.50	1 847.88	11.83	848.72	3.93	525.98	2.01	95.91	0.79	4 281.86
奉母镇	830.60	13.36	5 190.07	33.23	426.16	1.97	47.27	0.18			6 494.1
红花集镇			39.15	0.25	1 134.74	5.25	5 107.44	19.54	1 302.81	10.71	7 584.14
黄土桥乡			65.20	0.42	511.49	2.37	1 480.65	5.66	1 699.14	13.97	3 756.48
李大庄乡					18.43	0.09	1 650.71	6.32	1 152.77	9.48	2 821.91
聂堆镇	5.35	0.09	2 210.97	14.16	1 421.56	6.58	1 856.90	7.10	60.80	0.50	5 555.58
皮营乡	855.57	13.77	562.52	3.60	1 188.81	5.51	1 175.66	4.50	0.57	0.00	3 783.13
清河驿乡	27.37	0.44	355.70	2.28	2 568.11	11.89	436.32	1.67	19.64	0.16	3 407.14
田口乡			93.46	0.60	2 266.87	10.50	1 070.16	4.09	28.72	0.24	3 459.21
西华营镇			275.47	1.76	1 107.43	5.13	1 381.29	5.28	3 361.15	27.63	6 125.34
西夏亭镇	322.95	5.20	1 143.19	7.32	2 268.43	10.50	1 873.04	7.17	328.85	2.70	5 936.46
逍遥镇	3 000.49	48.28	1 247.85	7.99	26.84	0.12		0.00			4 275.18
叶埠口乡			36.92	0.24	3 156.52	14.62	1 254.92	4.80	44.03	0.36	4 492.39
址坊镇	21.41	0.34	2 032.09	13.01	1 580.37	7.32	123.92	0.47			3 757.79
总计	6 215.37	7.60	15 617.00	19.11	21 593.87	26.42	26 138.44	31.98	12 162.89	14.88	81 727.57
有机质含量		21.83		18.45		15.76		14.06		11.34	15.39

第二节 大量元素

一、全氮

氮是构成蛋白质的主要元素，而蛋白质又是细胞组成中原生质的基本物质，氮也是叶绿素、酶、核酸、维生素、生物碱等的主要成分，是植物生长发育必不可少的营养元素之一。而植株氮素主要来源于土壤。

土壤全氮含量指标不仅能体现土壤氮素的基础肥力，而且还能反映土壤潜在肥力的高低，即土壤的供氮潜力。根据分析结果，全县耕层土壤全氮含量平均为0.980g/kg，变化范围0.56~1.68g/kg，标准差0.26，变异系数26.36%。比1982年第二次土壤普查平均含量0.622g/kg，增加了0.358g/kg。

（一）不同地力等级耕层土壤全氮含量及分布面积

不同地力等级耕层土壤全氮含量不同，有一定的差异，其中，一等地比四等地多0.15g/kg，各含量级别情况，见表3–5，图3–1。

表3–5　各地力等级耕层土壤全氮含量及分布面积

级别	1等地	2等地	3等地	4等地	总计
面积（hm²）	9 998.28	25 561.07	43 399.98	2 768.24	81 727.57
占总耕地（%）	12.23	31.28	53.10	3.39	100
含量（g/kg）	1.34	1.00	0.92	0.83	0.98
标准差	0.40	0.22	0.19	0.13	0.26
变异系数	29.76	21.48	20.88	16.12	26.36

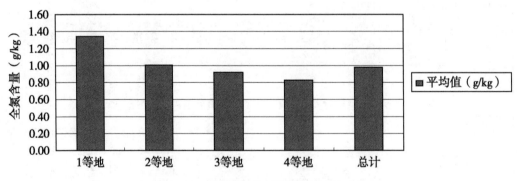

图3–1　西华县各地力等级的全氮直方图

（二）不同土壤类型全氮含量

不同土壤类型全氮含量差异不小。沙姜黑土类含量最高、褐土类居中、潮土类较低。黏盖石灰性沙姜黑土含量最高，浅位厚黏小两合土最低。各土壤类型全氮含量，见表3–6。

表 3 - 6　不同土壤类型氮素含量　　　　　　（单位：g/kg）

省土种名称	平均值	最大值	最小值	标准差	变异系数（%）
黏盖石灰性沙姜黑土	1.59	2.14	0.89	0.31	19.26
石灰性青黑土	1.38	1.80	1.16	0.14	10.41
深位多量沙姜石灰性沙姜黑土	1.38	1.82	1.19	0.16	11.83
壤质潮褐土	1.21	2.94	0.84	0.25	20.93
淤土	1.14	7.11	0.68	0.36	31.48
底沙两合土	1.06	1.91	0.74	0.30	28.60
底沙小两合土	1.05	2.17	0.66	0.28	27.01
底壤沙壤土	0.99	1.31	0.75	0.14	14.26
浅位沙淤土	0.97	1.51	0.77	0.15	15.77
底沙淤土	0.95	1.45	0.75	0.12	12.12
浅位厚壤淤土	0.93	1.72	0.73	0.18	18.81
小两合土	0.93	2.02	0.59	0.21	22.09
固定草甸风沙土	0.92	1.30	0.68	0.10	10.67
沙壤土	0.92	3.35	0.59	0.21	22.34
浅位黏小两合土	0.92	1.35	0.71	0.14	15.05
两合土	0.92	1.64	0.70	0.14	15.81
氯化物轻盐化潮土	0.90	1.06	0.81	0.05	5.36
底黏小两合土	0.90	1.06	0.76	0.09	10.52
沙质潮土	0.90	1.56	0.64	0.13	14.30
浅位厚沙淤土	0.90	1.60	0.65	0.11	11.82
底黏沙壤土	0.89	1.05	0.74	0.06	6.70
浅位厚沙小两合土	0.89	1.84	0.62	0.15	16.67
浅位沙两合土	0.89	3.95	0.66	0.18	20.40
浅位黏沙壤土	0.88	1.03	0.66	0.08	8.84
浅位沙小两合土	0.85	1.17	0.71	0.09	11.05
浅位厚黏小两合土	0.81	0.90	0.71	0.06	7.81
总计	0.98	7.11	3.37	0.26	26.36

（三）不同土壤质地全氮含量

不同质地耕层土壤全氮含量排列顺序分别为：重壤土 > 轻黏土 > 轻壤土 > 中壤土 > 松沙土 > 中黏土，养分含量分别为：1.15 g/kg、1.07 g/kg、0.97g/kg、0.92g/kg、0.9 g/kg、0.9g/kg。其中，中黏土的全氮含量不符合常规，待以后查明原因，再纠正（表 3 - 7，图 3 - 2）。

表 3 – 7   不同土壤质地氮素含量   （单位：g/kg）

质地	重壤土	轻黏土	轻壤土	沙壤土	中壤土	松沙土	中黏土	总计
平均值	1.1543	1.0693	0.9688	0.9197	0.9129	0.8954	0.8953	0.9812
标准差	0.36	0.27	0.23	0.20	0.18	0.13	0.11	0.26
变异系数	31.01	24.86	23.72	21.27	19.91	14.30	11.82	26.36

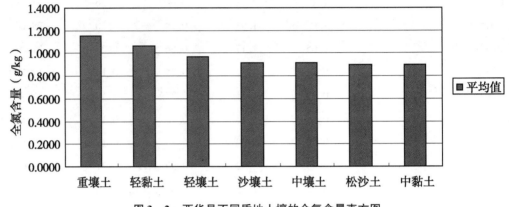

图 3 – 2   西华县不同质地土壤的全氮含量直方图

（四）耕层土壤全氮含量及面积分布

根据全国第二次土壤普查办公室和省第二次土壤普查办公室规定的土壤养分分级标准，并结合西华县土壤全氮含量的实际状况，分级级别划分为五级，西华县土壤全氮分级情况及分布状况，列于表 3 – 8。各级含量出现的频率以 0.7 ~ 0.9g/kg 最大（42.23%），0.9 ~ 1.10g/kg 次之（31.11%），1.1 ~ 1.40g/kg 更次之（15.66%），含量在 0.7 以下的为 1 810.35hm²，占土壤总面积的 2.22%，主要零星分在艾岗乡、东王营乡、红花集镇、黄土桥乡、聂堆镇、西华营镇，1.40g/kg 以上的为 7 178.42hm²，占 8.78%。由此可见，含量在 0.9 ~ 1.1g/kg 的占 73.34%，并且在全县各乡镇均有分布。

（五）影响土壤全氮含量的因素

土壤中的氮素主要以有机态存在，约占土壤全氮量的 90%，有机态氮素主要以大分子化合物的形式存在于土壤中，作物难以吸收利用，属迟效性氮；其余部分则以小分子有机态或铵态、硝态和亚硝态等形式存在，占土壤全氮的 10%。土壤氮素的消长，主要决定于生物积累和分解作用的相对强弱，同时，水热条件也会对其产生显著的影响。

二、有效磷

磷是作物重要的营养元素，它既是构成作物体内的许多重要有机化合物的组成部分，同时，又以多种方式参与作物体内的生理生化过程，对促进作物生长发育和代谢作用是不可缺少的。而有效磷则是土壤中易被作物吸收利用的磷素养分。

土壤中的磷一般以无机态磷和有机态磷形式存在，通常有机态磷占全磷量的 35% 左右，无机态磷占全磷量的 65% 左右。无机态磷中易溶性磷酸盐和土壤胶体中吸附的磷酸根离子以及有机形态磷中易矿化的部分，被视为有效磷，占土壤全磷含量的 10% 左右。有效磷含

（单位：g/kg）

表3－8　西华县土壤全氮含量分级面积

乡镇名称	一级 >1.4 面积	比例	二级 ≤1.4, >1.1 面积	比例	三级 ≤1.1, >0.9 面积	比例	四级 ≤0.9, >0.7 面积	比例	五级 ≤0.7 面积	比例	总计
艾岗乡					1 888.86	7.43	2 787.21	8.08	146.59	8.10	4 822.66
城关镇			8.48	0.07	400.83	1.58	802.49	2.33			1 211.8
迟营乡	342.95	4.78	1 718.48	13.43	1 692.45	6.66	221.01	0.64			3 974.89
大王庄乡	612.68	8.54	1 016.31	7.94	620.84	2.44	671.77	1.95			2 921.6
东王营乡			18.10	0.14	783.76	3.08	1 770.77	5.13	493.28	27.25	3 065.91
东夏亭镇					1 958.28	7.70	2 323.58	6.73			4 281.86
奉母镇	3 195.81	44.52	3 264.07	25.51	34.22	0.13					6 494.1
红花集镇			3.32	0.03	384.80	1.51	7097.14	20.56	98.88	5.46	7 584.14
黄土桥乡			17.32	0.14	785.07	3.09	1 896.78	5.50	1 057.31	58.40	3 756.48
李大庄乡	805.52	11.22	844.34	6.60	713.69	2.81	458.36	1.33			2 821.91
聂堆镇	55.59	0.77	193.37	1.51	2 260.77	8.89	3 039.30	8.81	6.55	0.36	5 555.58
皮营乡	11.53	0.16	939.47	7.34	1 807.35	7.11	1 024.78	2.97			3 783.13
清河驿乡	14.08	0.20	350.71	2.74	2 427.56	9.55	614.79	1.78			3 407.14
田口乡	45.51	0.63	216.00	1.69	2 143.17	8.43	1 054.53	3.06			3 459.21
西华营镇	4.02	0.06	28.49	0.22	508.09	2.00	5 577.00	16.16	7.74	0.43	6 125.34
西夏亭镇	212.25	2.96	122.82	0.96	1 707.26	6.71	3 894.13	11.28			5 936.46
逍遥镇	842.26	11.73	1 622.33	12.68	1 801.91	7.09	8.68	0.03			4 275.18
叶埠口乡			189.89	1.48	3 031.90	11.92	1 270.60	3.68			4 492.39
址坊镇	1 036.22	14.44	2 243.93	17.53	477.64	1.88					3 757.79
总计	7 178.42	8.78	12 797.43	15.66	25 428.45	31.11	34 512.92	42.23	1 810.35	2.22	81 727.57
全氮含量	1.67		1.23		0.96		0.82		0.67		0.98

量是衡量土壤养分含量和供应强度的重要指标，也是评价耕地地力的重要指标。根据这次调查，全县耕层土壤有效磷含量平均 15.04mg/kg，变化范围 12～18mg/kg，标准差 3.32，变异系数 22.09%。比 1982 年第二次土壤普查平均含量 10.6mg/kg，增加了 4.44mg/kg。

（一）不同地力等级耕层土壤有效磷含量及分布面积

不同地力等级土壤有效磷的含量不同，且有一定的差异，其中，一等地比四等地有效磷多 4.98mg/kg（表 3-9，图 3-3）。

表 3-9　各地力等级耕层土壤有效磷含量及分布面积

级　　别	1 等地	2 等地	3 等地	4 等地	总计
面积（hm²）	2 768.24	9 998.28	25 561.07	43 399.98	81 727.57
占总耕地（%）	3.39	12.23	31.28	53.10	100
平均值（g/kg）	15.12	15.07	15.01	14.94	15.04
标准差	3.04	3.85	3.09	3.07	3.32
变异系数（%）	20.10	25.58	20.55	20.56	22.09

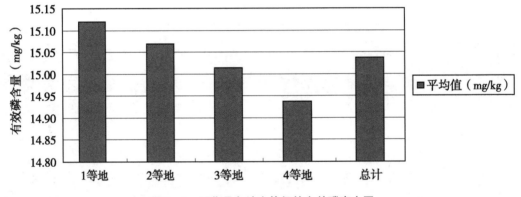

图 3-3　西华县各地力等级的有效磷直方图

（二）不同土壤类型有效磷含量状况

不同土壤类型由于受土壤母质、种植制度、作物施肥状况不同的影响，但是有效磷含量没有较为明显的差异，以底黏小两合土最高（表 3-10）。

表 3-10　不同土壤类型耕层有效磷含量　　　　　　　　　（单位：mg/kg）

省土种名称	平均值	最大值	最小值	标准差	变异系数（%）
底黏小两合土	19.59	34.68	12.76	4.51	23.04
底壤沙壤土	17.72	31.99	10.25	4.91	27.72
底黏沙壤土	16.70	29.20	8.79	4.64	27.76
浅位黏沙壤土	16.46	28.18	10.92	3.95	23.98
沙质潮土	15.86	25.87	8.79	2.86	18.03
黏盖石灰性沙姜黑土	15.64	21.69	8.63	2.70	17.26

（续表）

省土种名称	平均值	最大值	最小值	标准差	变异系数（%）
固定草甸风沙土	15.63	22.57	11.72	1.77	11.34
底沙淤土	15.41	30.59	7.93	5.46	35.42
沙壤土	15.36	29.96	6.91	3.21	20.93
石灰性青黑土	15.33	21.10	9.54	2.59	16.88
浅位厚壤淤土	15.19	26.61	8.80	4.44	29.24
浅位厚沙小两合土	15.17	24.59	7.31	3.12	20.59
淤土	15.11	35.25	7.61	3.25	21.51
浅位厚沙淤土	15.09	29.41	7.41	3.78	25.04
深位多量沙姜石灰性沙姜黑土	14.95	21.60	10.13	2.27	15.21
底沙两合土	14.88	25.70	8.14	3.79	25.45
小两合土	14.85	26.78	7.47	3.17	21.37
壤质潮褐土	14.61	22.70	7.89	2.67	18.30
两合土	14.39	30.68	7.10	3.68	25.58
底沙小两合土	14.29	18.98	7.73	2.53	17.71
浅位沙两合土	14.11	26.49	6.69	2.98	21.15
浅位沙淤土	13.79	21.16	9.01	2.82	20.48
氯化物轻盐化潮土	13.47	21.28	8.00	3.37	24.98
浅位黏小两合土	13.22	20.16	8.97	2.91	21.99
浅位厚黏小两合土	12.84	16.98	9.49	1.73	13.48
浅位沙小两合土	12.60	19.62	8.48	2.45	19.46
总计	15.04	35.25	6.69	3.32	22.10

（三）不同土壤质地有效磷含量状况

土壤质地是影响耕层土壤磷素有效性的重要因素之一，土壤质地与土壤风化程度有关，黏粒部分磷素含量丰富，容易风化分解，分解后释放出有效磷。而沙粒部分含磷量较少，难以风化分解，因此，土壤质地影响土壤有效磷的含量。西华县地处黄河冲积平原，土壤有效磷随土壤质地由沙变黏而逐渐增加，但是西华县松沙土含量最高，中壤土含量最低，原因待查。西华县不同土壤质地有效磷含量情况，见表3-11，图3-4。

表3-11　不同土壤质地有效磷含量　　　　　　（单位：mg/kg）

质地	松沙土	沙壤土	轻黏土	中黏土	重壤土	轻壤土	中壤土	总计
平均值	15.86	15.48	15.23	15.09	15.07	14.87	14.26	15.04
标准差	2.86	3.30	3.97	3.78	3.35	3.13	3.38	3.32
变异系数	18.03	21.31	26.07	25.04	22.24	21.05	23.70	22.10

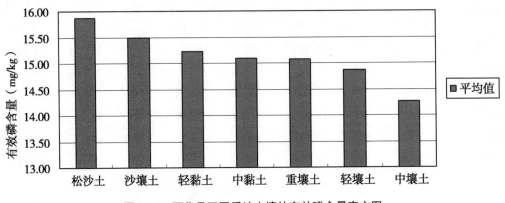

图 3 - 4 西华县不同质地土壤的有效磷含量直方图

（四）耕层土壤有效磷含量及面积分布

按照全国第二次土壤普查养分分级标准，并结合西华县土壤有效磷含量的实际状况，分级级别划分为五级，西华县土壤有效磷分级情况及分布状况，见表 3 - 12。

Ⅰ级：土壤有效磷含量 >20mg/kg，面积 5 126.47hm²，占全县土壤面积的 6.27%。全县除西华营镇、李大庄乡外其他乡镇均有部分分布，其中，以清河驿乡、西夏亭镇、聂堆镇、叶埠口乡最多。

Ⅱ级：土壤有效磷含量 17.1 ~ 20mg/kg，面积 17 398.26hm²，占全县土壤面积的 21.29%。全县各乡镇均有分布，其中，以艾岗乡、大王庄乡、红花集镇、聂堆镇、西夏亭镇、址坊镇、田口乡最多。

Ⅲ级：土壤有效磷含量 15.1 ~ 17.0mg/kg，面积 18 894.99hm²，占全县土壤总面积的 23.12%。全县各乡镇均有分布。

Ⅳ级：土壤有效磷含量 12.1 ~ 15.0mg/kg，面积 18 152.26hm²，占全县土壤总面积的 22.21%。全县各乡镇均有部分分布。

Ⅴ级：土壤有效磷含量 < 12.0mg/kg，面积 22 155.23hm²，占全县土壤总面积的 27.11%。全县各乡镇都有分布。

三、速效钾

钾是作物生长发育所必需的营养元素之一。它具有促进植物体内碳水化合物的代谢和合成，提高作物抗逆性等作用。随着复种指数和产量的提高，氮肥、磷肥用量的增加，钾肥在农业生产中已日益显出其重要地位，土壤中的钾素含量已不能满足农业生产对钾的需要。全县耕层土壤速效钾含量平均 112.24mg/kg，变化范围 70 ~ 145mg/kg，标准差 32.2，变异系数 28.69%。与 1982 年第二次土壤普查（188mg/kg），减少了 75.78mg/kg。

（一）不同地力等级耕层土壤速效钾含量及分布面积

不同地力等级耕层土壤速效钾含量差异较为明显，其中，一等地比四等地多 61.56mg/kg（表 3 - 13，图 3 - 5）。

（单位：mg/kg）

表3-12 耕层土壤有效磷含量分级

乡镇名称	一级 >20		二级 ≤20，>17		三级 ≤17，>15		四级 ≤15，>12		五级 ≤12		总计
	面积	比例	面积	比例	面积	比例	面积	比例	面积	比例	总计
艾岗乡	49.17	0.96	1 014.66	5.83	1 337.41	7.08	1 625.63	8.96	795.79	3.59	4 822.66
城关镇	189.95	3.71	648.02	3.72	274.59	1.45	86.49	0.48	12.75	0.06	1 211.8
迟营乡	185.48	3.62	646.61	3.72	867.26	4.59	1 171.50	6.45	1 104.04	4.98	3 974.89
大王庄乡	164.04	3.20	1 060.69	6.10	799.48	4.23	821.18	4.52	76.21	0.34	2 921.6
东王营乡	126.97	2.48	337.14	1.94	825.85	4.37	916.67	5.05	859.28	3.88	3 065.91
东夏亭镇	86.40	1.69	148.65	0.85	301.08	1.59	638.14	3.52	3 107.59	14.03	4 281.86
奉母镇	122.43	2.39	872.93	5.02	1 291.22	6.83	1 798.52	9.91	2 409.00	10.87	6 494.1
红花集镇	351.82	6.86	3 731.43	21.45	2 220.00	11.75	1 147.96	6.32	132.93	0.60	7 584.14
黄土桥乡	28.25	0.55	399.40	2.30	774.25	4.10	854.18	4.71	1 700.40	7.67	3 756.48
李大庄乡			156.02	0.90	469.08	2.48	893.09	4.92	1 303.72	5.88	2 821.91
聂堆镇	619.98	12.09	1 146.56	6.59	1 155.20	6.11	930.40	5.13	1 703.44	7.69	5 555.58
皮营乡	43.54	0.85	432.31	2.48	912.55	4.83	951.51	5.24	1 443.22	6.51	3 783.13
清河驿乡	1 335.23	26.05	789.39	4.54	558.78	2.96	625.73	3.45	98.01	0.44	3 407.14
田口乡	37.14	0.72	1 070.92	6.16	1 281.91	6.78	953.17	5.25	116.07	0.52	3 459.21
西华营镇			16.71	0.10	149.81	0.79	1 096.62	6.04	4 862.20	21.95	6 125.34
西夏亭镇	608.91	11.88	1 715.04	9.86	2 592.82	13.72	684.18	3.77	335.51	1.51	5 936.46
逍遥镇	59.56	1.16	821.25	4.72	805.56	4.26	1 593.29	8.78	995.52	4.49	4 275.18
叶埠口乡	831.39	16.22	870.26	5.00	758.92	4.02	986.51	5.43	1 045.31	4.72	4 492.39
址坊镇	286.21	5.58	1 520.27	8.74	1 519.22	8.04	377.85	2.08	54.24	0.24	3 757.79
总计	5 126.47	6.27	17 398.26	21.29	18 894.99	23.12	18 152.62	22.21	22 155.23	27.11	81 727.57
有效磷含量	22.44		18.20		16.00		14.03		11.21		15.04

表3-13 各地力等级耕层土壤速效钾含量

级 别	1等地	2等地	3等地	4等地	总计
面积（hm²）	9 998.28	25 561.07	43 399.98	2 768.24	81 727.57
占总耕地（%）	12.23	31.28	53.10	3.39	100
平均值（mg/kg）	158.39	124.68	100.00	82.97	112.24
标准差	27.81	30.94	22.96	16.45	32.20
变异系数（%）	17.56	24.81	22.96	19.82	28.69

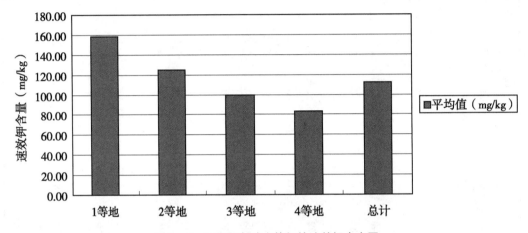

图3-5 西华县各地力等级的速效钾直方图

（二）不同土壤类型耕层土壤速效钾含量

土壤速效钾含量与土壤类型关系极为密切，就土种而言，黏盖石灰性沙姜黑土含量最高，平均为175.1mg/kg，其次是石灰性青黑土174.03mg/kg，然后是深位多量沙姜石灰性沙姜黑土173.14mg/kg，而含量最小的沙质潮土则为92.16mg/kg（表3-14）。

表3-14 不同土壤类型耕层土壤速效钾含量 （单位：mg/kg）

省土种名称	平均值	最大值	最小值	标准差	变异系数
黏盖石灰性沙姜黑土	175.10	205.00	101.00	17.40	9.94
石灰性青黑土	174.03	203.00	141.00	13.58	7.80
深位多量沙姜石灰性沙姜黑土	173.14	205.00	141.00	13.68	7.90
壤质潮褐土	152.26	206.00	65.00	26.27	17.26
淤土	133.08	245.00	41.00	34.79	26.14
底沙淤土	129.06	315.00	63.00	48.25	37.39
底黏沙壤土	126.02	213.00	73.00	28.78	22.84
浅位厚壤淤土	125.43	235.00	59.00	28.57	22.78
浅位沙淤土	119.86	183.00	67.00	18.92	15.79
浅位厚沙淤土	118.18	319.00	59.00	40.92	34.63

（续表）

省土种名称	平均值	最大值	最小值	标准差	变异系数
浅位沙小两合土	117.99	163.00	54.00	21.92	18.58
浅位黏小两合土	116.56	187.00	70.00	29.01	24.89
底沙两合土	116.08	205.00	77.00	24.29	20.93
两合土	113.95	183.00	38.00	20.18	17.71
浅位黏沙壤土	113.32	186.00	74.00	32.69	28.85
底黏小两合土	111.96	163.00	65.00	22.91	20.47
氯化物轻盐化潮土	111.68	134.00	93.00	8.69	7.78
浅位沙两合土	110.09	272.00	60.00	24.96	22.67
底壤沙壤土	102.71	136.00	65.00	20.33	19.80
底沙小两合土	101.69	145.00	59.00	15.77	15.51
小两合土	101.08	171.00	48.00	20.42	20.20
浅位厚沙小两合土	97.81	178.00	50.00	19.94	20.38
固定草甸风沙土	95.18	147.00	59.00	17.45	18.33
沙壤土	93.57	219.00	41.00	19.07	20.38
浅位厚黏小两合土	92.29	113.00	71.00	11.43	12.39
沙质潮土	92.16	157.00	53.00	16.91	18.35
总计	112.24	319.00	38.00	32.20	28.69

（三）不同土壤质地耕层土壤速效钾含量

全县土壤速效钾平均含量为 112.24mg/kg，不同质地耕层土壤速效钾含量差异较大，西华县轻黏土速效钾含量 140.1mg/kg，比松沙土速效钾含量 92.15mg/kg，高出 47.95mg/kg。具体排序，见表 3-15，图 3-6。

表 3-15 不同土壤质地速效钾含量 （单位：mg/kg）

质地	轻黏土	重壤土	中黏土	中壤土	轻壤土	沙壤土	松沙土	总计
平均值	140.10	136.09	118.19	112.18	110.13	95.43	92.15	112.24
标准差	33.52	36.04	40.93	22.83	29.59	20.96	16.91	32.20
变异系数	23.93	26.49	34.63	20.35	26.87	21.97	18.35	28.69

（四）耕层土壤速效钾含量与面积分布

根据全国第二次土壤普查土壤养分分级标准，并结合西华县土壤速效钾含量的实际状况，分级级别划分为五级，西华县土壤速效钾分级情况及分布状况，见表 3-16。

表 3-16 的资料表明了西华县土壤速效钾的分级情况与含量分布状况，现详细分述如下。

Ⅰ级：土壤速效钾含量 >170mg/kg，面积 6 288.45hm²，占全县土壤总面积的 7.69%，

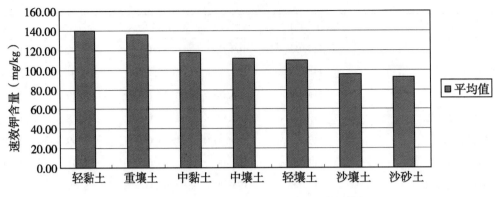

图 3 - 6　西华县不同质地土壤的速效钾含量直方图

全县除艾岗乡、城关镇、迟营乡、大王庄乡、东王营乡、东夏亭镇、皮营乡、田口乡外，其他各乡镇均有分布。

Ⅱ级：土壤速效钾含量 120 ~ 170mg/kg，面积 20 179.77hm²，占全县土壤总面积的24.69%，全县除城关镇外，其他各乡镇均有分布。

Ⅲ级：土壤速效钾 105 ~ 120mg/kg，面积 17 763.09hm²，占全县土壤总面积的21.73%，全县除城关镇外，其他各乡镇均有分布。

Ⅳ级：土壤速效钾 80 ~ 105mg/kg，面积 25 620.36hm²，占全县土壤总面积的31.35%，除除逍遥镇外，其他各乡镇均有分布。

Ⅴ级：土壤速效钾 <80mg/kg，面积 11 875.9hm²，占全县土壤总面积的14.53%，全县除奉母镇、李大庄乡、逍遥镇、叶埠口乡、址坊镇外，其他各乡镇均有分布。

四、缓效钾

缓效钾是指土壤中水云母、蒙脱石等黏土矿物层间所固定的钾以及矿物颗粒边角上的钾。虽不被作物直接吸收利用，但是却是土壤速效钾的直接来源。一些试验表明，土壤速效钾在种植期间发生明显下降，当到达作物收获时，速效钾仅为播种时的27% ~ 42%，但是到来年春天时，由于缓效钾的转化，土壤速效钾的数量又得到了复原或部分恢复。由此可见，缓效钾是速效钾供应的重要仓库。

近年来的研究和实践证明，单纯应用土壤速效钾含量的多少来衡量土壤供钾能力的高低是不够的，必须兼顾缓效钾状况，才能获得较确切的结果。

全县耕层土壤缓效钾含量平均 707.51mg/kg，变化范围 550 ~ 830mg/kg，标准差123.85，变异系数17.5%。

（一）不同地力等级耕层土壤缓效钾含量及分布面积

西华县各地力等级耕层土壤缓效钾含量，见表 3 - 17，图 3 - 7。

表 3－16　耕层土壤速效钾含量分级面积

（单位：mg/kg）

乡镇名称	一级 >170		二级 ≤170, >120		三级 ≤120, >105		四级 ≤105, >80		五级 ≤80		总计
	面积	比例	面积	比例	面积	比例	面积	比例	面积	比例	
艾岗乡	21.35	0.34	989.29	4.90	1 350.74	7.60	1 232.69	4.81	1 228.59	10.35	4 822.66
城关镇							679.25	2.65	532.55	4.48	1 211.8
迟营乡			94.13	0.47	679.32	3.82	2 515.41	9.82	686.03	5.78	3 974.89
大王庄乡			275.59	1.37	1 235.91	6.96	1 397.84	5.46	12.26	0.10	2 921.6
东王营乡			6.58	0.03	25.92	0.15	1 189.42	4.64	1 843.99	15.53	3 065.91
东夏亭镇			2 480.39	12.29	1 453.27	8.18	337.75	1.32	10.45	0.09	4 281.86
奉母镇	3 819.02	60.73	2 629.04	13.03	38.96	0.22	7.08	0.03			6 494.1
红花集镇	2.00	0.03	161.31	0.80	370.23	2.08	3 223.83	12.58	3 826.77	32.22	7 584.14
黄土桥乡	242.60	3.86	225.29	1.12	526.86	2.97	1 148.39	4.48	1 613.34	13.58	3 756.48
李大庄乡	2.06	0.03	1 237.62	6.13	1 275.97	7.18	306.26	1.20			2 821.91
聂堆镇	1.03	0.02	484.19	2.40	1 817.07	10.23	3 017.00	11.78	236.29	1.99	5 555.58
皮营乡			85.53	0.42	861.90	4.85	2 724.83	10.64	110.87	0.93	3 783.13
清河驿乡	457.23	7.27	1 174.02	5.82	933.75	5.26	802.26	3.13	39.88	0.34	3 407.14
田口乡			332.30	1.65	1 634.38	9.20	1 474.56	5.76	17.97	0.15	3 459.21
西华营镇	169.41	2.69	3 675.04	18.21	1 381.60	7.78	885.58	3.46	13.71	0.12	6 125.34
西夏亭镇	14.81	0.24	1 355.55	6.72	903.49	5.09	1 959.41	7.65	1 703.20	14.34	5 936.46
逍遥镇	1 443.20	22.95	2 830.66	14.03	1.32	0.01					4 275.18
叶墩口乡	36.92	0.59	427.78	2.12	1 748.44	9.84	2 279.25	8.90			4 492.39
址坊镇	78.82	1.25	1 715.46	8.50	1 523.96	8.58	439.55	1.72			3 757.79
总计	6 288.45	7.69	20 179.77	24.69	17 763.09	21.73	25 620.36	31.35	11 875.90	14.53	81 727.57
速效钾含量	186.19		140.03		111.94		94.14		69.78		112.24

表 3 – 17　各地力等级耕层土壤缓效钾含量

级别	1 等地	2 等地	3 等地	4 等地	总计与平均
面积（hm²）	9 998.28	25 561.07	43 399.98	2 768.24	81 727.57
占总耕地（%）	12.23	31.28	53.10	3.39	100
平均值（mg/kg）	770.68	740.36	686.02	617.27	707.51
标准差	107.63	123.92	118.37	107.02	123.85
变异系数（%）	13.97	16.74	17.26	17.34	17.50

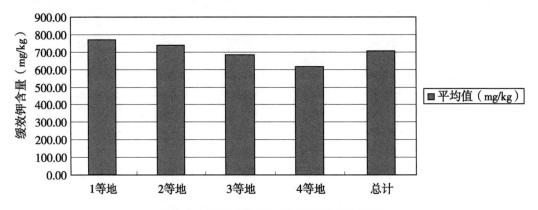

图 3 – 7　西华县各地力等级的缓效钾直方图

（二）不同土壤类型耕层土壤缓效钾含量

土壤缓效钾含量与土壤类型关系极为密切，就土种而言，黏质沙壤土最高平均为806.26mg/kg，其次浅位黏小两合土 800.04mg/kg，然后是底黏小两合土 791.08mg/kg（表 3 – 18、表 3 – 19，图 3 – 8）。

表 3 – 18　不同土壤类型耕层土壤缓效钾含量　　　　　　　（单位：mg/kg）

省土种名称	平均值	最大值	最小值	标准差	变异系数
底黏沙壤土	806.26	1 022.00	559.00	97.69	12.12
浅位黏小两合土	800.04	951.00	600.00	75.93	9.49
底黏小两合土	791.08	1 038.00	673.00	84.81	10.72
底壤沙壤土	783.83	1 117.00	584.00	132.18	16.86
底沙淤土	775.53	958.00	492.00	97.12	12.52
浅位厚壤淤土	765.03	1 036.00	545.00	90.19	11.79
壤质潮褐土	763.26	1 325.00	603.00	89.04	11.67
淤土	752.60	1 380.00	262.00	137.63	18.29
黏盖石灰性沙姜黑土	751.61	1 061.00	600.00	85.18	11.33
底沙两合土	750.23	975.00	578.00	96.70	12.89
浅位沙淤土	746.64	1 074.00	561.00	105.43	14.12
浅位黏沙壤土	734.05	1 013.00	452.00	153.01	20.84

（续表）

省土种名称	平均值	最大值	最小值	标准差	变异系数
两合土	725.42	1 233.00	233.00	127.22	17.54
浅位沙两合土	719.34	1 066.00	354.00	104.06	14.47
底沙小两合土	718.74	1 115.00	488.00	104.04	14.48
浅位厚黏小两合土	716.94	935.00	595.00	100.05	13.95
氯化物轻盐化潮土	711.24	843.00	628.00	39.43	5.54
石灰性青黑土	709.38	839.00	572.00	56.92	8.02
浅位厚沙淤土	709.33	1 033.00	372.00	110.05	15.51
深位多量沙姜石灰性沙姜黑土	693.36	848.00	569.00	58.78	8.48
沙质潮土	682.13	950.00	300.00	118.52	17.37
小两合土	677.01	1 044.00	337.00	102.66	15.16
固定草甸风沙土	674.61	891.00	457.00	93.21	13.82
沙壤土	668.13	1 131.00	357.00	129.12	19.33
浅位厚沙小两合土	666.69	1 067.00	170.00	119.07	17.86
浅位沙小两合土	666.38	771.00	476.00	65.77	9.87
平均	707.51	1 380.00	170.00	123.85	17.50

（三）不同土壤质地耕层土壤缓效钾含量

不同质地耕层土壤缓效钾含量差异较大，西华县重壤土缓效钾含量 925.41mg/kg，比轻壤土缓效钾含量 847.53mg/kg，高出 77.88mg/kg。具体排序，见表 3 – 19。

表 3 – 19 不同土壤质地缓效钾含量 （单位：mg/kg）

质地	重壤土	轻黏土	中壤土	中黏土	轻壤土	松沙土	沙壤土	总计
平均值	751.40	748.22	724.23	709.34	694.34	682.13	676.87	707.51
标准差	129.56	85.44	113.82	110.05	112.43	118.52	130.77	123.84
变异系数	17.24	11.42	15.72	15.51	16.19	17.37	19.32	17.50

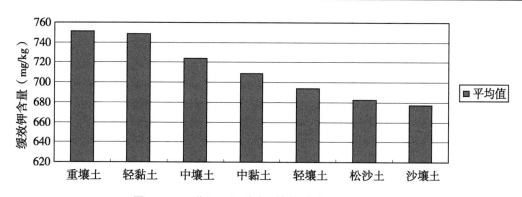

图 3 – 8 西华县不同质地土壤的缓效钾含量直方图

（四）耕层土壤缓效钾含量与面积分布

根据全国第二次土壤普查土壤养分分级标准，并结合西华县土壤缓效钾含量的实际状况，西华县土壤缓效钾可分为五级，土壤缓效钾分级情况及分布状况，见表 3 – 20。

表 3－20　耕层土壤缓效钾含量分级面积

（单位：mg/kg）

乡镇名称	一级 >900		二级 ≤900, >750		三级 ≤750, >700		四级 ≤700, >600		五级 ≤600		总计
	面积	比例	面积	比例	面积	比例	面积	比例	面积	比例	
艾岗乡	1 012.45	17.82	988.90	4.14	440.76	3.51	1 413.98	6.22	966.57	5.71	4 822.66
城关镇	49.50	0.87	132.11	0.55	26.34	0.21	353.32	1.56	650.53	3.85	1 211.80
迟营乡	1 027.38	18.08	1 167.10	4.89	307.70	2.45	653.24	2.88	819.47	4.84	3 974.89
大王庄乡	42.58	0.75	1 218.56	5.10	522.25	4.16	740.91	3.26	397.30	2.35	2 921.60
东王营乡			209.00	0.88	365.84	2.92	1 046.26	4.61	1 444.81	8.54	3 065.91
东夏亭镇	43.88	0.77	1 177.23	4.93	1 442.16	11.50	1 605.17	7.07	13.42	0.08	4 281.86
奉母镇	186.41	3.28	3 759.59	15.75	1 212.39	9.67	1 258.43	5.54	77.28	0.46	6 494.10
红花集镇	2.00	0.04	88.89	0.37	132.72	1.06	2 395.27	10.54	4 965.26	29.35	7 584.14
黄土桥乡	202.95	3.57	467.39	1.96	374.29	2.98	864.07	3.80	1 847.78	10.92	3 756.48
李大庄乡	555.54	9.78	801.57	3.36	575.28	4.59	674.27	2.97	215.25	1.27	2 821.91
聂堆镇			30.60	0.13	205.49	1.64	2 930.06	12.90	2 389.43	14.13	5 555.58
皮营乡	147.89	2.60	2 351.51	9.85	494.50	3.94	607.18	2.67	182.05	1.08	3 783.13
清河驿乡	1 151.20	20.26	1 860.64	7.79	206.94	1.65	188.36	0.83			3 407.14
田口乡	73.48	1.29	2 073.83	8.69	416.27	3.32	804.46	3.54	91.17	0.54	3 459.21
西华营镇	50.02	0.88	2 094.59	8.77	2 346.51	18.71	1 535.66	6.76	98.56	0.58	6 125.34
西夏亭镇	304.05	5.35	1 499.52	6.28	1 317.32	10.50	2 184.91	9.62	630.66	3.73	5 936.46
逍遥镇	706.78	12.44	1 266.52	5.31	662.26	5.28	1 503.12	6.62	136.50	0.81	4 275.18
叶埠口乡	36.57	0.64	106.43	0.45	562.82	4.49	1 798.04	7.92	1 988.53	11.76	4 492.39
址坊镇	89.75	1.58	2 578.60	10.80	930.69	7.42	158.75	0.70		0.00	3 757.79
总计	5 682.43	6.95	23 872.58	29.21	12 542.53	15.35	22 715.46	27.79	16 914.57	20.70	81 727.57
缓效钾含量	962.47		810.12		724.56		653.09		540.57		707.51

表 3 - 20 的资料表明了西华县土壤缓效钾的含量分布情况，现详细分述如下。

Ⅰ级：土壤缓效钾含量 > 900mg/kg，面积 5 682.43hm²，占全县土壤总面积的 6.95%，全县除东王营乡、聂堆镇外其他各乡镇均有零星分布。

Ⅱ级：土壤缓效钾含量 751 ~ 900mg/kg，面积 23 872.58hm²，占全县土壤总面积的 29.21%，全县各乡镇均有分布。

Ⅲ级：土壤缓效钾 701 ~ 750mg/kg，面积 12 542.53hm²，占全县土壤总面积的 15.35%，全县各乡镇均有分布。

Ⅳ级：土壤缓效钾 601 ~ 700mg/kg，面积 122 715.46hm²，占全县土壤总面积的 27.79%，全县各乡镇均有分布。

Ⅴ级：土壤缓效钾 < 600mg/kg，面积 16 914.57hm²，占全县土壤总面积的 20.7%，全县除添加河驿乡、址坊镇外其他各乡镇都有零星分布。

第三节　微量元素

微量元素一般有两种含义，一是泛指土壤中含量很少的化学元素；二是专指在作物体内含量虽然极少，但是对作物生长发育却是不可缺少的元素。

作物对微量元素的需要极少，但是它在作物体内所起的生理作用却极大，如果土壤中这些元素供应不足，作物就会出现不同的缺素症状，产量减低，品质下降。相反，如果土壤中这些微量元素含量过多，作物也会中毒，同样影响农作物产量、品质和人畜健康。另外，土壤中微量元素有效含量也在一定程度上制约土壤肥力，因此，土壤微量元素的分析测定为合理施肥培肥地力提供科学依据。

一、土壤有效锌

锌在植物中主要是作为某些酶的组成成分和活化剂。这些酶对植物体内的物质水解、氧化还原过程和碳水化合物、蛋白质的合成起着重要作用。锌在植物体内还参与生长素的合成，对于细胞的正常伸展，特别是茎细胞是必要的。

（一）不同地力等级耕层土壤有效锌含量及分布面积

耕层土壤有效锌平均含量为 1.27mg/kg，变化范围 0.45 ~ 2.09mg/kg，标准差 0.82，变异系数 64.35%。不同地力等级土壤有效锌含量几乎没有差异。各级别面积，见表 3 - 21，图 3 - 9。

表 3 - 21　各地力等及耕层土壤有效锌含量及分布面积

级别	1 等地	2 等地	3 等地	4 等地	总计
面积（hm²）	9 998.28	25 561.07	43 399.98	2 768.24	81 727.57
占总耕地（%）	12.23	31.28	53.1	3.39	100
平均值（mg/kg）	1.12	1.20	1.33	1.37	1.27
标准差	0.45	0.55	0.96	0.85	0.82
变异系数（%）	40.57	45.75	72.35	62.19	64.35

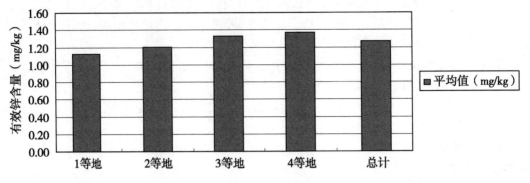

图 3-9　西华县各地力等级的有效锌直方图

（二）不同土壤质地有效锌含量

西华县虽然近几年在小麦、玉米、棉花等作物锌肥的推广施用，取得了良好增产效果，为提高土壤锌的含量、推广施用配方肥、培肥地力奠定了基础。但是西华县土壤有效锌还处于低水平之中。不同土壤质地耕层有效锌含量很相近，见表 3-22，图 3-10。

表 3-22　不同土壤质地耕层有效锌素含量　　　　　　　　　　（单位：mg/kg）

质地	中黏土	中壤土	松沙土	轻壤土	轻黏土	沙壤土	重壤土	总计
平均值	1.74	1.34	1.33	1.30	1.22	1.21	1.15	1.27
标准差	1.82	0.94	0.67	0.78	0.33	0.65	0.61	0.82
变异系数	104.70	69.97	50.12	60.15	27.21	54.02	53.01	64.35

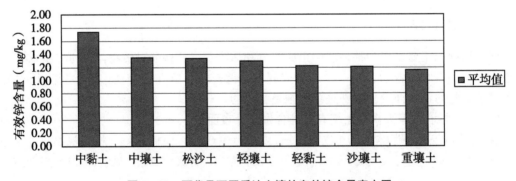

图 3-10　西华县不同质地土壤的有效锌含量直方图

（三）不同土壤类型有效锌含量

西华县的不同土壤类型土壤有效锌含量虽有一定差异，但是差异不大（表 3-23）。

表 3-23　不同土壤类型耕层微量元素含量　　　　　　　　　　（单位：mg/kg）

省土种名称	平均值	最大值	最小值	标准差	变异系数（%）
底黏沙壤土	2.18	10.20	1.07	1.93	88.29
浅位厚沙淤土	1.74	10.87	0.33	1.82	104.70

（续表）

省土种名称	平均值	最大值	最小值	标准差	变异系数（%）
底黏小两合土	1.73	4.81	1.13	0.81	46.83
浅位沙两合土	1.55	9.64	0.41	1.26	81.33
浅位厚黏小两合土	1.48	2.35	1.29	0.26	17.68
底壤沙壤土	1.39	3.33	1.02	0.42	29.91
小两合土	1.36	8.96	0.04	0.84	61.54
浅位黏小两合土	1.35	1.77	0.83	0.14	10.34
底沙淤土	1.35	2.40	0.60	0.28	20.61
浅位沙小两合土	1.35	2.32	0.85	0.31	23.28
沙质潮土	1.33	8.08	0.47	0.67	50.12
浅位厚壤淤土	1.33	1.93	0.57	0.30	22.28
底沙小两合土	1.30	4.47	0.20	0.76	58.28
浅位厚沙小两合土	1.27	10.25	0.21	0.92	72.07
底沙两合土	1.27	1.87	0.45	0.30	24.00
氯化物轻盐化潮土	1.26	3.52	0.73	0.42	33.80
固定草甸风沙土	1.23	1.61	1.04	0.13	10.21
浅位黏沙壤土	1.23	1.41	0.88	0.17	13.76
浅位沙淤土	1.17	1.56	0.52	0.24	20.62
沙壤土	1.16	6.36	0.01	0.53	45.33
壤质潮褐土	1.16	2.89	0.45	0.32	27.76
淤土	1.16	9.45	0.20	0.67	57.86
两合土	1.13	3.83	0.39	0.41	36.30
深位多量沙姜石灰性沙姜黑土	0.99	1.60	0.32	0.21	21.58
石灰性青黑土	0.99	1.81	0.39	0.29	29.83
黏盖石灰性沙姜黑土	0.93	1.49	0.22	0.24	25.46
总计	1.27	10.87	0.01	0.82	64.35

（四）耕层土壤有效锌含量与面积分布

根据全国第二次土壤普查土壤养分分级标准，并结合西华县土壤有效锌含量的实际状况，西华县有效锌分为五级，统计结果，见表3-24。

Ⅰ级：土壤有效锌含量 > 1.5mg/kg，面积12 472.39hm²，占全县土壤面积的15.26%。除东王营乡、叶埠口乡外，其他乡镇均有分布。

Ⅱ级：土壤有效锌含量 1.3 ~ 1.5mg/kg，面积16 820.20hm²，占全县土壤面积的20.58%。全县除东王营乡、叶埠口乡外，其他各乡镇均有分布。

Ⅲ级：土壤有效锌含量 1.1 ~ 1.3mg/kg，面积17 573.86hm²，占全县土壤面积的21.50%。全县各乡镇均有分布。

表3-24 耕层土壤有效锌分级面积

（单位：mg/kg）

乡镇名称	一级 >1.5		二级 ≤1.5, >1.3		三级 ≤1.3, >1.1		四级 ≤1.1, >0.9		五级 ≤0.9		总计
	面积	比例	面积	比例	面积	比例	面积	比例	面积	比例	
艾岗乡	1 010.00	8.10	2 672.55	15.89	957.71	5.45	145.38	1.00	37.02	0.18	4 822.66
城关镇	452.04	3.62	296.86	1.76	165.85	0.94	94.41	0.65	202.64	1.00	1 211.80
迟营乡	30.46	0.24	66.67	0.40	12.15	0.07	276.81	1.91	3 588.80	17.63	3 974.89
大王庄乡	196.54	1.58	465.74	2.77	441.81	2.51	721.21	4.97	1 096.30	5.39	2 921.60
东王营乡					1 737.90	9.89	1 140.31	7.86	187.70	0.92	3 065.91
东夏亭镇	951.91	7.63	1 472.68	8.76	895.21	5.09	735.30	5.07	226.76	1.11	4 281.86
奉母镇	304.24	2.44	283.95	1.69	918.19	5.22	1 785.63	12.31	3 202.09	15.73	6 494.10
红花集镇	3 921.33	31.44	684.38	4.07	777.84	4.43	1 072.13	7.39	1 128.46	5.54	7 584.14
黄土桥乡	584.10	4.68	474.10	2.82	466.48	2.65	283.72	1.96	1 948.08	9.57	3 756.48
李大庄乡	327.69	2.63	906.75	5.39	533.51	3.04	585.98	4.04	467.98	2.30	2 821.91
聂堆镇	51.73	0.41	548.17	3.26	2 260.91	12.87	2 630.51	18.13	64.26	0.32	5 555.58
皮营乡	11.31	0.09	1 882.95	11.19	1 752.00	9.97	136.87	0.94			3 783.13
清河驿乡	331.49	2.66	2 570.75	15.28	504.90	2.87					3 407.14
田口乡	217.32	1.74	1 312.39	7.80	1 601.43	9.11	323.13	2.23	4.94	0.02	3 459.21
西华营镇	1 709.52	13.71	1 527.10	9.08	1 517.05	8.63	1 109.10	7.65	262.57	1.29	6 125.34
西夏亭镇	303.59	2.43	426.59	2.54	1 378.86	7.85	1 457.99	10.05	2 369.43	11.64	5 936.46
逍遥镇	483.20	3.87	470.81	2.80	986.21	5.61	1 345.95	9.28	989.01	4.86	4 275.18
叶埠口乡							265.15	1.83	4 227.24	20.77	4 492.39
址坊镇	1 585.92	12.72	757.76	4.51	665.85	3.79	396.89	2.74	351.37	1.73	3 757.79
总计	12 472.39	15.26	16 820.20	20.58	17 573.86	21.50	14 506.47	17.75	20 354.65	24.91	81 727.57
有效锌含量	2.37		1.38		1.20		1.01		0.67		1.27

Ⅳ级：土壤有效锌含量 0.9 ~ 1.1mg/kg，面积 14 506.47hm²，占全县土壤面积的 17.75%。

Ⅴ级：土壤有效锌含量 <0.9mg/kg，面积 20 354.65hm²，占全县土壤面积的 24.91%。除清河驿乡、皮营乡外，其他乡镇均有分布。

从统计结果中可以得出，西华县土壤有效锌低（0.9mg/kg）的面积为 20 354.65hm²，占全县土壤面积的 25%。所以说，西华县缺锌面积较大，进一步因地制宜地推广锌肥，将会取得较为明显的增产效果。

二、土壤有效锰

耕层土壤有效锰平均含量为 9.24mg/kg，变化范围 4.44 ~ 13.94mg/kg，标准差 4.7，变异系数 49.84%。

（一）不同地力等级耕层土壤有效锰含量及分布面积

不同地力等级虽有差异，但是不是很大，见表 3 – 25，图 3 – 11。

表 3 – 25　各地力等级耕层土壤有效锰含量及分布面积

级别	1 等地	2 等地	3 等地	4 等地	总计
面积（hm²）	9 998.28	25 561.07	43 399.98	2 768.24	81 727.57
占总耕地（%）	12.23	31.28	53.1	3.39	100
平均值（mg/kg）	6.10	10.22	9.58	9.50	9.42
标准差	3.41	5.34	4.37	3.29	4.70
变异系数（%）	56.02	52.26	45.57	34.65	49.84
面积（hm²）	9 998.28	25 561.07	43 399.98	2 768.24	81 727.57

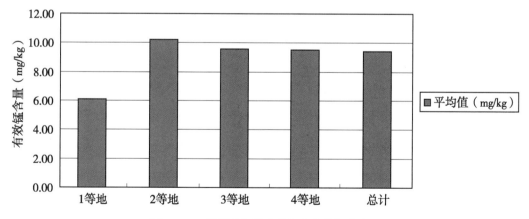

图 3 – 11　西华县各地力等级的有效锰直方图

（二）不同土壤质地有效锰含量

不同土壤质地耕层土壤有效锰含量有一定差异，中壤土最大平均为 11.13mg/kg，最小松沙土 8.25mg/kg，相差 2.88mg/kg。其排序，见表 3 – 26，图 3 – 12。

表 3 – 26　不同土壤质地耕层有效锰含量　　　　（单位：mg/kg）

质地	中壤土	沙壤土	重壤土	中黏土	轻壤土	轻黏土	松沙土	总计
平均值	11.13	9.31	9.21	9.14	9.09	8.35	8.25	9.42
标准差	5.42	3.59	5.74	3.93	4.43	4.36	3.07	4.70
变异系数	48.75	38.58	62.38	43.01	48.74	52.19	37.24	49.85

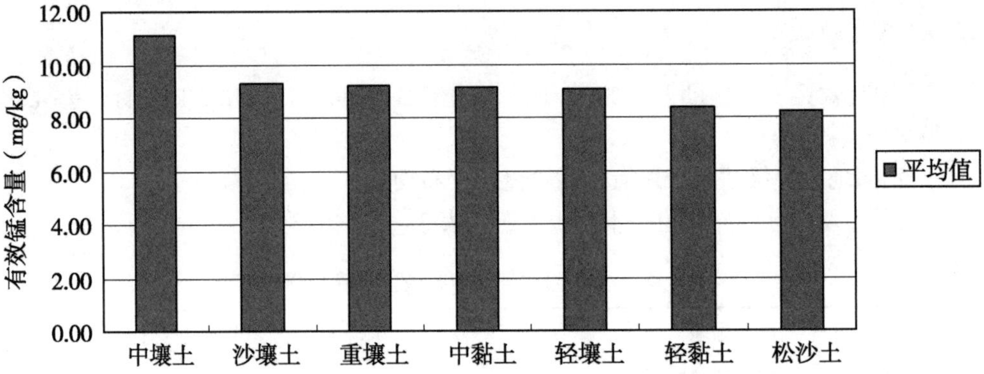

图 3 – 12　西华县不同质地土壤的有效锰含量直方图

（三）不同土壤类型有效锰含量

不同土壤类型有效锰含量差异不大，土壤有效锰含量最大为浅位沙两合土 7.28mg/kg，最小为黏盖石灰性沙姜黑土 4.53mg/kg（表 3 – 27）。

表 3 – 27　不同土壤类型耕层有效锰含量　　　　（单位：mg/kg）

省土种名称	平均值	最大值	最小值	标准差	变异系数（%）
浅位厚黏小两合土	14.56	21.35	6.08	5.98	41.04
浅位黏沙壤土	13.31	17.35	7.49	2.80	21.01
两合土	12.14	26.78	2.48	5.46	45.02
底黏小两合土	12.04	20.22	7.93	4.06	33.71
底沙两合土	12.03	19.91	6.71	4.19	34.86
浅位沙淤土	11.60	24.87	3.26	6.97	60.11
底壤沙壤土	11.17	20.24	6.97	3.86	34.59
小两合土	11.09	21.76	1.68	5.17	46.61
浅位沙两合土	10.25	23.58	2.34	5.39	52.59
浅位黏小两合土	10.21	21.59	6.59	3.45	33.79
底黏沙壤土	10.13	18.00	5.73	2.72	26.86
底沙淤土	10.01	15.94	4.98	2.32	23.23

（续表）

省土种名称	平均值	最大值	最小值	标准差	变异系数（%）
浅位厚壤淤土	9.96	21.35	3.18	4.28	42.99
固定草甸风沙土	9.69	16.82	3.01	3.79	39.12
淤土	9.53	27.74	1.52	5.85	61.42
底沙小两合土	9.45	18.61	3.19	4.49	47.51
浅位厚沙淤土	9.14	21.58	1.66	3.93	43.01
沙壤土	9.13	21.65	1.16	3.56	38.97
浅位沙小两合土	9.11	21.35	5.80	4.47	49.03
浅位厚沙小两合土	8.27	20.97	1.97	3.27	39.55
沙质潮土	8.25	15.40	3.18	3.07	37.24
氯化物轻盐化潮土	6.84	10.57	4.87	1.56	22.74
壤质潮褐土	6.16	12.20	1.52	1.98	32.12
黏盖石灰性沙姜黑土	4.88	19.24	1.76	2.63	53.86
石灰性青黑土	4.61	5.95	2.26	0.66	14.37
深位多量沙姜石灰性沙姜黑土	4.32	5.43	2.71	0.46	10.70
总计	9.42	27.74	1.16	4.70	49.85

（四）耕层土壤有效锰含量与面积分布

根据全国第二次土壤普查的土壤养分分级标准，并结合西华县土壤有效锰含量的实际状况，分级级别划分为五级，有效锰各级别面积，见表 3 - 28。

西华县土壤有效锰含量低 < 5.0mg/kg 的面积为 23 258.89hm²，占全县土壤面积的 17.53%，除艾岗乡、东王营乡、李大庄乡、皮营乡、清河驿乡外，其他乡镇均有分布，属于缺锰区，施锰肥增产显著。西华县有效锰适量（5.0 ~ 15.0mg/kg）的面积为 67 397.80hm²，占全县土壤面积的 82.47%，全县各乡镇均有分布，属于适锰区，施锰肥有效。

三、土壤有效铜

耕层土壤有效铜平均含量为 2.04mg/kg，变化范围为 1.35 ~ 2.75mg/kg，标准差 0.71，变异系数 34.88%。

（一）不同地力等级耕层土壤有效铜含量及面积分布

根据这次耕地地力评价调查分析，不同地力等级耕层土壤有效铜含量有明显差异。其情况，见表 3 - 29，图 3 - 13。

表3-28 西华县土壤有效锰含量分级面积

（单位：mg/kg）

乡镇名称	一级 >17		二级 ≤17, >13		三级 ≤13, >9		四级 ≤9, >5		五级 ≤5		总计
	面积	比例	面积	比例	面积	比例	面积	比例	面积	比例	
艾岗乡	3 557.29	41.80	489.10	8.22	533.20	3.02	243.07	0.69		0.00	4 822.66
城关镇		0.00	107.93	1.81	355.33	2.01	725.23	2.06	23.31	0.16	1 211.80
迟营乡		0.00	0.72	0.01	908.68	5.14	3 063.70	8.69	1.79	0.01	3 974.89
大王庄乡	845.36	9.93	571.02	9.60	1 105.75	6.25	375.53	1.07	23.94	0.17	2 921.60
东王营乡	13.06	0.15	2 000.73	33.63	1 052.12	5.95		0.00		0.00	3 065.91
东夏亭镇	7.31	0.09	77.69	1.31	1 032.92	5.84	2 980.19	8.45	183.75	1.28	4 281.86
奉母镇		0.00		0.00	7.69	0.04	1 603.45	4.55	4 882.96	34.08	6 494.10
红花集镇	5.19	0.06	204.94	3.44	2 710.09	15.32	3 749.14	10.63	914.78	6.38	7 584.14
黄土桥乡	65.27	0.77	142.54	2.40	1 026.94	5.81	2 065.10	5.86	456.63	3.19	3 756.48
李大庄乡	2 601.22	30.56	177.32	2.98	43.37	0.25		0.00		0.00	2 821.91
聂堆镇	307.31	3.61	566.88	9.53	681.71	3.85	2 925.35	8.30	1 074.33	7.50	5 555.58
皮营乡		0.00		0.00	2 720.00	15.38	1 063.13	3.02		0.00	3 783.13
清河驿乡	53.38	0.63	246.74	4.15	2 360.57	13.35	746.45	2.12		0.00	3 407.14
田口乡		0.00		0.00		0.00	2 586.57	7.34	872.64	6.09	3 459.21
西华营镇		0.00		0.00	8.40	0.05	6 055.58	17.18	61.36	0.43	6 125.34
西夏亭镇	164.78	1.94	239.30	4.02	629.97	3.56	2 835.05	8.04	2 067.36	14.43	5 936.46
逍遥镇		0.00	11.40	0.19	591.39	3.34	2 640.87	7.49	1 031.52	7.20	4 275.18
叶埠口乡	890.40	10.46	1 113.72	18.72	1 916.15	10.84	560.73	1.59	11.39	0.08	4 492.39
址坊镇		0.00		0.00		0.00	1 033.78	2.93	2 724.01	19.01	3 757.79
总计	8 510.57	10.41	5 950.03	7.28	17 684.28	21.64	35 252.92	43.13	14 329.77	17.53	81 727.57
有效锰含量	19.88		14.89		10.56		7.04		4.16		9.42

表 3 - 29   各地力等级耕层土壤有效铜含量及分布面积

级别	1 等地	2 等地	3 等地	4 等地	总计与平均
面积（hm²）	9 998.28	25 561.07	43 399.98	2 768.24	81 727.57
占总耕地（%）	12.23	31.28	53.1	3.39	100
平均值（mg/kg）	2.15	1.92	2.07	2.10	2.04
标准差	0.83	0.66	0.72	0.55	0.71
变异系数（%）	38.83	34.19	34.52	26.09	34.88

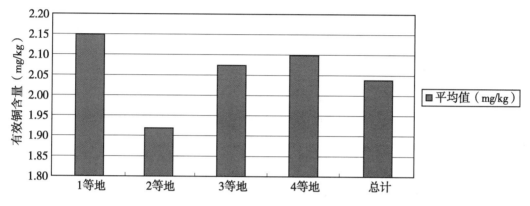

图 3 - 13   西华县各地力等级的有效铜直方图

（二）不同土壤质地耕层土壤有效铜含量

根据这次耕地地力评价调查分析，不同土壤质地耕层土壤有效铜含量差异不明显，其情况，见表 3 - 30，图 3 - 14。

表 3 - 30   不同土壤质地耕层土壤有效铜含量   （单位：mg/kg）

质地	轻壤土	沙壤土	重壤土	中黏土	轻黏土	中壤土	松沙土	总计
平均值	2.10	2.10	2.06	2.05	2.04	1.88	1.78	2.04
标准差	0.77	0.71	0.74	0.79	0.87	0.51	0.48	0.71
变异系数	36.49	34.02	35.80	38.52	42.77	26.98	26.77	34.88

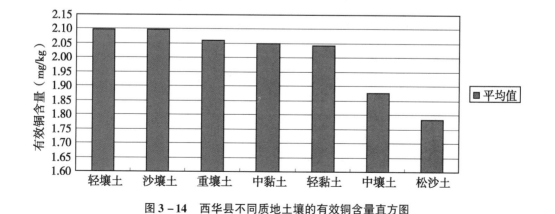

图 3 - 14   西华县不同质地土壤的有效铜含量直方图

（三）不同土壤类型耕层土壤有效铜含量

不同土壤质地耕层土壤有效铜含量差异不明显。其情况，见表 3 – 31。

表 3 – 31　不同土壤类型耕层土壤有效铜含量　　　（单位：mg/kg）

省土种名称	平均值	最大值	最小值	标准差	变异系数
黏盖石灰性沙姜黑土	2.69	4.90	0.91	0.92	34.31
深位多量沙姜石灰性沙姜黑土	2.44	6.26	1.49	0.93	38.00
石灰性青黑土	2.42	8.53	1.00	1.29	53.46
底沙小两合土	2.32	5.61	1.39	0.94	40.73
浅位厚沙小两合土	2.28	7.81	1.24	0.81	35.72
沙壤土	2.15	7.41	1.14	0.74	34.30
壤质潮褐土	2.06	6.83	0.98	0.86	41.87
浅位厚沙淤土	2.05	5.12	1.13	0.79	38.52
淤土	2.03	6.13	1.01	0.70	34.59
小两合土	2.01	6.29	1.13	0.64	31.72
底沙两合土	1.97	2.88	1.47	0.34	17.08
浅位沙两合土	1.93	4.00	1.08	0.57	29.36
浅位厚壤淤土	1.88	4.10	1.34	0.54	28.61
浅位沙淤土	1.84	3.23	1.11	0.55	29.66
两合土	1.80	7.45	1.14	0.45	25.09
底黏沙壤土	1.80	3.63	1.24	0.60	33.25
底沙淤土	1.79	4.41	1.49	0.57	31.86
沙质潮土	1.78	4.22	1.15	0.48	26.77
浅位黏沙壤土	1.76	2.09	1.25	0.26	14.84
固定草甸风沙土	1.76	2.28	1.44	0.20	11.40
浅位沙小两合土	1.73	2.67	1.29	0.33	19.05
氯化物轻盐化潮土	1.72	2.10	1.36	0.31	18.07
浅位黏小两合土	1.64	2.19	1.17	0.22	13.45
底壤沙壤土	1.63	2.04	1.41	0.16	9.85
底黏小两合土	1.57	1.96	1.44	0.15	9.40
浅位厚黏小两合土	1.38	1.64	1.10	0.21	15.17
总计与平均	2.04	8.53	0.91	0.71	34.88

（四）耕层土壤有效铜含量与面积分布

根据全国第二次土壤普查的土壤养分分级标准，并结合西华县土壤有效铜含量的实际状况，分级级别划为五级，有效铜各级别面积，见表 3 – 32。

Ⅰ级：土壤有效铜含量 >3.0mg/kg，面积 9 887.23hm²，占全县土壤面积的 12.1%。除大王庄乡、东王营乡、东夏亭镇、李大庄乡、清河驿乡、田口乡外其他各乡镇均有分布。

Ⅱ级：土壤有效铜含量 2.51 ~ 3.0mg/kg，面积 9 088.36hm²，占全县土壤面积的 11.12%。全县各乡镇均有分布。

Ⅲ级：土壤有效铜含量 2.01 ~ 2.50mg/kg，面积 15 371.51hm²，占全县土壤面积的 18.81%。全县除清河驿乡、田口乡外其他各乡镇均有分布。

（单位：mg/kg）

表 3-32 西华县土壤有效铜含量分级面积

乡镇名称	一级 >3.0		二级 ≤3.0, >2.5		三级 ≤2.5, >2.0		四级 ≤2.0, >1.5		五级 ≤1.5		总计
	面积	比例	面积	比例	面积	比例	面积	比例	面积	比例	
艾岗乡	29.77	0.30	343.41	0.38	296.47	1.93	651.10	2.07	3 501.91	22.00	4 822.66
城关镇	20.21	0.20	85.45	0.09	873.94	5.69	232.20	0.74			1 211.80
迟营乡	537.27	5.43	1 068.86	1.19	876.83	5.70	1 491.93	4.74			3 974.89
大王庄乡			18.69	0.02	1 292.89	8.41	1 610.02	5.12			2 921.60
东王营乡					2 002.28	13.03	1 063.63	3.38			3 065.91
东夏亭镇					119.10	0.77	2 097.58	6.67	2 065.18	12.98	4 281.86
奉母镇	2 128.87	21.53	1 029.97	1.14	560.62	3.65	2 094.00	6.66	680.64	4.28	6 494.10
红花集镇	1 401.85	14.18	3 193.30	3.54	2 368.07	15.41	616.24	1.96	4.68	0.03	7 584.14
黄土桥乡	2 822.56	28.55	585.29	0.65	348.63	2.27					3 756.48
李大庄乡			0.31	0.00	1 180.94	7.68	1 640.66	5.21			2 821.91
聂堆镇	4.00	0.04	132.91	0.15	698.37	4.54	2 184.33	6.94	2 535.97	15.93	5 555.58
皮营乡					60.45	0.39	3 557.09	11.31	165.59	1.04	3 783.13
清河驿乡							2 404.08	7.64	1 003.06	6.30	3 407.14
田口乡							1 047.64	3.33	2 411.57	15.15	3 459.21
西华营镇	170.50	1.72	204.52	0.23	1 667.29	10.85	3 726.45	11.84	356.58	2.24	6 125.34
西夏亭镇	1 164.27	11.78	1 123.73	1.25	1 597.97	10.40	1 547.77	4.92	502.72	3.16	5 936.46
逍遥镇	601.32	6.08	457.58	0.51	524.02	3.41	1 268.65	4.03	1 423.61	8.94	4 275.18
叶埠口乡	259.88	2.63	391.00	0.43	400.80	2.61	3 377.10	10.73	63.61	0.40	4 492.39
址坊镇	746.73	7.55	453.34	0.50	502.84	3.27	853.95	2.71	1 200.93	7.55	3 757.79
总计	9 887.23	12.10	9 088.36	11.12	15 371.51	18.81	31 464.42	38.50	15 916.05	19.47	81 727.57
有效铜含量	3.57		2.73		2.19		1.70		1.35		2.04

Ⅳ级：土壤有效铜含量 1.51 ~ 2.0mg/kg，面积 31 464.42hm²，占全县土壤面积的 38.5%。除黄土桥乡外，其他乡镇均有分布。

Ⅴ级：土壤有效铜含量 < 1.5mg/kg，面积 15 916.05hm²，占全县土壤面积的 19.47%。零星分布在除城关镇、迟营乡、东王营乡、大王庄乡、黄土桥乡、李大庄乡以外的其他各个乡镇。

从统计结果中可知，西华县属于富铜区（ > 1.00mg/kg），目前，西华县不需施用铜肥。

四、土壤有效铁

耕层土壤有效铁平均含量为 7.87mg/kg，变化范围为 5.4 ~ 10.3mg/kg，标准差 2.44，变异系数 31.03%。

（一）不同地力等级耕层土壤有效铁含量及面积分布

不同地力等级耕层土壤有效铁含量，四等地 > 三等地 > 二等地 > 一等地，详见表 3 - 33。

表 3 - 33　各地力等级耕层土壤有效铁含量及分布面积　（单位：mg/kg）

级别	1 等地	2 等地	3 等地	4 等地	总计
面积（hm²）	9 998.28	25 561.07	43 399.98	2 768.24	81 727.57
占总耕地（%）	12.23	31.28	53.1	3.39	100
平均值（mg/kg）	6.30	7.88	8.10	8.40	7.87
标准差	2.18	2.62	2.32	1.85	2.44
变异系数（%）	34.63	33.27	28.65	22.03	31.03

（二）不同土壤质地耕层土壤有效铁含量

根据这次耕地地力评价调查分析，不同土壤质地耕层土壤有效铁含量有一定差异，轻壤土 > 中壤土 > 重壤土 > 轻黏土，其情况，见表 3 - 34，图 3 - 15。

表 3 - 34　不同土壤质地耕层土壤有效铁含量　（单位：mg/kg）

质地	轻壤土	沙壤土	重壤土	中黏土	轻黏土	中壤土	松沙土	总计
平均值	2.10	2.10	2.06	2.05	2.04	1.88	1.78	2.04
标准差	0.77	0.71	0.74	0.79	0.87	0.51	0.48	0.71
变异系数	36.49	34.02	35.80	38.52	42.77	26.98	26.77	34.88

（三）不同土壤类型耕层土壤有效铁含量

根据这次耕地地力评价调查分析，不同土壤类型耕层土壤有效铁含量有一定差异，以黏盖石灰性沙姜黑土 5.8mg/kg 为最小，浅位黏沙壤土 10.40mg/kg 为最大，其情况，见表 3 - 35。

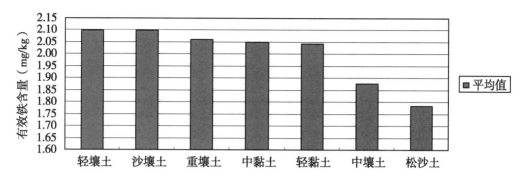

图 3 - 15 西华县不同质地土壤的有效铁含量直方图

表 3 - 35 不同土壤类型耕层土壤有效铁含量 （单位：mg/kg）

省土种名称	平均值	最大值	最小值	标准差	变异系数（%）
浅位黏沙壤土	10.40	12.06	8.66	1.24	11.95
底沙两合土	9.41	13.55	4.86	2.22	23.60
固定草甸风沙土	9.06	11.74	5.77	1.54	16.98
浅位厚黏小两合土	9.00	10.04	8.25	0.31	3.40
两合土	8.82	15.56	2.07	2.23	25.33
小两合土	8.72	17.35	3.27	2.52	28.86
浅位厚壤淤土	8.58	15.91	3.30	2.34	27.24
浅位沙小两合土	8.43	14.92	5.69	2.27	26.96
沙质潮土	8.43	12.16	3.91	1.32	15.63
底沙淤土	8.41	12.09	2.49	1.74	20.68
底壤沙壤土	8.39	9.95	6.36	0.96	11.50
浅位黏小两合土	8.33	9.40	6.09	0.61	7.35
浅位沙淤土	8.28	13.72	3.20	2.55	30.76
沙壤土	8.05	16.91	2.74	2.18	27.04
底沙小两合土	7.83	14.24	2.60	2.85	36.34
氯化物轻盐化潮土	7.83	9.14	6.52	0.46	5.82
底黏小两合土	7.73	8.55	5.96	0.60	7.71
浅位沙两合土	7.66	16.71	2.08	2.48	32.42
浅位厚沙淤土	7.60	15.72	1.72	2.70	35.49
底黏沙壤土	7.57	11.80	2.32	2.11	27.86
浅位厚沙小两合土	7.51	14.33	2.20	2.17	28.90
淤土	7.16	15.92	1.80	2.87	40.06
深位多量沙姜石灰性沙姜黑土	6.62	14.15	3.27	1.94	29.26
壤质潮褐土	6.56	14.51	2.92	2.40	36.62
石灰性青黑土	6.30	13.10	3.01	1.92	30.56
黏盖石灰性沙姜黑土	5.80	8.64	3.34	1.06	18.35
总计	7.87	17.35	1.72	2.44	31.03

（四）耕层土壤有效铁含量与面积分布

根据全国第二次土壤普查的土壤养分分级标准，结合西华县土壤有效铁含量状况，分级级别划分为五级，有效铁各级别面积，见表 3 - 36。

表 3-36　西华县土壤有效铁含量分级面积

（单位：mg/kg）

乡镇名称	一级 >12 面积	比例	二级 ≤12, >10 面积	比例	三级 ≤10, >8 面积	比例	四级 ≤8, >6 面积	比例	五级 ≤6 面积	比例	总计
艾岗乡		0.00		0.00	3 759.18	15.83	749.86	3.19	313.62	1.42	4 822.66
城关镇		0.00	29.11	0.03	238.45	1.55	944.24	3.00		0.00	1 211.80
迟营乡		0.00	5.06	0.01	246.89	1.61	1 953.93	6.21	1 769.01	8.00	3 974.89
大王庄乡	780.13		822.02	0.91	878.55	5.72	336.35	1.07	104.55	0.47	2 921.60
东王营乡	108.69	0.00	2 695.55		255.10	1.66	6.57	0.02		0.00	3 065.91
东夏亭镇	7.31		44.61		1 293.60	8.42	2 711.82	8.62	224.52	1.02	4 281.86
奉母镇	27.49	0.28	35.27	0.04	323.65	2.11	1 983.58	6.30	4 124.11	18.64	6 494.10
红花集镇	97.81	0.99	585.29	0.65	1 740.76	11.32	2 863.10	9.10	2 297.18	10.39	7 584.14
黄土桥乡	17.82	0.18	10.53	0.01	110.24	0.72	1 007.28		2 610.61	11.80	3 756.48
李大庄乡	2 001.79	20.25	694.69	0.77	119.76	0.78	5.67	0.02		0.00	2 821.91
聂堆镇	828.11	8.38	737.12	0.82	1 458.74	9.49	2 270.82	7.22	260.79	1.18	5 555.58
皮营乡			62.72		2 902.76	18.88	817.65	2.60		0.00	3 783.13
清河驿乡	31.20		135.47		2 378.28		862.19	2.74		0.00	3 407.14
田口乡			18.70		2 065.53		1 361.50	4.33	13.48	0.06	3 459.21
西华营镇	72.32	0.73	798.80	0.89	3 090.45	20.11	1 936.52	6.15	227.25	1.03	6 125.34
西夏亭镇		0.00	208.20	0.23	349.24	2.27	957.95	3.04	4 421.07	19.99	5 936.46
逍遥镇	160.12	1.62	532.17	0.59	951.85	6.19	1 211.15	3.85	1 419.89	6.42	4 275.18
叶埠口乡	324.67	3.28	488.51	0.54	1 558.14	10.14	1 438.69	4.57	682.38	3.08	4 492.39
址坊镇		0.00		0.00	21.12	0.14	85.27	0.27	3 651.40	16.51	3 757.79
总计	4 457.46	5.45	7 903.82	9.67	23 742.29	29.05	23 504.14	28.76	22 119.86	27.07	81 727.57
有效铁含量	13.10		10.95		8.81		7.08		4.64		7.87

Ⅰ级：土壤有效铁含量 > 12.0mg/kg，面积 4 457.46hm²，占全县土壤面积的 5.45%。分布在大王庄乡、东王营乡、东夏亭镇、奉母镇、红花集镇、黄土桥乡、李大庄乡、聂堆镇、清河驿乡、西华营镇、逍遥镇、叶埠口乡 12 个乡镇。

Ⅱ级：土壤有效铁含量 10 ~ 12.0mg/kg，面积 7 903.82hm²，占全县土壤面积的 9.67%。

Ⅲ级：土壤有效铁含量 8.1 ~ 10.0mg/kg，面积 23 742.29hm²，占全县土壤面积的 29.05%。

Ⅳ级：土壤有效铁含量 6.1 ~ 8.0mg/kg，面积 23 504.14hm²，占全县土壤面积的 28.76%。全县各乡镇均有部分分布。

Ⅴ级：土壤有效铁含量 < 6mg/kg，面积 22 119.86hm²，占全县土壤面积的 27.07%。除城关镇、东王营乡、李大庄乡、皮营乡、清河驿乡以外，其他各乡镇均有分布。

从统计结果中可知，西华县主要处于缺铁区（2.5 ~ 4.5mg/kg）和适铁区（4.5 ~ 10.0mg/kg）两个区域，施用铁肥对增产是有效地。

第四节　土壤 pH 值

土壤 pH 值反映了土壤酸碱度，是影响土壤肥力的重要因素。土壤中微生物的活动，有机质的合成与分解，氮、磷、钾营养元素的转化释放，微量元素的有效性，土壤保持养分的能力等方面都与土壤 pH 值有关。各种作物都有其适宜的酸碱度范围，超过范围，生长受阻，所以土壤 pH 值又直接影响作物的生长，是较为重要的土壤属性。

此次测定全县耕层土壤 pH 值平均为 8.20，变化范围为 8.04 ~ 8.36，标准差 0.16，变异系数 2.0%。

一、不同地力等级耕层土壤 pH 值含量及面积分布表

不同地力等级土壤 pH 值差异不明显，二等地、三等地、四等地值接近，三等地、四等地 pH 值偏高（表 3 - 37，图 3 - 16）。

表 3 - 37　各地力等级耕层土壤 pH 值及分布面积

级别	1 等地	2 等地	3 等地	4 等地	总计
面积（hm²）	9 998.28	25 561.07	43 399.98	2 768.24	81 727.57
占总耕地（%）	12.23	31.28	53.1	3.39	100
平均值	8.10	8.13	8.24	8.25	8.20
标准差	0.17	0.21	0.11	0.09	0.16
变异系数（%）	2.16	2.57	1.38	1.12	2.00

二、不同土壤质地耕层土壤 pH 值状况

不同土壤质地耕层 pH 值几乎没有差别，其变化情况，见表 3 - 38，表 3 - 39。

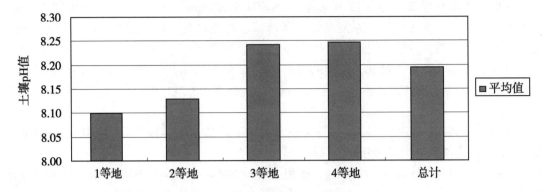

图 3 - 16　西华县各地力等级的 pH 值直方图

表 3 - 38　不同土壤质地耕层土壤 pH 状况

质地	中黏土	松沙土	轻黏土	沙壤土	中壤土	轻壤土	重壤土	总计
平均值	8.26	8.25	8.25	8.24	8.20	8.19	8.10	8.19
标准差	0.11	0.07	0.16	0.09	0.18	0.17	0.19	0.16
变异系数	1.36	0.85	1.90	1.07	2.21	2.09	2.35	1.99

表 3 - 39　不同土壤质地耕层土壤 pH 状况

省土种名称	平均值	最大值	最小值	标准差	变异系数
氯化物轻盐化潮土	8.33	8.45	8.21	0.06	0.72
浅位沙淤土	8.28	8.75	8.11	0.10	1.26
底黏沙壤土	8.28	8.47	8.05	0.10	1.17
底沙淤土	8.28	8.46	8.07	0.09	1.04
浅位沙小两合土	8.28	8.49	7.72	0.14	1.69
浅位厚黏小两合土	8.28	8.38	8.19	0.06	0.72
底壤沙壤土	8.28	8.41	8.12	0.08	0.95
浅位厚壤淤土	8.27	8.57	7.53	0.17	2.00
浅位黏小两合土	8.27	8.38	8.09	0.08	0.91
浅位厚沙淤土	8.26	8.45	7.85	0.11	1.36
浅位沙两合土	8.26	8.59	7.95	0.11	1.29
浅位厚沙小两合土	8.25	8.52	7.62	0.09	1.12
底黏小两合土	8.25	8.37	8.10	0.09	1.07
底沙两合土	8.25	8.42	7.85	0.12	1.51
沙质潮土	8.25	8.44	7.98	0.07	0.85
固定草甸风沙土	8.24	8.38	7.97	0.07	0.88
沙壤土	8.24	8.48	7.85	0.09	1.05
小两合土	8.22	8.52	7.61	0.13	1.53

（续表）

省土种名称	平均值	最大值	最小值	标准差	变异系数
深位多量沙姜石灰性沙姜黑土	8.22	8.58	7.93	0.14	1.71
浅位黏沙壤土	8.21	8.38	7.84	0.15	1.79
石灰性青黑土	8.18	8.39	7.91	0.11	1.35
两合土	8.14	8.53	7.14	0.23	2.79
黏盖石灰性沙姜黑土	8.11	8.44	7.80	0.15	1.88
底沙小两合土	8.09	8.38	7.02	0.37	4.60
淤土	8.06	8.68	6.98	0.19	2.32
壤质潮褐土	7.99	8.66	7.17	0.17	2.10
总计	8.19	8.75	6.98	0.16	1.99

三、不同土壤类型耕层 pH 值状况

不同土壤质地耕层 pH 值稍有差别，其变化情况，见表 3 – 39。

四、耕地土壤 pH 值状况

根据全国第二次土壤普查的土壤养分分级标准，结合西华县土壤酸碱性的实际状况，土壤酸碱性分为五级，pH 值各级别面积，见表 3 – 40。

Ⅰ级：土壤 pH 值 >8.30，面积 21 294.79hm²，占全县土壤面积的 26.06%。除黄土桥乡、西夏亭镇、逍遥镇、叶埠口乡、址坊镇外，其他各乡镇均有分布。

Ⅱ级：土壤 pH 值 8.15～8.3，面积 31 612.33hm²，占全县土壤面积的 38.68%。全县各乡镇均有分布。

Ⅲ级：土壤 pH 值 8.01～8.15，面积 13 909.67hm²，占全县土壤面积的 17.02%。全县除田口乡外其他各乡镇均有分布。

Ⅳ级：土壤 pH 值 7.85～8.00，面积 11 688.14hm²，占全县土壤面积的 14.30%。全县除城关镇、迟营乡、大王庄乡、东夏亭镇、聂堆镇、皮营乡、清河驿乡、田口乡外其余各乡镇均有分布。

Ⅴ级：土壤 pH 值 <7.85，面积 3 222.64hm²，占全县土壤面积的 3.94%。仅东王营乡、奉母镇、李大庄乡、西华营镇、西夏亭镇、逍遥镇、叶埠口乡、址坊镇有零星分布。根据全县酸碱度测定结果可知：西华县处于微碱区。

（单位：mg/kg）

表 3-40　西华县土壤 pH 值分级面积

乡镇名称	一级 >8.3		二级 ≤8.3，>8.15		三级 ≤8.15，>8.05		四级 ≤8.05，>7.8		五级 ≤7.8		总计
	面积	比例	面积	比例	面积	比例	面积	比例	面积	比例	
艾岗乡	1 214.06	5.70	2 805.13	8.87	780.66	5.61	22.81	0.20			4 822.66
城关镇	180.05	0.85	983.02	3.11	48.73	0.35					1 211.80
迟营乡	2 558.05	12.01	1 335.05	4.22	81.79	0.59					3 974.89
大王庄乡	239.7	1.13	2 317.46	7.33	364.44	2.62					2 921.60
东王营乡	446.79	2.10	1 127.45	3.57	1 382.24	9.94	109.07	0.93	0.36	0.01	3 065.91
东夏亭镇	1 522	7.15	2 726.64	8.63	33.22	0.24					4 281.86
奉母镇	1 146.36	5.38	1 827.25	5.78	1 689.72	12.15	1 710.25	14.63	120.52	3.74	6 494.10
红花集镇	216.1	1.01	7 292.69	23.07	75.35	0.54					7 584.14
黄土桥乡			1 349.27	4.27	2 221.88	15.97	185.33	1.59			3 756.48
李大庄乡	73.86	0.35	522.45	1.65	822.9	5.92	621.91	5.32	780.79	24.23	2 821.91
聂堆镇	3 116.84	14.64	2 416.63	7.64	22.11	0.16					5 555.58
皮营乡	918.06	4.31	2 402.1	7.60	462.97	3.33					3 783.13
清河驿乡	2 980.98	14.00	416.98	1.32	9.18	0.07					3 407.14
田口乡	1 286.57	6.04	2 172.64	6.87							3 459.21
西华营镇	5 395.37	25.34	657.7	2.08	51.13	0.37	8.24	0.07	12.9	0.40	6 125.34
西夏亭镇			633.74	2.00	3 151.21	22.65	1 916.34	16.40	235.17	7.30	5 936.46
逍遥镇			543.75	1.72	1 891.64	13.60	1 496.33	12.80	343.46	10.66	4 275.18
叶埠口乡			53.26	0.17	375.24	2.70	3 616.89	30.94	447	13.87	4 492.39
址坊镇			29.12	0.09	445.26	3.20	2 000.97	17.12	1 282.44	39.79	3 757.79
总计	21 294.79	26.06	31 612.33	38.68	13 909.67	17.02	11 688.14	14.30	3 222.64	3.94	81 727.57
pH 值	8.35		8.23		8.08		7.92		7.70		8.19

第四章　耕地地力评价方法与程序

第一节　耕地地力评价基本原理与原则

一、基本原理

根据农业部《测土配方施肥技术规范》和《耕地地力评价指南》确定的评价方法，耕地地力是指耕地自然属性要素（包括一些人类生产活动形成和受人类生产活动影响大的因素，如灌溉保证率、排涝能力、轮作制度、梯田化类型与年限等）相互作用所表现出来的潜在生产能力。本次耕地地力评价是以全县域范围为对象展开的，因此，选择的是以土壤要素为主的潜力评价，采用耕地自然要素评价指数反映耕地潜在生产能力的高低。其关系式为：

$$IFI = b_1x_1 + b_2x_2 + \cdots + b_nx_n$$

IFI = 耕地地力指数；

b_i = 耕地自然属性分值，选取的参评因素。

x_i = 该属性对耕地地力的贡献率（也即权重，用层次分析法求得）。

用评价单元数与耕地地力综合指数制作累积频率曲线图，根据单元综合指数的分布频率，采用耕地地力指数累积曲线法划分耕地地力等级，在频率曲线图的突变处划分级别（图 4-1）。根据 IFI 的大小，可以了解耕地地力的高低；根据 IFI 的组成，通过分析可以揭示出影响耕地地力的障碍因素及其影响程度。

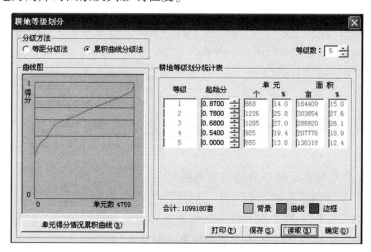

图 4-1　耕地地力等级划分示意图

二、耕地地力评价基本原则

本次耕地地力评价所采用的耕地地力概念是指耕地的基础地力，也即由耕地土壤的所处的地形、地貌条件、成土母质特征、农田基础设施及培肥水平、土壤理化性状等综合构成的耕地生产力。此类评价揭示是处于特定范围内（一个完整的县域）、特定气候（一般来说，一个县域内的气候特征是基本相似的）条件下，各类立地条件、剖面性状、土壤理化性状、障碍因素与土壤管理等因素组合下的耕地综合特征和生物生产力的高低，也即潜在生产力。通过深入分析，找出影响耕地地力的主导因素，为耕地改良和管理利用提供依据。基于此，耕地地力评价所遵循的基本原则是：

（一）综合因素与主导因素相结合的原则

耕地是一个自然经济综合体，耕地地力也是各类要素的综合体现。本次耕地地力评价所采用的耕地地力概念是指耕地的基础地力，也即由耕地土壤的所处的地形、地貌条件、成土母质特征、农田基础设施及培肥水平、土壤理化性状等综合构成的耕地生产力。所谓综合因素研究，是指对前述耕地立地条件、剖面性状、耕层理化性质、障碍因素和土壤管理水平五个方面的因素进行全面的研究、分析与评价，以全面了解耕地地力状况。所谓主导因素，是指在特定的县域范围内对耕地地力起决定作用的因素，在评价中要着重对其进行研究分析。因此，把综合因素与主导因素结合起来进行评价，既着眼于全县域范围内的所有耕地类型，也关注对耕地地力影响大的关键指标。以期达到评价结果反映出县域内耕地地力的全貌，也能分析特殊耕地地力等级和特定区域内耕地地力的主导因素，可为全县域耕地资源的利用提供决策依据，又可为低等级耕地的改良提供方向和有力支持。

（二）稳定性原则

评价结果在一定的时期内应具有一定的稳定性，能为一定时期内的耕地资源配置和改良提供依据。因此，在指标的选取上必须考虑评价指标的稳定性。

（三）一致性与共性原则

考虑区域内耕地地力评价结果的可比性，不针对某一特定的利用类型，对于县域内全部耕地利用类型，选用统一的共同的评价指标体系。

同时，鉴于耕地地力评价是对全年的生物生产潜力进行评价，因此，评价指标的选择需是考虑全年的各季作物的；同时，对某些因素的影响要进行整体和全局的考虑，如灌溉保证率和排涝能力，必须考虑其发挥作用的频率。

（四）定量和定性相结合的原则

影响耕地地力的土壤自然属性和人为因素（如灌溉保证率、排涝能力等）中，既有数值型的指标，也有概念型的指标。两类指标都根据其对全县域内的耕地地力影响程度决定取舍。对数据标准化时采用相应的方法。原因是可以全面分析耕地地力的主导因素，为合理利用耕地资源提供决策依据。

（五）潜在生产力与实现生产力相结合的原则

耕地地力评价是通过多因素分析方法，对耕地生产潜力的评价，区别于实现的生产力。同一等级耕地内的较高现实生能能力作为选择指标和衡量评价结果是否准确的参考依据。

（六）采用 GIS 支持的自动化评价方法原则

自动化、定量化的评价技术方法是评价发展的方向。近年来，随着计算机技术，特别是

GIS 技术在资源评价中的不断应用和发展，基于 GIS 的自动化评价方法已不断成熟，使土地评价的精度和效率大大提高。本次的耕地地力评价工作通过数据库建立、评价模型构建及其与 GIS 空间叠加等分析模型的结合，实现了全数字化、自动化的评价流程。

第二节　耕地地力评价技术流程

一、建立县域耕地资源基础数据库

结合测土配方施肥项目开展县域耕地地力评价的主要技术流程有五个环节。利用 3S 技术，收集整理所有相关历史数据和测土配方施肥数据（从农业部统一开发的"测土配方施肥数据管理系统"中获取），采用与数据类型相适应的、且符合"县域耕地资源管理信息系统"及数据字典要求的技术手段和方法，建立以县为单位的耕地资源基础数据库，包括属性数据库和空间数据库两类。

二、建立耕地地力评价指标体系

所谓耕地地力评价指标体系，包括三部分内容。一是评价指标，即从国家耕地地力评价选取的评价指标；二是评价指标的权重和组合权重；三是单指标的隶属度，即每一指标不同表现状态下的分值。单指标权重的确定采用层次分析法，概念型指标采用特尔斐法和模糊评价法建立隶属函数，数值型的指标采用特尔斐法和非线性回归法，建立隶属函数。

三、确定评价单元

所谓耕地地力评价单元，就是指潜在生产能力近似且边界封闭具有一定空间范围的耕地。根据耕地地力评价技术规范的要求，此次耕地地力评价单元采用县级土壤图（到土种级）和土地利用现状图叠加，进行综合取舍和技术处理后形成不同的单元。

用土壤图（土种）和土地利用现状图（含有行政界限）叠加产生的图斑作为耕地地力评价的基本单元，使评价单元空间界线及行政隶属关系明确，单元的位置容易实地确定，同时，同一单元的地貌类型及土壤类型一致，利用方式及耕作方法基本相同。可以使评价结果应用于农业布局等农业决策，还可用于指导生产实践，也为测土配方施肥技术的深入普及奠定良好基础。

四、建立县域耕地资源管理信息系统

将第一步建立的各类属性数据和空间数据按照农业部统一提供的"县域耕地资源管理信息系统 3.0 版"的要求，导入该系统内，并建立空间数据库和属性数据库连接，建成西华县县域耕地资源信息管理系统。依据第二步建立的指标体系，在"县域耕地资源管理信息系统 3.0 版"内，分别建立层次分析权属模型和单因素隶属函数建成的县域耕地资源资源管理信息系统作为耕地地力评价的软件平台。

五、评价指标数据标准化与评价单元赋值

根据空间位置关系将单因素图中的评价指标，提取并赋值给评价单元。

六、综合评价

采用隶属函数法对所有评价指标数据进行隶属度计算，利用权重加权求和，计算出每一单元的耕地地力指数，采用耕地地力指数累积曲线法划分耕地地力等级，并纳入到国家耕地地力等级体系中。

七、撰写耕地地力评价报告

在行政区域和耕地地力等级两类中，分析耕地地力等级与评价指标的关系，找出影响耕地地力等级的主导因素，和提高耕地地力的主攻方向，进而提出耕地资源利用的措施和建议（图4-2）。

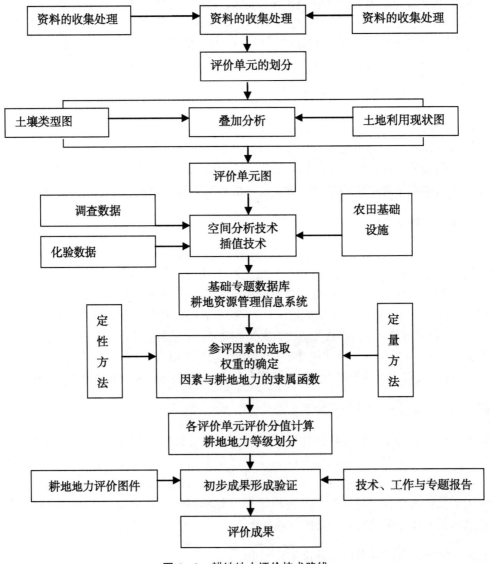

图4-2 耕地地力评价技术路线

第三节　资料收集与整理

一、耕地土壤属性资料

采用全国第二次土壤普查时的土壤分类系统，根据河南省土壤肥料站的统一要求，与全省土壤分类系统进行了对接。本次评价采用全省统一的土种名称。各土种的化学性状与剖面特征、立地条件、耕层理化性状（不含养分指标）、障碍因素等性状均采用土壤普查时所获得的资料。对一些已发生了变化的指标，采用测土配方施肥项目野外采样的调查资料进行补充修订，如耕层厚度、田面坡度等。基本资料来源于土壤图和土壤普查报告。

二、耕地土壤养分含量

评价所用的耕地耕层土壤养分含量数据，均来源于测土配方施肥项目的分析化验数据。分析方法和质量控制依据《测土配方施肥技术规范》进行，见表4-1。

表4-1　分析化验项目与方法

序号	项目	方法
1	土壤pH值	电位法测定
2	土壤有机质	油浴加热重铬酸钾氧化容量法测定
3	土壤全氮	凯氏蒸馏法测定
4	土壤有效磷	碳酸氢钠或氟化铵—盐酸浸提—钼锑抗比色法测定
5	土壤缓效钾	硝酸提取—火焰光度计、原子吸收分光光度计法或ICP法测定
6	土壤速效钾	乙酸铵浸提—火焰光度计、原子吸收分光光度计法或ICP法测定
7	土壤有效硫	磷酸盐—乙酸或氯化钙浸提—硫酸钡比浊法测定
8	土壤有效铜、锌、铁、锰	DTPA浸提—原子吸收分光光度计法或ICP法测定

三、农田水利设施

灌溉分区图（西华县水利局提供）。
排涝分区图（西华县水利局提供）。

四、社会经济统计资料

以行政区划为基本单位的人口、土地面积、作物面积和单产以及各类投入产出等社会经济指标数据。县域行政区为最新行政区划。统计资料为2004—2007年（西华县统计局编）。

五、基础及专题图件资料

（1）西华县综合农业区划（1983年9月农业区划办公室编制），该资料由县农业局提供。

（2）西华县农业综合开发（2008 年 3 月农业综合开发办公室），该资料由县农业综合开发办公室提供。

（3）西华县土地资源（1991 年 11 月县国土资源管理局），该资料由县国土资源局提供。

（4）西华县水利志（1986—2000 年）（2004 年 9 月河南省西华县水利志编纂委员会编制），西华县 2007 年、2008 年、2009 年水利年鉴（县水利局），该资料由县水利局提供。

（5）西华县土壤普查报告（1982 年 7 月县农牧局、县土壤普查办公室编制），该资料由县土肥站提供。

（6）西华县 2007 年、2008 年、2009 统计年鉴（县统计局），该资料由县统计局提供。

（7）西华县 2007 年、2008 年、2009 年气象资料（县气象局），该资料由西华县气象局提供。

（8）西华县 2007—2009 年测土配方施肥项目技术总结专题报告（2010 年 8 月）（河南省西华县农业局），该资料由县土肥站提供。

（9）土地利用现状图（1991 年 7 月县国土资源局绘制）。

六、野外调查资料

本次耕地地力评价工作由西华县耕地地力评价办公室统一调度，组织精干力量，分 5 个外业小组，每组 4 人，出动 6 台车，分赴全县 5 个片区，负责野外采样、调查工作，填写外业调查表及收集相关信息资料。

七、其他相关资料

（1）西华县志（1990 年 12 月地方史志编纂委员会编制），该资料由西华县地方史志编纂委员会提供。

（2）西华县林业生态建设（2008 年 6 月林业局），该资料由县林业局提供。

（3）行政代码表（西华县技术监督局）。

（4）种植制度分区图（西华县农业局）。

第四节　图件数字化与建库

耕地地力评价是基于大量的与耕地地力有关的耕地土壤自然属性和耕地空间位置信息，如立地条件、剖面性状、耕层理化性状、土壤障碍因素以及耕地土壤管理方面的信息。调查的资料可分为空间数据的属性数据，空间数据主要指项目县的各种基础图件，以及调查样点的 GPS 定位数据；属性数据主要指与评价有关的属性表格和文本资料。为了采用信息化的手段进行评价和评价结果管理，首先需要开展数字化工作。根据《测土配方施肥技术规范》、县域耕地资源管理信息系统（3.0 版）要求，对土壤、土地利用现状等图件进行数字化，建立空间数据库。

一、图件数字化

空间数据的数字化工作比较复杂，目前常用的数字化方法包括 3 种：一是采用数字化仪数字化；二是光栅矢量化；三是数据转换法。本次评价中采用了后两种方法。

光栅矢量化法以是以已有的地图或遥感影像为基础，利用扫描仪将其转换为光栅图，在GIS 软件支持下对光栅图进行配准，然后以配准后的光栅图为参考进行屏幕光栅矢量化，最终得到矢量化地图。光栅矢量化法的步骤见图 4 – 3。

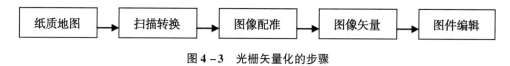

图 4 – 3　光栅矢量化的步骤

数据转换法是利用已有的数字化数据，利用软件转换工具，转换为本次工作要求的 ∗. shp 格式。采用该方法是针对目前国土资源管理部门的土地利用图都已数字化建库，河南省大多数县都是 Mapgis 的数据格式，利用 Mapgis 的文件转换功能很容易将 ∗. wp/ ∗. wl/ ∗. wt 的数据转换为 ∗. shp 格式。此外 ArcGIS 和 Mapinfo 等 GIS 系统也都提供有通用数据格式转换等功能。

属性数据的输入是数据库或电子表格来完成的。与空间数据相关的属性数据需要建立与空间数据对应的连接关键字，通过数据连接的方法，连接到空间数据中，最终得到满足评价要求的空间—属性一体化数据库。技术方法，见图 4 – 4。

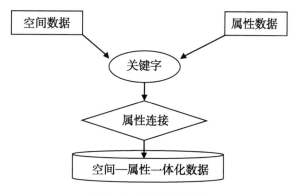

图 4 – 4　属性连接方法

二、图形坐标变换

在地图录入完毕后，经常需要进行投影变换，得到统一空间参照系下的地图。本次工作中收集到的土地利用现状图采用的是高斯 3 度带投影，需要变换为高斯 6 度带投影。进行投影变换有两种方式，一种是利用多项式拟合，类似于图像几何纠正；另一种是直接应用投影变换公式进行变换。基本原理：

$$X^{'} = f(x,y)$$
$$Y^{'} = g(x,y)$$

（4 – 1）

式（4 – 1）中：$X^{'}, Y^{'}$ 为目标坐标系下的坐标，x, y 为当前坐标系下的坐标。

本次评价中的数据，采用统一空间定位框架，参数如下：

投影方式：高斯—克吕格投影，6 度带分带，对于跨带的县进行跨带处理。

坐标系及椭球参数：北京 54/克拉索夫斯基。

高程系统：1956 年黄海高程基准。

野外调查 GPS 定位数据：初始数据采用经纬度并在调查表格中记载；装入 GIS 系统与图件匹配时，再投影转换为上述直角坐标系坐标。

三、数据质量控制

根据《耕地地力评价指南》的要求，对空间数据和属性数据进行质量控制。属性数据按照指南的要求，规范各数据项的命名、格式、类型、约束等。

空间数据达到最小上图面积 0.04cm² 的要求，并规范图幅内外的图面要素。扫描影像数据水平线角度误差不超过 0.2 度，校正控制点不少于 20 个，校正绝对误差不超过 0.2mm，矢量化的线划偏离光栅中心不超过 0.2mm。耕地和园地面积以国土部门的土地详查面积为控制面积。

第五节　土壤养分空间插值与分区统计

本次评价工作需要制作养分图和养分等值线图，这需要采用空间插值法将采样点的分析化验数据进行插值，生成全域的各类养分图和养分等值线图。

一、空间插值法简介

研究土壤性质的空间变异时，观察点和取样点总是有限的，因而对未测点的估计是完全必要的。大量研究表明，地统计学方法中半方差图和 Kriging 插值法适合于土壤特性空间预测，并得到了广泛应用。

克里格插值法（Kriging）也称空间局部估计或空间局部插值，它是建立在半变异函数理论及结构分析基础上，在有限区域内对区域化变量的取值进行无偏最优估计的一种方法。克里格法实质上利用区域化变量的原始数据和半变异函数的结构特点，对未采样点的区域化变量的取值进行线性无偏最优估计量的一种方法。更具体地讲，它是根据待估样点有限领域内若干已测定的样点数据，在认真考虑了样点的形状、大小和空间相互位置关系，它们与待估样点间相互空间位置关系以及半变异函数提供的结构信息之后，对该待估样点值进行的一种线性无偏最优估计。研究方法的核心是半方差函数，公式为：

$$\bar{\gamma}(h) = \frac{1}{2N(h)} \sum_{\alpha=1}^{N(h)} [z(u_\alpha) - z(u_a + h)]^2$$

式中：h—样本间距，又称位差（Lag）；$N(h)$—间距为 h 的"样本对"数。

设位于 X_0 处的速效养分估计值为 $\hat{Z}(x_0)$，它是周围若干样点实测值 Z（x_i），（$i = 1, 2, \cdots n$）的线性组合，即：

$$\hat{Z}(x_0) = \sum_{i=1}^{n} \lambda_i z(x_i)$$

式中：$\hat{Z}(x_0)$ —X_0处的养分估计值；λ_i —第 i 个样点的权重；$z(x_i)$ —第 i 个样点值。

要确定 λ_i 有两个约束条件：

$$\begin{cases} \min(Z(x_0) - \sum_{i=1}^{n} \lambda_i Z(x_i))^2 \\ \sum_{i=1}^{n} \lambda_i = 1 \end{cases}$$

满足以上两个条件可得如下方程组：

$$\begin{bmatrix} \gamma_{ij} & \cdots & \gamma_{1n} & 1 \\ \vdots & \ddots & \vdots & \vdots \\ \gamma_{n1} & \cdots & \gamma_{nn} & 1 \\ 1 & \cdots & 1 & 0 \end{bmatrix} \cdot \begin{bmatrix} \lambda_1 \\ \vdots \\ \lambda_1 \\ m \end{bmatrix} = \begin{bmatrix} \gamma_{01} \\ \vdots \\ \gamma_{0n} \\ 1 \end{bmatrix}$$

式中：γ_{ij} — x_i 和 x_j 之间的半方差函数值；m—拉格朗日值。

解上述方程组即可得到所有的权重 λ_i 和拉格朗日值 m。利用计算所得到的权重即可求得估计值 $\hat{Z}(x_0)$。

克里格插值法要求数据服从正态分布，非正态分布会使变异函数产生比例效应，比例效应的存在会使实验变异函数产生畸变，抬高基台值和块金值，增大估计误差，变异函数点的波动太大，甚至会掩盖其固有的结构，因此，应该消除比例效应。此外，克里格插值结果的精度还依赖于采样点的空间相关程度，当空间相关性很弱时，意味着这种方法不适用。因此，当样点数据不服从正态分布或样点数据的空间相关性很弱时，我们采用反距离插值法。

反距离法是假设待估未知值点受较近已知点的影响，比较远已知点的影响更大，其通用方程是：

$$Z_o = \frac{\sum_{i=1}^{s} Z_i \frac{1}{d_i^k}}{\sum_{i=1}^{s} \frac{1}{d_i^k}}$$

式中：Z_o 是待估点 O 的估计值；Z_i 是已知点 i 的值；d_i 是已知点 i 与点 O 间的距离；s 是在估算中用到的控制点数目；k 是指定的幂。

该通用方程的含义是已知点对未知点的影响程度用点之间距离乘方的倒数表示，当乘方为 1（$k=1$）时，意味着点之间数值变化率恒定，该方法称为线性插值法，乘方为 2 或更高，则意味着越靠近已知点，该数值的变化率越大，远离已知点则趋于稳定。

在本次耕地地力评价中，还用到了"以点代面"估值方法，对于外业调查数据的应用不可避免地要采用"以点代面"法。在耕地资源管理图层提取属性过程中，计算落入评价单元内采样点某养分的平均值，没有采样点的单元，直接取邻近的单元值。

GIS 分析方法中的泰森多边形法是一种常用的"以点代面"估值方法。这是方法是按狄洛尼（Delounay）三角网的构造法，将各监测点 Pi 分别与周围多个监测点相连得到三角网，然后分别作三角网边线的垂直平分线，这些垂直平分线相交则形成以监测点 P 为中心的泰森多边形。每个泰森多边形内监测点数据即为该泰森多边形区域的估计值，泰森多边形内每处的值相同，等于该泰森多边形区域的估计值。

二、空间插值

本次空间插值采用 Arcgis9.2 中的 Geostatistical Analyst 功能模块完成。

测土配方施肥项目测试分析了全氮、速效磷、缓效钾、速效钾、有机质、pH 值、铜、铁、锰、锌等项目。这些分析数据根据外业调查数据的经纬度坐标生成样点图，然后将以经纬度坐标表示的地理坐标系投影变换为以高斯坐标表示的投影平面直角坐标系，得到的样点图中有部分数据的坐标记录有误，样点落在了县界之外，对此加以修改和删除。

首先对数据的分布进行探查，剔除异常数据，观察样点分析数据的分布特征，检验数据是否符合正态分布和取自然对数后是否符合正态分布。以此选择空间插值方法。

其次是根据选择的空间插值方法进行插值运算，插值方法中参数选择以误差最小为准则进行选取。

最后是生成格网数据，为保证插值结果的精度和可操作性，将结果采用 20m × 20m 的 GRID—格网数据格式。

三、养分分区统计

养分插值结果是格网数据格式，地力评价单元是图斑，需要统计落在每一评价单元内的网格平均值，并赋值给评价单元。

工作中利用 ArcGIS9.2 系统的分区统计功能（Zonal statistics）进行分区统计，将统计结果按照属性连接的方法赋值给评价单元。

第六节　耕地地力评价与成果图编辑输出

一、建立县域耕地资源管理工作空间

首先建立县域耕地资源管理工作空间，然后导入已建立好的各种图件和表格。详见耕地资源管理信息系统章节。

二、建立评价模型

在县域耕地资源管理系统的支持下，将建立的指标体系输入到系统中，分别建立评价指标的权重模型和隶属函数评模型。

三、县域耕地地力等级划分

根据耕地资源管理单元图中的指标值和耕地地力评价模型，现实对各评价单元地力综合指数的自动计算，采用累积曲线分级法划分县域耕地地力等级。

四、归入全国耕地地力体系

按 10% 的比例数量，在各等级耕地中选取评价单元，调查此等级耕地中的近几年的最

高粮食产量，经济作物产量折算为粮食产量。将此产量数据加上一定的增产比例作为该级耕地的生产潜力。以生产潜力与《全国耕地类型区、耕地地力等级划分》（NY/T 309—1996）进行对照，将县级耕地地力评价等级归入国家耕地地力等级。

五、图件的编制

为了提高制图的效率和准确性，在地理信息系统软件 ARCGIS 的支持下，进行耕地地力评价图及相关图件的自动编绘处理。项目县的行政区划、河流水系、大型交通干道等作为基础信息，然后叠加上各类专题信息，得到各类专题图件。专题地图的地理要素内容是专题图的重要组成部分，用于反映专题内容的地理分布，并作为图幅叠加处理等分析依据。地理要素的选择应与专题内容相协调，考虑图面的负载量和清晰度，应选择基本的、主要的地理要素。

对于有机质含量、速效钾、有效磷、有效锌等其他专题要素地图，按照各要素的分级分别赋予相应的颜色，同时，标注相应的代号，生成专题图层。之后与地理要素图复合，编辑处理生成专题图件，并进行图幅的整饰处理。

耕地地力评价图以耕地地力评价单元为基础，根据各单元的耕地地力评价等级结果，对相同等级的相临评价单元进行归并处理，得到各耕地地力等级图斑。在此基础上，用颜色表示不同耕地地力等级。

图外要素绘制了图名、图例、坐标系高程系说明、成图比例尺、制图单位全称、制图时间等。

六、图件输出

图件输出采用两种方式，一是打印输出，按照 1∶5 万的比例尺，在大型绘图仪的支持下打印输出；二是电子输出，按照 1∶5 万的比例尺，300dpi 的分辨率，生成 ＊.jpg 光栅图，以方便图件的使用。

第七节　耕地资源管理系统的建立

一、系统平台

耕地资源管理系统软件平台采用农业部种植业管理司、全国农业技术推广服务中心和扬州土肥站联合开发的"县域耕地资源管理信息系统3"，该系统以县级行政区域内耕地资源为管理对象，以土地利用现状与土壤类型的结合为管理单元，通过对辖区内耕地资源信息采集、管理、分析和评价，是本次耕地地力评价的系统平台。增加相应技术模型后，不仅能够开展作物适宜性评价、品种适宜性评价，也能够为农民、农业技术人员以及农业决策者合理安排作物布局、科学施肥、节水灌溉等农事措施提供耕地资源信息服务和决策支持。系统界面，见图 4 - 5。

图 4 - 5　系统界面

二、系统功能

"县域耕地资源管理信息系统 3"具有耕地地力评价和施肥决策支持等功能，主要功能包括：

（一）耕地资源数据库建设与管理

系统以 Mapobjects 组件为基础开发完成，支持＊.shp 的数据格式，可以采用单机的文件管理方式，与可以通过 SDE 访问网络空间数据库。系统提供数据导入、导出功能，可以将 Arcview 或 ArcGIS 系统采集的空间数据导入本系统，也可将＊.DBF 或＊.MDB 的属性表格导入到系统中，系统内嵌了规范化的数据字典，外部数据导入系统时，可以自动转换为规范化的文件名和属性数据结构，有利于全国耕地地力评价数据的标准化管理。管理系统也能方便地将空间数据导出为＊.shp 数据，属性数据导出为＊.xls 和＊.mdb 数据，以方便其他相关应用。

系统内部对数据的组织分工作空间、图集、图层 3 个层次，一个项目县的所有数据、系统设置、模型及模型参数等共同构成项目县的工作空间。一个工作空间可以划分为多个图集，图集针对是某一专题应用，例如，耕地地力评价图集、土壤有质机含量分布图集、配方施肥图集等。组成图集的基本单位是图层，对应的是＊.shp 文件，例如：土壤图、土地利用现状图、耕地资源管理单元图等，都是指的图层。

（二）GIS 系统的一般功能

系统具备了 GIS 的一般功能，比如地图的显示、缩放、漫游、专题化显示、图层管理、缓冲区分析、叠加分析、属性提取等功能，通过空间操作与分析，可以快速获得感兴趣区域信息。更实用的功能是属性提取和以点代面等功能，本次评价中属性提取功能可将专题图的专题信息，例如，灌溉保证率等，快速的提取出来赋值给评价单元。

（三）模型库的建立与管理

专业应用与决策支持离不开专业模型，系统具有建立层次分析权重模型、隶属函数单因素评价模型、评价指标综合计算模型、配方施肥模型、施肥运筹模型等系统模型的功能。在本次地力评价过程中，利用系统的层次分析功能，辅助本县快速地完成了指标权重的计算。权重模型和隶属函数评价模型建立后，可快速地完成耕地潜力评价，通过对模型参数的调整，实现了评价结果的快速修正。

（四）专业应用与决策支持

在专业模型的支持下，可实现对耕地生产潜力的评价、某一作物的生产适宜性评价等评价工作，也可实现单一营养元素的丰缺评价。根据土壤养分测试值，进行施肥计算，并可提供施肥运筹方案。

三、数据库的建立

（一）属性数据库的建立

1. 属性数据的内容

根据本县耕地质量评价的需要，确立了属性数据库的内容，其内容及来源，见表4-2。

表4-2　属性数据库内容及来源

编号	内容名称	来源
1	县、乡、村行政编码表	统计局
2	土壤分类系统表	土壤普查资料，省土种对接资料
3	土壤样品分析化验结果数据表	野外调查采样分析
4	农业生产情况调查点数据表	野外调查采样分析
5	土地利用现状地块数据表	系统生成
6	耕地资源管理单元属性数据表	系统生成
	耕地地力评价结果数据表	系统生成

2. 数据录入与审核

数据录入前应仔细审核，数值型资料注意量纲上下限，地名应注意汉字多音字、繁简字、简全称等问题。录入后还应仔细检查，保证数据录入无误后，将数据库转为规定的格式（DBF格式文件），通过系统的外部数据表维护功能，导入到耕地资源管理系统中。

（二）空间数据库的建立

土壤图、土地利用现状图、调查样点分布图是耕地地力调查与质量评价最为重要的基础空间数据。分别通过以下方法采集：将土壤图和土地利用现状图扫描成栅格文件后，借助利用MapGIS软件进行手动跟踪矢量化形成土壤图数字化图层，图件扫描采用300dpi分辨率，以黑白TIFF格式保存。之后转入到ArcGIS中进行数据的进一步处理。在ArcGIS中将土地利用现状图分为农用地地块图（包括耕地和园地）和非农用地地块图，将农有行地块图与土壤图叠加得到耕地资源管理单元图。利用外业调查中采用 GPS 定位获取的调查样点经、纬度资料，借助 ArcGIS 软件将经纬度坐标投影转换为北京 54 直角坐标系坐标，建立本县耕地地力调查样点空间数据库。对土壤养分等数值型数据，根据 GPS 定位数据在 ArcGIS 软件支持下生成点位图，利用 ArcGIS 的地统计功能进行空间插值分析，产生各养分分布图和养分分布等值线。养分分布图采用格网数据格式，利用分区统计功能，将结果赋值给耕地资源管理单元图中的图斑。其他专题图，例如，灌溉保证率分区图等，采用类似的方法进行矢量采集（表 4 – 3）。

表 4 – 3　空间数据库内容及资料来源

序	图层名	图层属性	资料来源
1	行政区划图	多边形	土地利用现状图
2	面状水系图	多边形	土地利用现状图
3	线状水系图	线层	土地利用现状图
4	道路图	线层	土地利用现状图 + 交通图修正
5	土地利用现状图	多边形	土地利用现状图
6	农用地地块图	多边形	土地利用现状图
7	非农用地地块图	多边形	土地利用现状图
8	土壤图	多边形	土壤图
9	系列养分等值线图	线层	插值分析结果
10	耕地资源管理单元图	多边形	土壤图与农用地地块图
11	土壤肥力普查农化样点点位图	点层	外业调查
12	耕地地力调查点点位图	点层	室内分析
13	评价因子单因子图	多边形	相关部门收集

四、评价模型的建立

将本县建立的耕地地力评价指标体系按照系统的要求输入到系统中，分别建立耕地地力评价权重模型和单因素评价的隶属函数模型。之后就可利用建立的评价模型对耕地资源管理单图进行自动评价，如图 4 – 6 所示。

五、系统应用

（一）耕地生产潜力评价

根据前文建立的层次分析模型和隶属函数模型，采用加权综合指标法计算各评价单元综合分值，然后根据累积频率曲线图进行分级。

（二）制作专题图

依据系统提供的专题图制作工具，制作耕地地力评价图、有机质含量分布图等图件。以土壤有机质为例进行示例说明。

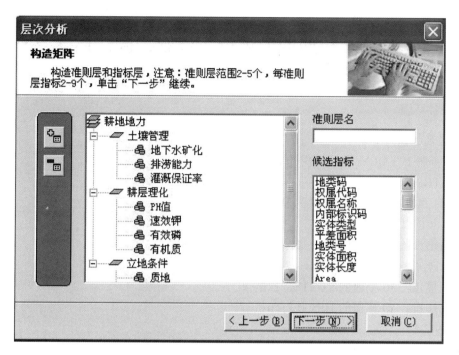

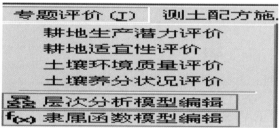

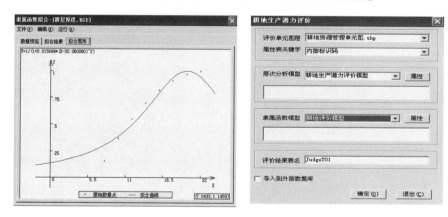

图4-6　评价模型建立与耕地地力评价示图

（三）养分丰缺评价

依据测土配方施肥工作中建立的养分丰缺指标，对耕地资源管理单元图中的养分进行丰缺评价。

第八节 耕地地力评价工作软、硬件环境

一、硬件环境

1. 配置高性能计算机

CPU：奔腾 IV3.0Ghz 及同档次的 CPU。

内存：1GB 以上。

显示卡：ATI9000 及以上档次的显示卡。

硬盘：80G 以上。

输入输出设备：光驱、键盘、鼠标和显示器等。

2. GIS 专用输入与输出设备

大型扫描仪：A0 幅面的 CONTEX 扫描仪。

大型打印机：A0 幅面的 HP800 打印机。

3. 网络设备

包括：路由器、交换机、网卡和网线。

二、系统软件环境

（1）通过办公软件：Office2003

（2）数据库管理软件：Access2003

（3）数据分析软件：SPSS13.0

（4）GIS 平台软件：ArcGIS9.2、Mapgis6.5

（5）耕地资源管理信息系统软件：农业部种植业管理司和全国农业技术推广服务中心开发的县域耕地资源管理信息系统 V3.2 系统。

第五章　耕地地力评价指标体系

第一节　耕地地力评价指标体系内容

合理正确地确定耕地地力评价指标体系，是科学地评价耕地地力的前提，直接关系到评价结果的正确性、科学性和社会可接受性。综合《测土配方施肥技术规范》《耕地地力评价指南》和"县域耕地资源管理信息系统 3.0"的技术规定与要求，将选取评价指标、确定各指标权重和确定各评价指标的隶属度三项内容归纳为建立耕地地力评价指标体系。

西华县耕地地力指标体系是在河南省土壤肥料站和河南农业大学的指导下，结合西华县的耕地特点，通过专家组的充分论证和商讨，逐步建立起来的。第一，根据一定原则，结合西华县农业生产实际、农业生产自然条件和耕地土壤特征从全国耕地地力评价因子集中选取，建立县域耕地地力评价指标集。第二，利用层次分析法，建立评价指标与耕地潜在生产能力间的层次分析模型，计算单指标对耕地地力的权重。第三，采用特尔斐法组织专家，使用模糊评价法建立各指标的隶属度。

第二节　耕地地力评价指标

一、耕地地力评价指标选择原则

（一）重要性原则

影响耕地地力的因素、因子很多，农业部测土配方施肥技术规范中列举了六大类 65 个指标。这些指标是针对全国范围的，具体到一个县的行政区域，必须在其中挑选对本地耕地地力影响最为显著的因子，而不能全部选。西华县选取的指标只有质地构型、质地、有效磷、有效钾、有机质、灌溉保证率、排涝能力共 7 个因子。西华县是黄河冲积平原，土壤类型为潮土和沙姜黑土，属冲积沉积形成，其不同层次的质地排列组织就是质地构型，这是一个对耕地地力有很大影响的指标。夹沙、沙身、沙底、均质中壤、均质重壤、均质轻壤、均质黏壤的生产性状差异很大，必须选为评价指标。

（二）稳定性原则

选择的评价因子在时间序列上必须具有相对的稳定性。选择时间序列上易变指标，则会造成评价结果在时间序列上的不稳定，指导性和实用性差，而耕地地力若没有较为剧烈的人为等外部因素的影响，在一定时期内是稳定的。

（三）差异性原则

差异性原则分为空间差异性和指标因子的差异性。耕地地力评价的目的之一就是通过评价找出影响耕地地力的主导因素，指导耕地资源的优化配置。评价指标在空间和属性没有差异，就不能反映耕地地力的差异。因此，在县级行政区域内，没有空间差异的指标和属性没有差异的指标，不能选为评价指标。例如：≥0 ℃积温、≥10 ℃积温、降水量、日照指数、光能辐射总量、无霜期都对耕地地力有很大的影响，但是在县域范围内，其差异很小或基本无差异，不能选为评价指标。

（四）易获取性原则

通过常规的方法即可以获取，如土壤养分含量、灌排条件、排涝能力等。某些指标虽然对耕地生产能力有很大影响，但是获取比较困难，或者获取的费用比较高，当前不具备条件。如土壤生物的种类和数量、土壤中某种酶的数量等生物性指标。

（五）精简性原则

并不是选取的指标越多越好，选取的太多，工作量和费用都要增加，还不能揭示出影响耕地地力的主要因素。西华县选择的指标只有 7 个。

（六）全局性与整体性原则

所谓全局性，要考虑到全县所有的耕地类型，不能只关注面积大的耕地，只要能在 1：5 万比例尺的图上能形成图斑的耕地地块的特性都需要考虑，而不能搞"少数服从多数"。

所谓整体性原则，是指在时间序列上，会对耕地地力产生较大影响的指标。如耕层厚度对耕地地力影响很大，但是具体到一个县，如果地势比较平坦，或少有低洼地块，易耕性好，则可以不考虑作为评价指标。

二、评价指标选取方法

西华县的耕地地力评价指标选取过程中，采用的是特尔菲法，也即专家打分法。评价与决策涉及价值观、知识、经验和逻辑思维能力，因此，专家的综合能力是十分可贵的。评价与决策中经常要专家的参与，例如：给出一组排涝能力的排水强度，评价不同排水强度对作物生长影响的程度通常由专家给出。这个方法的核心是充分发挥专家对问题的独立看法，然后归纳、反馈，逐步收缩、集中，最终产生评价与判断。基本内容如下。

（1）确定提问的提纲。列出调查提纲应当用词准确，层次分明，集中于要判断和评价的问题。为了使专家易于回答问题，通常还在提出调查提纲的同时，提供有关背景材料。

（2）选择专家。为了得到较好的评价结果，通常需要选择对问题了解较多的专家 10～15 人。

（3）调查结果的归纳、反馈和总结。收集到专家对问题的判断后，应作一归纳。定量判断的归纳结果通常符合正态分布。这时可在仔细听取了持极端意见专家的理由后，去掉两端各 25% 的意见，寻找出意见最集中的范围，然后把归纳结果反馈给专家，让他们再次提出自己的评价和判断。反复 3～5 次后，专家的意见会逐步趋近一致，这时就可作出最后的分析报告。

三、西华县耕地地力评价指标选取

2010 年 4 月，西华县组织了市、县农业、土肥、水利等有关专家，对西华县的耕地地力评价指标进行逐一筛选。从国家提供的 65 个指标中选取了 7 项因素作为本县的耕地地力评价的参评因子。这 10 项指标分别为：质地构型、质地、障碍层类型、障碍层厚度、障碍层出现的部位、有效磷、有效钾、有机质、灌溉保证率、排涝能力。

四、选择评价指标的原因

（一）立地条件

1. 质地

质地是土壤中各粒级土粒的配合比例，是土壤较稳定的自然属性，也是影响土壤一系列物理与化学性质的重要因子。土壤质地不同对土壤结构、孔隙状况、保肥性、保水性、耕性等均有重要影响。是反映土壤耕性好坏、肥力高低、生产性能优劣的基本因素之一。它受成土母质及土壤发育程度的影响，本县土壤成土母质属黄河冲积沉积物，历史上黄河在本县境内多次泛滥决口，泥沙相间沉积，致使土壤质地在分布上错综复杂，没有明显的规律，土壤质地优劣对农业生产影响较大。西华县土壤质地主要有中黏土、松沙土、轻黏土、沙壤土、中壤土、轻壤土、重壤土 7 个级别。

2. 质地构型

质地构型是指整个土体各个层次的排列组合情况，它是土壤外部形态的基本特征，对土壤中水、肥、气、热诸肥力因素有制约和调节作用，对作物的生长发育具有重要意义。西华县土壤的质地构型差异较大，如轻、中壤质土壤上的浅位厚沙小两合土、浅位厚沙两合土、浅位沙两合土，耕层土壤质地都是轻壤质和中壤质，但是在 1m 土体内不同部位都有不同厚度的沙层出现，比均质性构型，保水、保肥能力都差，对作物产量及土壤肥力有直接影响。西华县土壤质地构型有：均质轻壤、黏底中壤、均质重壤、均质黏土、均质重壤、黏身轻壤、黏底轻壤、夹壤黏土、夹黏轻壤、夹沙中壤、夹沙重壤、黏身沙壤、沙底中壤、均质轻壤、底沙重壤、黏底沙壤、沙身中壤、壤身黏土、沙底轻壤、夹沙轻壤、壤底沙壤、沙身轻壤、均质沙壤、均质沙土等 22 种质地构型。

（二）耕层理化性状

1. 有机质

土壤有机质含量，代表耕地基本肥力，是平原土壤理化性状的重要因素，是土壤养分的主要来源，对土壤的理化、生物性质以及肥力因素都有较大影响。

2. 有效磷、速效钾

磷、钾都是作物生长发育必不可少的大量元素，土壤中有效磷、有效钾含量的高低对作物产量影响非常大，所以，评价耕地力必不可少。

（三）障碍因素

障碍因素是指土壤质地构型中存在着的对土壤生产潜力正常发挥起阻碍作用的土壤障碍因素，这是土壤本身固有的，难以消除的因素，障碍因素的存在对作物产量影响非常大，在耕地地力评价中不能少了这个因素。西华县土壤的障碍因素只有一种，就是潮土类型区域中的沙漏层，虽然西华县也有沙姜黑土，但是西华县的沙姜黑土 1m 以内的土壤剖面中只有沙姜籽，没有形成沙姜层，所以，西华县的土壤障碍因素只有沙漏层。沙漏层的存在，土壤漏水漏肥，对于培肥地力，实现土壤生产潜力充分发挥非常不利，因此西华地力评价工作将潮土的沙漏层作为西华土壤的障碍因素。障碍因素包括：障碍层类型、障碍层厚度、障碍层出现的部位 3 个指标。

（四）土壤管理

灌溉保证率、排涝能力：水利条件是农业生产的命脉，也是影响耕地地力的重要因素之一，虽然西华县地势平坦，但是水利条件好坏不一，因此，把灌溉保证率和排涝能力作为评价耕地地力的因素之一。

第三节　评价指标权重确定

一、评价指标权重确定原则

耕地地力受所选指标的影响程度并不一致，确定各因素的影响程度大小时，必须遵从全局性和整体性的原则，综合衡量各指标的影响程度，不能因一年一季的影响或对某一区域的影响剧烈或无影响而形成极端的权重。如灌溉保证率和排涝能力的权重。第一，考虑两个因素在全县的差异情况和这种差异造成的耕地生产能力差异大小，如果降水较丰且不易致涝，则权重应较低。第二，考虑其发生频率，发生频率较高，则权重应较高，频率低则应较低。第三，排除特殊年份的影响，如极端干旱年份和丰水年份。

二、评价指标权重确定方法

（一）层次分析法

耕地地力为目标层（G 层），影响耕地地力的立地条件、物理性状、化学性状为准则层（C 层），再把影响准则层中各元素的项目作为指标层（A 层），其结构关系如图 5 - 1 所示。

（二）构造判断矩阵

专家们评估的初步结果经合适的数学处理后（包括实际计算的最终结果—组合权重）反馈给各位专家，请专家重新修改或确认，确定 C 层对 G 层以及 A 层对 C 层的相对重要程度，共构成 G、C1、C2、C3 共 3 个判断矩阵，详见表 5 - 1 至表 5 - 5。

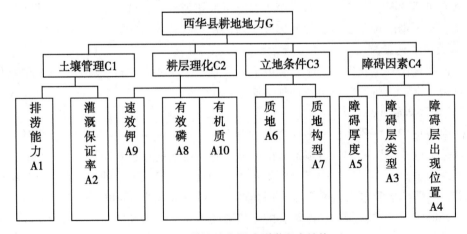

图 5 - 1　耕地地力影响因素层次结构

表 5 - 1　目标层判断矩阵

G	C1	C2	C3	C4
剖面形状 c1	1.0000	0.67857	2.71428	3.1667
耕层养分性状 c2	1.4737	1.00000	3.99999	4.6667
障碍因素 c3	0.3684	0.25000	1.00000	1.1667
土壤管理 c4	0.3158	0.21429	0.85714	1.0000

表 5 - 2　土壤管理判断矩阵

C1	A1	A2
灌溉保证率	1.0000	2.3333
排涝能力	0.4286	1.0000

表 5 - 3　障碍因素判断矩阵

C4	A3	A4	A5
障碍层类型	1.0000	0.7895	0.5769
障碍层出现的位置	1.2667	1.0000	0.7308
障碍层厚度	1.7333	1.3684	1.0000

表 5 - 4　立地条件判断矩阵

C3	A6	A7
质地	1.0000	2.5294
质地构型	0.3953	1.0000

表 5 - 5　耕层理化判断矩阵

C2	A8	A9	A10
有机质	1.0000	1.8235	2.5833
有效磷	0.5484	1.0000	1.4167
速效钾	0.3871	0.7059	1.0000

判别矩阵中标度的含义，见表 5 - 6。

表 5 - 6　判断矩阵标度及其含义

标度	含　义
1	表示两个因素相比，具有同样重要性
3	表示两个因素相比，一个因素比另一个因素稍微重要
5	表示两个因素相比，一个因素比另一个因素明显重要

（续表）

标度	含 义
7	表示两个因素相比，一个因素比另一个因素强烈重要
9	表示两个因素相比，一个因素比另一个因素极端重要
2、4、6、8	上述两相邻判断的中值
倒数	因素 i 与 j 比较得判断 bij，则因素 j 与 i 比较的判断 bji = 1/bij

（三）层次单排序及一致性检验

求取 A 层对 C 层的权数值，可归结为计算判断矩阵的最大特征根 λmax 对应的特征向量 W。并用 CR = CI/RI 进行一致性检验。计算方法如下。

A. 将比较矩阵每一列正规化（以矩阵 C 为例）。

$$\hat{c}_{ij} = \frac{c_{ij}}{\sum_{i=1}^{n} c_{ij}}$$

B. 每一列经正规化后的比较矩阵按行相加。

$$\overline{W}_i = \sum_{j=1}^{n} \hat{c}_{ij}, \quad j = 1, 2, \cdots, n$$

C. 向量正规化。

$$W_i = \frac{\overline{W}_i}{\sum_{i=1}^{n} \overline{W}_i}, \quad i = 1, 2, \cdots, n$$

所得到的 $W_i = [W_1, W_2, \cdots, W_n]^T$ 即为所求特征向量，也就是各个因素的权重值。

D. 计算比较矩阵最大特征根 λ_{max}。

$$\lambda_{max} = \sum_{i=1}^{n} \frac{(CW)_i}{nW_i}, \quad i = 1, 2, \cdots, n$$

式中，C 为原始判别矩阵，$(CW)_i$ 表示向量的第 i 个元素。

E. 一致性检验。

首先计算一致性指标 CI。

$$CI = \frac{\lambda_{max} - n}{n - 1}$$

式中：n 为比较矩阵的阶，也即因素的个数。

然后根据表 5 - 7 查找出随机一致性指标 RI，由下式计算一致性比率 CR。

$$CR = \frac{CI}{RI}$$

表 5 - 7　随机一致性指标 RI 值

n	1	2	3	4	5	6	7	8	9	10
RI	0	0	0.58	0.9	1.12	1.24	1.32	1.41	1.45	1.49

根据以上计算方法可得以下结果。

将所选指标根据其对耕地地力的影响方面和其固有的特征，分为几个组，形成目标层——耕地地力评价，准则层——因子组，指标层——每一准则下的评价指标。

表 5 - 8　权数值及一致性检验结果

矩阵	特　征　向　量			CI	CR
矩阵 G	[0.0990	0.1188	0.3168	2.08775690128486E - 06	0.00000232
矩阵 C1	[0.3000	0.7000		2.61896570510345E - 05	0
矩阵 C2	0.2500	0.3167	0.4333	4.52321480848283E - 06	0.00000780
矩阵 C3	[0.2833	0.7167		6.2378054489276E - 05	0
矩阵 C4	0.2000	0.2833	0.5167]	8.55992576287434E - 06	0.00001476

从表 5 - 8 中可以看出，CR < 0.1，具有很好的一致性。

（四）层次总排序及一致性检验

计算同一层次所有因素对于最高层相对重要性的排序权值，称为层次总排序，这一过程是最高层次到最低层次逐层进行的。层次总排序结果，见表 5 - 9。

表 5 - 9　层次总排序结果

层次 C	土壤管理	障碍因素	剖面形状	耕层养分性	组合权重
	0.0990	0.1188	0.3168	0.4654	$\sum C_i A_i$
排涝能力	0.3000				0.0297
灌溉保证率	0.7000				0.0693
障碍层类型		0.2500			0.0297
障碍层位置		0.3167			0.0376
障碍层厚度		0.4333			0.0515
质地			0.2833		0.0898
质地构型			0.7167		0.2271
有效磷				0.2000	0.0931
速效钾				0.2833	0.1319
有机质				0.5167	0.2404

层次总排序的一致性检验也是从高到低逐层进行的。如果 A 层次某些因素对于 C_j 单排序的一致性指标为 CI_j，相应的平均随机一致性指标为 CR_j，则 A 层次总排序随机一致性比率为：

$$CR = \frac{\sum_{j=1}^{n} c_j CI_j}{\sum_{j=1}^{n} c_j RI_j}$$

经层次总排序，并进行一致性检验，结果为 CI = 1.65E − 05，CR = 0.00008875 < 0.1，认为层次总排序结果具有满意的一致性，最后计算得到各因子的权重，见表 5 − 10。

表 5 − 10　各因子的权重

序号	评价因子	权重
1	排涝能力	0.0297
2	灌溉保证率	0.0693
3	障碍层类型	0.0297
4	障碍层出现的位置	0.0376
5	障碍层厚度	0.0515
6	质地	0.0898
7	质地构型	0.2271
8	速效钾	0.0931
9	有效磷	0.1319
10	有机质	0.2404

第四节　评价指标隶属度

一、指标特征

耕地内部各要素之间与耕地的生产能力之间关系十分复杂，此外，评价中也存在着许多不严格、模糊性的概念，因此，采用模糊评价方法来进行耕地地力等级的确定。本次评价中，根据指标的性质分为概念型指标和数据型指标两类。

概念型指标的性状是定性的、综合的，与耕地生产能力之间是一种非线性关系，如质地、质地构型等，这类指标可采用特尔菲法直接结出隶属度。

数据型指标是指可以用数字表示的指标，例如，有机质、有效磷和速效钾等。根据模糊数学的理论，西华县的养分评价指标与耕地地力之间的关系为戒上型函数，见表 5 − 11。

表 5 − 11　数据型指标函数模型

评价因子	函数类型	a	c	ut	函数公式	拟合度
有机质（g/kg）	戒上型	1.746328E − 02	22.07154	3	$1/(1+a*(u-c)^2)$	0.942
有效磷（mg/kg）	戒上型	9.210894E − 03	25.62258	3	$1/(1+a*(u-c)^2)$	0.941
速效钾（mg/kg）	戒上型	2.499804E − 04	138.658	20	$1/(1+a*(u-c)^2)$	0.950

对于数据型的指标也可以用适当的方法进 2.499804E − 04 行离散化（也即数据分组），然后对离散化的数据作为概念型的指标来处理。

二、指标隶属度

对排涝能力、灌溉保证率、质地、质地构型等概念型定性因子采用专家打分法，经过归纳、反馈、逐步收缩、集中，最后产生获得相应的隶属度。而对有机质、有效磷、速效钾等定量因子，首先对其离散化，将其分为不同的组别，然后为采用专家打分法，给出相应的隶属度。

（一）排涝能力

属概念型，有量纲指标，经专家打分，建立指标与隶属度的对应表（表5-12）。

表5-12　排涝能力隶属度

序号	排涝能力	隶属度
1	10	1
2	5	0.85
3	3	0.75

（二）灌溉保证率

属概念型，有量纲指标，经专家打分，建立指标与隶属度的对应表（表5-13）。

表5-13　灌溉保证率隶属度

序号	灌溉保证率	隶属度
1	95	1
2	75	0.85
3	50	0.72

（三）质地

属概念型，无量纲指标（表5-14）。

表5-14　质地隶属度

序号	质地	隶属度
1	重壤土	1
2	中壤土	0.8
3	轻黏土	0.7
4	中黏土	0.6
5	轻壤土	0.5
6	沙壤土	0.3
7	松沙土	0.1

（四）质地构型

属概念型，无量纲指标（表5-15）。

表 5 - 15　质地构型隶属度

序号	质地构型	隶属度
1	黏底中壤	1
2	A1130 - C1	1
3	黏底中壤	0.93
4	A1125 - C1	0.9
5	A1117 - A1	0.77
6	黏身轻壤	0.7
7	黏底轻壤	0.67
8	夹壤黏土	0.64
9	夹黏轻壤	0.62
10	夹沙中壤	0.57
11	夹沙重壤	0.53
12	黏身沙壤	0.46
13	沙底中壤	0.43
14	均质轻壤	0.41
15	底沙重壤	0.4
16	黏底沙壤	0.38
17	壤身黏土	0.31
18	沙底轻壤	0.26
19	夹沙轻壤	0.23
20	壤底沙壤	0.2
21	沙身轻壤	0.13
22	均质沙壤	0.09
23	均质沙土	0.04

（五）有机质

属数值型，有量纲指标（表 5 - 16）。

表 5 - 16　有机质隶属度

序号	有机质	隶属度
1	23.3	1
2	19.3	0.9
3	16.0	0.6
4	12.0	0.4
5	9.0	0.2

（六）有效磷

属数值型，有量纲指标（表5－17）。

表5－17　有效磷隶属度

序号	有效磷	隶属度
1	25.0	1
2	21.0	0.8
3	16.0	0.6
4	12.3	0.4
5	8.7	0.2

（七）速效钾

属数值型，有量纲指标（表5－18）。

表5－18　速效钾隶属度

序号	速效钾	隶属度
1	150.0	1
2	123.3	0.9
3	100.0	0.8
4	75.0	0.5
5	59.3	0.6

第六章　耕地地力等级

本次耕地地力评价，西华县选取 7 个对耕地地力影响比较大，区域内的变异明显，与农业生产有密切关系的因素，建立评价指标体系。以 1∶5 万耕地土壤图、土地利用现状图叠加形成的图斑为评价单元，应用模糊综合评判方法对全县耕地进行评价。把西华县耕地地力划分 4 个等级。

第一节　西华县耕地地力等级

一、计算耕地地力综合指数

用指数和法来确定耕地的综合指数，模型公式如下。

$$IFI = \sum Fi * Ci \quad (i = 1, 2, 3 \cdots n)$$

式中：IFI（Integrated Fertility Index）代表耕地地力综合指数；F—第 i 个因素评语；Ci—第 i 个因素的综合权重。

具体操作过程：在县域耕地资源管理信息系统（CLRMIS）中，在"专题评价"模块中导入隶属函数模型和层次分析模型，然后选择"耕地生产潜力评价"功能进行耕地地力综合指数的计算。

二、确定最佳的耕地地力等级数目

根据综合指数的变化规律，在耕地资源管理系统中采用累积曲线分级法进行评价，根据曲线斜率的突变点（拐点）来确定等级的数目和划分综合指数的临界点，将西华县耕地地力共划分为四级，各等级耕地地力综合指数，如表 6 – 1，图 6 – 1 所示。

表 6 – 1　西华县耕地力等级综合指数

IFI	≥0.85	0.64 ~ 0.85	0.40 ~ 0.64	<0.4
耕地地力等级	一等	二等	三等	四等

三、西华县耕地地力等级

西华县耕地地力共分 4 个等级。其中，一等地 14 962.47hm²，占全县耕地面积的 17.95%；二等地 33 356.45hm²，占全县耕地面积的 40.02%；三等地 25 069.06hm²，占全县耕地面积的 30.08%；四等地 9 958.26hm²，占全县耕地面积的 11.95%（表 6 – 2，

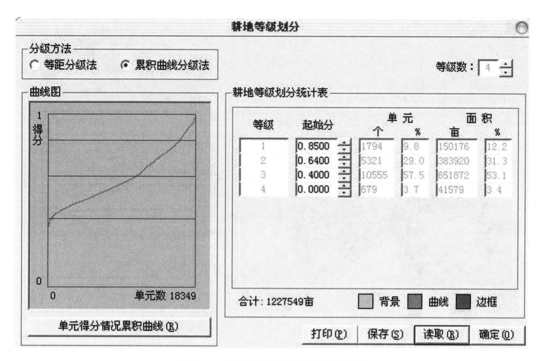

图 6 - 1 耕地地力等级分值累积曲线

图 6 - 2、图 6 - 3)。

表 6 - 2 耕地地力评价结果面积统计表

等级	1 等地	2 等地	3 等地	4 等地	总计
面积（hm²）	9 998.28	25 561.07	43 399.98	2 768.24	81 727.57
占总面积（%）	12.23	31.28	53.1	3.39	100

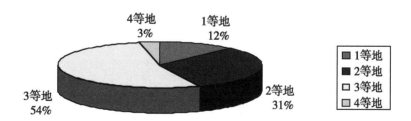

图 6 - 2 西华县耕地地力面积比例等级图

根据《全国耕地类型区、耕地地力等级划分》的标准，西华县一等地全年粮食产量水平 1 000kg/亩左右，二等地全年粮食产量水平 900 ~ 1 000kg/亩，三等地全年粮食水平 800 ~ 900kg/亩，四等地全年粮食水平 700 ~ 800kg/亩。一等、二等地可划归为国家一等地，三等地划归为国家二等地；四等地划归为国家三等地（表 6 - 3）。

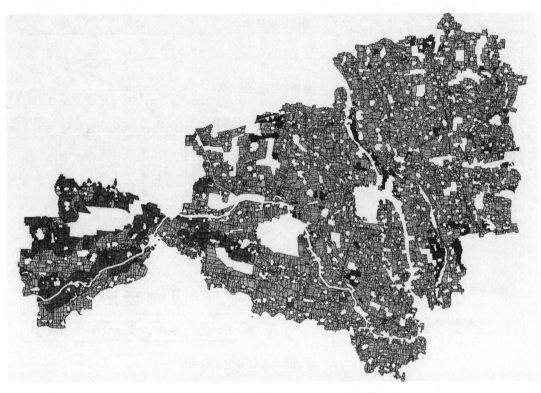

图 6 - 3　西华县耕地地力评价图

表 6 - 3　西华县耕地地力划分与全国耕地地力划分对接表

| 等级 | 西华县耕地地力等级划分 | | 等级 | 全国耕地地力划分 | |
| | 潜力性产量 | | | 概念性产量 | |
	（kg/hm²）	（kg/亩）		（kg/hm²）	（kg/亩）
1	≥14 240	≥950	1	≥13 500	≥900
2	13 500 ~ 14 240	900 ~ 950	1	≥13 500	≥900
3	12 000 ~ 13 500	800 ~ 900	2	12 000 ~ 13 500	800 ~ 900
4	10 500 ~ 12 000	700 ~ 800	3	10 500 ~ 12 000	700 ~ 800

　　西华县一等地，分布情况是：主要分布在西华县西部的奉母镇、址坊镇、逍遥镇、西夏亭镇、艾岗乡、东夏亭镇、黄土桥乡、皮营乡清、河驿乡、西华营镇、叶埠口乡镇 11 个乡镇，其余 9 个乡镇没有分布。分布面积最大的是奉母镇，为 4 230.11hm²。一等地面积千公顷以上的乡镇有逍遥镇、奉母镇、址坊镇；在百公顷以上，千公顷以下的乡镇艾岗乡、东夏亭镇、清河驿乡、西夏亭镇、叶埠口乡；黄土桥乡、皮营乡、西华营镇有零星分布。

　　二等地分布情况为：全县除城关镇外 18 个乡镇均有分布。分布面积 2 000hm² 以上的乡镇有奉母镇、李大庄乡、西夏亭镇、逍遥镇、叶埠口乡、址坊镇；分布面积 1 000 ~ 2 000hm² 的乡镇有艾岗乡、东夏亭镇、清河驿乡、西华营镇；迟营乡、大王庄乡、东王营乡、红花集镇、黄土桥乡、聂堆镇、皮营乡、田口乡分布面积数百公顷不等。

三等地全县除逍遥镇外其他18个乡镇都有分布，分布面积2 000hm²以上的有艾岗乡、迟营乡、大王庄乡、东王营乡、东夏亭镇、红花集镇、黄土桥乡、聂堆镇、皮营乡、田口乡、西华营镇11个乡镇，分布面积1 000~2 000hm²的有城关镇、清河驿乡、西夏亭镇3个乡镇，其余乡镇分布面积为数百公顷不等。

四等地全县除大王庄乡、奉母镇、清河驿乡、西夏亭镇、逍遥镇、叶埠口乡、址坊镇5个乡镇外其他14个乡镇都有分布，分布面积不足100hm²的有东夏亭镇、李大庄乡2乡镇，其余乡镇四等地分布面积为数百公顷不等（表6-4）。

表6-4 各乡镇耕地地力分级分布表　　　　　　　　　　　　（单位：hm²）

乡镇名称	1	2	3	4	总计
艾岗乡	404.51	1 928.06	2 383.95	106.14	4 822.66
城关镇			1 095.83	115.97	1 211.8
迟营乡		72.86	3 707.29	194.74	3 974.89
大王庄乡		124.73	2 796.87		2 921.6
东王营乡		33.58	2 345.76	686.57	3 065.91
东夏亭镇	400.2	1 735.92	2 130.32	15.42	4 281.86
奉母镇	4 230.11	2 102.04	161.95		6 494.1
红花集镇		159.44	6 896.18	528.52	7 584.14
黄土桥乡	37.58	273.71	3 313.71	131.48	3 756.48
李大庄乡		2 106.77	701.69	13.45	2 821.91
聂堆镇		736.41	4 676	143.17	5 555.58
皮营乡	24.46	634.92	2 832.81	290.94	3 783.13
清河驿乡	106.5	1 881.03	1 419.61		3 407.14
田口乡		9.27	3 241.67	208.27	3 459.21
西华营镇	53.78	1 765.46	3 972.53	333.57	6 125.34
西夏亭镇	978.88	3 704.24	1 253.34		5 936.46
逍遥镇	2 043.29	2 231.89			4 275.18
叶埠口乡	133.39	4 014.84	344.16		4 492.39
址坊镇	1 585.58	2 045.9	126.31		3 757.79
总计	9 998.28	25 561.07	43 399.98	2 768.24	81 727.57

四、各土种在不同等级耕地分布状况

根据西华县第二次土壤普查的土壤分类情况及当前变化趋势，结合国家现行土壤分类系统与省土种名称对接后。西华县土壤归潮土、褐土、沙姜黑土、风沙土4个土类，分潮土、潮褐土、石灰性沙姜黑土、草甸风沙土、盐化潮土5个亚类，潮褐土、覆盖石灰性沙姜黑土、固定草甸风沙土、氯化物盐化潮土、壤质潮土、沙质潮土、石灰性青黑土、石灰性沙姜黑土、黏质潮土 9 个土属，下分黏盖石灰性沙姜黑土、深位多量沙姜石灰性沙、石灰性青黑土、底沙小两合土、浅位厚沙小两合土、沙壤土、壤质潮褐土、浅位厚沙淤土、淤土、小两合土、底沙两合土、浅位沙两合土、浅位厚壤淤土、浅位沙淤土、两合土、底黏沙壤土、底沙淤土、沙质潮土、浅位黏沙壤土、固定草甸风沙土、浅位沙小两合土、氯化物轻盐化潮土、浅位黏小两合土、底壤沙壤土、底黏小两合土、浅位厚黏小两合土 26 个土种。针对这次耕地地力评价结果，各土种在不同等级耕地范围内有一定的规律性分布，也有个别的典型分布。具体情况如下。

1. 小两合土

全县小两合土 7 519.83hm²，分布情况为：除奉母镇、逍遥镇、址坊镇 3 个乡镇外，其余乡镇均有分布。位于西华县东部的西华营镇、大王庄乡两乡镇分布较集中，面积 2 486.23hm²，占全县小两合土总面积的 33.06%。其土壤质地为轻壤，质地构型为均质轻壤，土壤有机质、有效磷、速效钾含量大部分都较低。依其指标权重，评价结果为二等地、三等地。

2. 浅位厚沙小两合土

全县浅位厚沙小两合面积 7 201.82hm²。全县除逍遥镇、奉母镇、址坊镇 3 个乡镇外其他乡镇都有不同程度分布。其中，黄土桥乡分布面积最大，有 2 497.78hm²，占全县总面积的 34.68%。其他乡镇分布数百公顷不等。该土壤质地轻壤，质地构型为浅位厚沙轻壤。土壤养分较低，保肥保水性能也差。依其指数权重，评价结果全部为四等地。

3. 两合土

西华县两合土面积 5 039.73hm²，占全县耕地面积的 6.166%，除城关、东王营、奉母、红花集、址坊 5 乡镇外，其余乡镇均有分布。两合土面积在 1 000hm² 以上的乡镇只有叶埠口乡，其面积为 1 755.63hm²，占全县两合土面积的 34.84%。两合土土壤质地中壤，质地构型为均质中壤，土壤有机质、有效磷、速效钾含量中等。依照指标权重，两合土评价结果按面积大小依次为三等地、二等地、一等地。

两合土一等地面积 213.32hm²，占两合土面积的 4.23%，仅分布在东夏亭镇、清河驿乡、西夏亭镇、逍遥镇 4 个乡镇。

两合土二等地面积 4 820.26hm²，占两合土面积的 95.65%。零星分布在除城关、东王营、红花集、逍遥、址坊、奉母镇 6 个乡镇外的各乡镇。

两合土三等地面积 6.15hm²，占两合土面积的 0.12%。仅分布在西华营镇。

4. 底沙两合土

全县底沙两合土面积 566.57hm²，占全县耕地面积的 0.68%。除艾岗、城关、奉母、红花集、黄土桥乡、聂堆、田口、西夏亭、逍遥、址坊以外的 9 个乡镇都有分布，面积 100hm² 以上的乡镇只有大王庄乡。底沙两合土土壤质地中壤，质地构型为沙底中壤，土壤养分水平接近或稍低于两合土。依照指标权重，底沙两合土评价结果大部分为三等地，其次为二等地。

底沙两合土二等地面积 80.96hm²，占底沙两合土面积的 14.55%。底沙两合土二等地面积 10hm² 以上的乡镇 3 个，清河驿乡、东夏亭镇、西华营镇，面积依次是 41.56hm²、20.98hm²、16.09hm²。皮营乡有着几公顷的分布。

底沙两合土三等地面积 475.61hm²，占到底沙两合土面积的 85.45%。该土种三等地面积 100hm^2 以上的乡镇只有大王庄乡。其次都是零星分布。

5. 浅位沙两合土

浅位沙两合土面积 5 078.5hm^2，占耕地面积的 6.21%。分布在除奉母、田口、逍遥、址坊、叶埠口 5 个乡镇以外的其他各乡镇，其中，西华营镇分布面积较大，为 1 335.48hm^2，城关、李大庄、皮营 3 乡镇分布面积仅为几公顷或仅见到分布，其余乡镇分布面积为数百公顷不等。浅位沙两合土质地中壤，质地构型为夹沙中壤，保水保肥能力不如两合土和底沙两合土。一般土壤养分较两合土和底沙两合土为低，依照指标权重，评价结果依次为三等地、二等地。

浅位沙两合土三等地面积 3 719.93hm^2。占该土种面积的 73.23%，分布在除奉母、田口、逍遥、址坊、叶埠口 5 个乡镇以外的其他乡镇，面积最大的是西华营镇，达成 1 182.78hm^2，面积较小的有城关、东夏亭、李大庄、皮营、清河驿乡，面积只有数十公顷或仅见到分布，其他乡镇为数百公顷不等。

浅位沙两合土二等地面积 1 358.57hm^2，占该土种面积的 26.75%，除城关、奉母、李大庄、田口、逍遥、址坊、叶埠口 7 乡镇外，其他乡镇都有分布。东夏亭、聂堆、西华营、西夏亭 4 个乡镇每个乡镇有数百公顷，其他乡镇面积较小。

6. 底沙小两合土

浅位厚沙小两合土面积 599.46hm^2，占耕地面积的 0.734%。分布在逍遥、址坊、奉母、艾岗、东王营、清河驿、西夏亭、大王庄以外的其他乡镇。其中，李大庄乡分布 103.234hm^2，占全县浅位沙小两合土总面积的 17.22%，其他乡镇有数十公顷。底沙小两合土耕层质地轻壤，质地构型为沙底轻壤。土壤养分较低。依照指标权重，依次评价为三等地、二等地。

底沙小两合土三等地面积 588.53hm^2，占该土种面积的 98.14%。分布在城关、迟营、东夏亭、红花集、黄土桥、李大庄、聂堆、皮营、田口、西华营 10 个乡镇。面积最大的是李大庄乡，为 103.24hm^2，其他乡镇数十公顷不等。

底沙小两合土二等地面积 11.14hm^2，占该土种面积的 1.86%。只有东夏亭镇有该土分布。

7. 淤土

西华县淤土地面积 16 933.77hm^2，占耕地面积的 20.72%。淤土分布除城关镇、田口乡以外的其余 17 个乡镇，迟营乡、大王庄乡、东王营乡、红花集镇、聂堆镇、5 个乡镇面积不足 100hm^2，艾岗乡、奉母镇、李大庄乡、西夏亭镇、逍遥镇、叶埠口乡面积均在 1 000hm^2 以上。其余乡镇均在数百公顷。淤土地耕层土壤质地重，质地构型为均质重壤，土壤潜在养分和速效养分都比较高，虽然淤土地适耕性较差，但是淤土地保水保肥性能好，土壤潜在养分高，土地生产潜力大，依指标权重，以等级的面积大小依次评价为一等地、二等地。

淤土地一等地面积 7 803.01hm^2，占淤土地的 46.08%。全县 19 个乡镇除迟营乡、城关镇、东王营乡、大王庄乡、红花集镇、李大庄乡、聂堆镇、田口乡外其余 11 个乡镇一等地均有分布，面积最大的乡是奉母镇，为 2 288.6hm^2；其次是逍遥镇 1 996.04hm^2、址坊镇 1 585.58hm^2，再次是西夏亭镇、艾岗乡、东夏亭镇、叶埠口乡，面积依次为 967.8hm^2、390.84hm^2、229.15hm^2、133.39hm^2，其余 4 乡镇面积较小，只有数十公顷。

淤土地二等地面积 9 130.76hm²，占淤土地的 53.92%。全县 19 个乡镇除城关镇、逍遥镇、田口乡外其余 16 个乡镇一等地均有分布，面积最大的乡是西夏亭镇，为 3 012.51hm²；其次是叶埠口乡 2 056hm²、李大庄乡 1 463.82hm²、艾岗乡 1 136.44hm²，再次是址坊镇、西华营镇、皮营乡、东夏亭镇、黄土桥乡、清河驿乡、叶埠口乡，面积依次为 490.72hm²、265.44hm²、162.28hm²、156.48hm²、146.64hm²、109.12hm²，其余 5 乡镇面积较小，只有数十公顷或仅见有分布。

8. 浅位厚壤淤土

西华县浅位厚壤淤土面积较小，仅 943.28hm²，占全县耕地面积的 1.15%。分布在东夏亭、红花集、李大庄、聂堆、皮营、清河驿、西华营、西夏亭八个乡镇。浅位厚壤淤土耕层质地重壤，质地构型为壤身重壤。由于该种土壤心土层质地为轻壤，且心土层较厚，对保水保肥性能有一定影响，土壤潜在养分和速效养分都不如淤土。依照指标权重，评价为二等地、三等地，面积依次为 893.48hm²、49.8hm²。

9. 底沙淤土

西华县底沙淤土面积 723.86hm²，占耕地面积的 0.73%。主要分布在迟营、东王营、东夏亭、黄土桥、李大庄、皮营、清河驿、西华营 8 个乡镇。面积最大的是清河驿乡，326.2hm²，其次是东夏亭镇，114.85hm²，其余 6 乡镇面积只有数十公顷或仅见分布。底沙淤土质地轻黏和重壤，质地构型为沙底轻黏和沙底重壤。虽然剖面下部有沙层出现，但是沙层较薄，对保水保肥性能影响较小，土壤肥力中等偏高。依照指标权重，依次被定为三等地、二等地。

底沙淤土二等地面积 299.11hm²，占底沙淤土的 41.31%。主要分布在清河驿乡，在皮营乡、东夏亭镇 2 乡镇，每乡镇有数十公顷的分布，在黄土桥、西华营见到分布。

底沙淤土三等地面积 424.85hm²，占底沙淤土的 58.69%。主要分布在迟营、东王营、东夏亭、黄土桥、李大庄、皮营、清河驿、西华营 8 个乡镇。其中，清河驿乡分布面积较大，为 132.217hm²，其余乡镇分布面积数十公顷，其中，李大庄乡仅见到分布。

10. 浅位沙淤土

浅位沙淤土面积 733.73hm²，占耕地面积的 0.897%。分布在艾岗乡、东夏亭镇、奉母镇、李大庄乡、皮营、清河驿、田口、西华营、西夏亭 9 个乡镇。其中，田口乡有少量分布，其余乡镇分布有数十公顷。浅位沙淤土质地重壤，质地构型为夹沙重壤。该种土壤由于心土层有沙层出现，保肥保水性受到一定影响，潜在养分和速效养分也不如淤土。依指标权重，评价结果以面积大小依次为二等地、三等地。

浅位沙淤土二等地面积 443.96hm²，占浅位沙淤土的 60.51%。分布在西夏亭镇、东夏亭镇、艾岗乡、清河驿乡、西华营镇、皮营乡、李大庄乡、奉母镇、田口乡 9 个乡镇。面积依次是 99.57hm²、95.95hm²、56.41hm²、44.65hm²、41.51hm²、38.15hm²、37.55hm²、21.95hm²、8.22hm²。

浅位沙淤土三等地面积 289.77hm²，占浅位沙淤土的 39.49%。仅分布在艾岗乡、西华营镇、西夏亭镇、李大庄乡 4 乡镇。

11. 浅位厚沙淤土

浅位厚沙淤土面积 2 401.29hm²，占耕地面积的 4.16%。除城关、大王庄、奉母、逍遥、址坊 5 个乡镇外，其余乡镇都有分布，其中，分布面积 100hm² 以上的有东王营、东夏亭、红花集、黄土桥、聂堆、清河驿、西夏亭 7 个乡镇，余下的乡镇分布面积数十公顷不等。浅位厚沙淤土耕层土壤质地重壤，质地构型为沙身重壤，由于浅位出现大于 50cm 的沙壤层，对土壤保肥保水性能影响较大，一般土壤养分较淤土为低且变化幅度较大。依照指标权重，评价结果依面积大小依次为三等地、二等地。

浅位厚沙淤土二等地面积 127.78hm²，占浅位厚沙淤土的 3.75%。仅分布在东夏亭、清河驿 2 个乡镇。

浅位厚沙淤土三等地面积 3 273.51hm²，占浅位厚沙淤土的 96.24%。除城关、大王庄、奉母、逍遥、址坊 5 个乡镇外，其余乡镇都有分布。其中，分布面积 100hm² 以上的有东王营、东夏亭、红花集、黄土桥、聂堆、清河驿、西华营、西夏亭 8 个乡镇；分布面积不足 100hm² 的有迟营、李大庄、皮营、田口、叶埠口 5 个乡镇。

12. 壤质潮褐土

壤质潮褐土面积 5 520.84hm²，占耕地面积的 6.755%。主要分布在西部、西南南部的艾岗、奉母、西夏亭、逍遥、址坊 5 个乡镇。逍遥镇面积最大为 2 213.06hm²，其余乡镇依次为：址坊镇 1 681.49hm²、奉母镇 1 564.9hm²、艾岗乡 32.66hm²、西夏亭镇 28.73hm²。壤质潮褐土土壤质地轻壤，质地构型为均质轻壤，土壤有机质、有效磷、速效钾含量较高。评价结果以面积大小依次为二等地、三等地。

壤质潮褐土二等地面积 5 379.14hm²，占壤质潮褐土的 97.43%。分布在逍遥镇 2 213.06hm²，址坊镇 1 555.18hm²，奉母镇 1 552.41hm²，艾岗乡 32.66hm²，西夏亭镇 25.18hm²。

壤质潮褐土三等地面积 141.7hm²，占壤质潮褐土的 2.57%。分布情况为：址坊镇 126.31hm²，奉母镇 12.49hm²，西夏亭镇 2.9hm²。

13. 黏盖石灰性沙姜黑土

黏盖石灰性沙姜黑土面积较小，1 271.99hm²，占耕地的 1.56%。主要分布在西部的艾岗乡、逍遥镇、奉母镇 3 个乡镇。黏盖石灰性沙姜黑土耕层颜色黄褐，质地轻黏，质地构型为均质黏土。该种土壤由于心土层土壤质地为胶泥或轻黏或重壤，保水保肥性能较好，土壤潜在养分和速效养分都高，但是由于心土层过于紧实，且下部土壤有少量沙姜生成，对作物根系下扎有一定影响，依照指标权重，评价的结果以面积大小依次为一级地、二级地。

黏盖石灰性沙姜黑土一级地面积 1 174.99hm²，占石灰性沙姜黑土的 92.33%。分布在奉母镇、逍遥镇、艾岗乡 3 个乡镇，面积依次为 1 133.95hm²、26.77hm²、13.67hm²。

黏盖石灰性沙姜黑土二级地面积 97.6hm²，占黏盖石灰性沙姜黑土的 7.67%。分布在艾岗乡、奉母镇 2 个乡镇，面积依次为 59.57hm²、38.03hm²。

14. 深位多量沙姜石灰性沙姜黑土

深位多量沙姜石灰性沙姜黑土面积较小，807.56hm²，占耕地的 0.988%。主要分布在西部的奉母镇。深位多量沙姜石灰性沙姜黑土耕层颜色黄褐，质地轻黏，质地构型为均质黏土。该种土壤由于心土层土壤质地为胶泥或轻黏或重壤，保水保肥性能较好，土壤潜在养分和速效养分都高，但是由于心土层过于紧实，且下部土壤有少量沙姜生成，对作物根系下扎有一定影响，依照指标权重，评价的结果以面积大小依次为一级地。

15. 石灰性青黑土

石灰性青黑土面积较小，573hm²，占耕地的 0.70%。仅分布在西部的奉母镇。石灰性青黑土耕层颜色黄褐，质地轻黏，质地构型为均质黏土。该种土壤由于心土层土壤质地为胶泥或轻黏或重壤，保水保肥性能较好，土壤潜在养分和速效养分都高，但是由于心土层过于紧实，且下部土壤有少量沙姜生成，对作物根系下扎有一定影响，依照指标权重，评价的结果以面积大小依次为二级地、三等地。一等地面积 423.91hm², 二等地面积 149.46hm²。

16. 浅位厚黏小两合土

浅位厚黏小两合土面积很小，只有 141.18hm², 占耕地面积的 0.173%。分布在艾岗、东夏亭、皮营、清河驿、西华营 5 个乡镇，面积都只有数十公顷。其土壤质地为轻壤，质地构型为黏身轻壤，土壤有机质、有效磷、速效钾含量大部分都较低。保水保肥性能较好，依其指标权重，评价结果为二等地、三等地。

17. 浅位黏小两合土

浅位黏小两合土面积很小，只有 189.68hm², 占耕地面积的 0.232%。分布在艾岗、皮营、清河驿、西华营 4 个乡镇，面积都只有数十公顷。其土壤质地为轻壤，质地构型为夹黏轻壤或黏身轻壤，土壤有机质、有效磷、速效钾含量大部分都较低。保水保肥性能较好，依其指标权重，评价结果为二等地、三等地。

18. 底黏小两合土

底黏小两合土面积很小，只有 266.7hm², 占耕地面积的 0.326%。分布在艾岗、皮营、清河驿、东夏亭 4 个乡镇，其中，清河驿乡面积 147hm², 占该土种总面积的 55.1%，其他 3 个乡镇都只有数十公顷。其土壤质地为轻壤，质地构型为黏底轻壤，土壤有机质、有效磷、速效钾含量大部分都较低。保水保肥性能较好，依其指标权重，评价结果为二等地、三等地。

19. 沙质潮土

沙质潮土面积 4 097hm², 占耕地总面积的 5.013%。分布在除迟营乡、大王庄乡、奉母镇、李大庄乡、西夏亭镇、逍遥镇、叶埠口乡、址坊镇 8 个乡镇以外的其他乡镇。其中面积最大的是田口乡 1 449hm², 东王营乡、红花集镇、聂堆镇、皮营乡每乡镇有数百公顷，其他乡镇面积较小，只有数十公顷。该土种质地为沙土，质地构型为均质沙土，土壤有机质、有效磷、速效钾含量大部分都较低。保水保肥性能差，依其指标权重，评价结果为三等地、四等地。

沙质潮土三等地面积 2 286.33hm², 占该土种面积的 55.8%。主要分布在田口乡、皮营乡、东王营乡、聂堆镇、红花集镇、东夏亭镇、清河驿乡 7 个乡镇。其中，面积最大的是田口乡，1 245.31hm²。皮营乡、东王营乡、聂堆镇 3 个乡镇，每个乡镇分布有数百公顷，红花集镇、东夏亭镇、清河驿乡 3 个乡镇有数十公顷或仅有分布。

沙质潮土四等地面积 1 810.91hm², 占该土总面积的 44.20%。主要分布在田口乡、皮营乡、东王营乡、聂堆镇、红花集镇、东夏亭镇、艾岗乡、城关镇、黄土桥乡、西华营镇 10 个乡镇。其中，东王营乡、红花集镇、聂堆镇、皮营、田口乡 5 个乡镇每个乡镇有数百公顷，艾岗乡、城关镇、东夏亭镇、黄土桥乡、西华营镇 5 个乡镇只有数十公顷。

20. 沙壤土

沙壤土在西华县分布面积较大，17 682.01hm², 占耕地总面积的 21.64%。主要分布在除奉母镇、逍遥镇、址坊镇、西夏亭镇以外的其他乡镇。其中，2 000hm² 以上的乡镇有迟营乡、红花集镇、黄土桥乡、聂堆镇 4 个乡镇，2 000hm² 以下，1 000hm² 以上的有大王庄乡、东王营乡、皮营乡、田口乡 4 个乡镇，艾岗乡、城关镇、东夏亭镇、清河驿乡、西华营镇 5 个乡镇，每一个乡镇有数百公顷，李大庄乡、叶埠口乡有数十公顷。该土种质地为沙壤，质地构型为均质沙壤，土壤有机质、有效磷、速效钾含量大部分都偏低。保水保肥性能差，依其指标权重，评价结果为三等地、二等地、四等地。

沙壤土二等地面积较小，只有 188.82hm²，占该土种总面积的 1.068%。分布在聂堆镇、东夏亭镇、皮营乡、田口乡 4 个乡镇，其中，面积较大的是聂堆镇，176.71hm²，其他 3 个乡镇仅有分布。

沙壤土三等地面积较大，17 457.07hm²，占该土种总面积的 98.73%。除奉母镇、逍遥镇、址坊镇、西夏亭镇以外的其他乡镇都有分布，其中，2 000hm² 以上的乡镇有迟营乡、红花集镇、黄土桥乡、聂堆镇 4 个乡镇，2 000hm² 以下，1 000hm² 以上的有大王庄乡、东王营乡、皮营乡、田口乡 4 个乡镇，艾岗乡、城关镇、东夏亭镇、清河驿乡、西华营镇 5 个乡镇，每一个乡镇有数百公顷，李大庄乡、叶埠口乡有数十公顷。

沙壤土四等地面积较小，只有 36.12hm²，占该土种总面积的 0.2%，只在黄土桥乡有分布。

21. 底黏沙壤土

底黏沙壤土在西华县分布面积只有 646.9hm²，占耕地总面积的 0.79%。分布在艾岗乡、东夏亭镇、红花集镇、黄土桥乡、皮营乡、清河驿乡、西华营镇 7 个乡镇。其中，100hm² 以上的有清河驿乡、东夏亭镇，面积依次为 302.2hm²、120hm²；其他 5 个乡镇只有数十公顷。该土种质地为沙壤，质地构型为黏底沙壤，土壤有机质、有效磷、速效钾含量大部分都偏低。保水保肥性能较好，依其指标权重，评价结果为三等地、二等地。

22. 底壤沙壤土

底壤沙壤土在西华县分布面积只有 209.5hm²，占耕地总面积的 0.256%。主要分布在艾岗乡、迟营乡、东王营乡、东夏亭镇、皮营乡、清河驿乡 6 个乡镇，面积都只有数十公顷或仅有分布。该土种质地为沙壤，质地构型为壤底沙壤，土壤有机质、有效磷、速效钾含量大部分都偏低。保水保肥性能较好，依其指标权重，评价结果为三等地、二等地。

23. 浅位黏沙壤土

浅位黏沙壤土在西华县分布面积只有 328.4hm²，占耕地总面积的 0.402%。主要分布在东王营乡、皮营乡、清河驿乡、逍遥镇 4 个乡镇，其中，清河驿乡、东王营乡面积依次为 160.92hm²、127.54hm²。皮营乡和逍遥镇仅有分布。该土种质地为沙壤，质地构型为黏身沙壤，土壤有机质、有效磷、速效钾含量大部分都偏低。保水保肥性能较好，依其指标权重，评价结果为三等地、二等地。

24. 浅位沙小两合土

浅位沙小两合土在西华县分布面积只有 406.21hm²，占耕地总面积的 0.497%。主要分布在艾岗乡、大王庄乡、东夏亭镇、红花集镇、李大庄乡、西华营镇 6 个乡镇。其中，100hm² 以上的是西华营镇 206.12hm²、东夏亭镇 139.03hm²。其他 4 个乡镇仅数十公顷或仅有分布。该土种质地为轻壤，质地构型为夹沙轻壤或沙身轻壤，土壤有机质、有效磷、速效钾含量大部分都偏低。保水保肥性能较差，依其指标权重，评价结果为三等地（表 6-5）。

表6-5 各乡镇不同土种等级面积分布表

（单位：hm²）

乡名称 地力等级	底壤沙壤土		底沙两合土		底沙小两合土		底沙淤土		底黏沙壤土		底黏小两合土		固定草甸风沙土	
	2	3	2	3	2	3	2	3	2	3	2	3	3	4
艾岗乡		39.09								65.05	54.53	8.85		
城关镇						8.48								
迟营乡		1.86		58.89		80.04		39.77						
大王庄乡				124.77										
东王营乡		1.29		78.62				32.91					109.95	89.5
东夏亭镇	32.47	39.35	20.98	14.68	11.14	73.13	58.6	56.25	72.6	47.38	47.61			
奉母镇						81.36								
红花集镇										12.96			1.75	
黄土桥乡						90.57	2.52	44.56		54.62				
李大庄乡				17.56		103.24		1.84						
聂堆镇						42							162.54	
皮营乡		25.86	2.24	50.7		34.76	34.59	61.61	83.04		8.62		177.27	
清河驿乡	16.13	53.44	41.65	45.77			202.99	123.21	250.73	51.51	147.04			
田口乡						45.33							65.13	4.74
西华营镇			16.1	83.76		29.62	0.31	64.7		9.02				
西夏亭镇														
逍遥镇														
叶埠口乡				0.86										
址坊镇														
总计	48.6	160.89	80.96	475.61	11.14	588.53	299.01	424.85	323.33	323.58	257.8	8.85	516.64	94.24

（续表）

乡镇名称	两合土		氯化物轻盐化潮土		浅位厚壤淤土		浅位厚沙小两合土		浅位厚沙淤土		浅位厚黏小两合土		浅位沙两合土	
地力等级	1	2	2	3	2	3	3	4	2	3	2	3	2	3
艾岗乡		515.2						85.99		71.71	31.97	20.64	6.2	872.89
城关镇							66.55	26.62						17.12
迟营乡		54.2					678.95	194.74		39.75			4.72	270.22
大王庄乡		67.61					144.69						10.71	206.57
东王营乡							149.14			262.67			21.27	159.84
东夏亭镇	171.05	166.11		62.82	168.54		566.86	2.14	3.95	370.72		4.61	460.78	47.38
奉母镇														
红花集镇			6.15		39.62	6.96	2 403	94.74		671.98			47.25	268.92
黄土桥乡		23.47					230.29	71.94		215.82			97.64	33.03
李大庄乡		531.49			73.91	8.06	229.57	13.45		14.8				1.25
聂堆镇		19.32		9.21	14.55		709.05	23.65		491.48			186.86	101.04
皮营乡		244.47			15.06		57.08			73.34	2.65	32.05	37.92	37.27
清河驿乡	10.71	244.44			316.57		114.07		123.83	549.04	14.74		90	70.58
田口乡		0.13		50.62			110.38			68.05				
西华营镇		992.93		120.46	168.77	34.78	439.33	313.7		267.92	8.79	25.73	152.7	1 182.78
西夏亭镇	11.08	205.26			96.46		395.06			148.15			242.52	451.04
逍遥镇	20.48													
叶埠口乡		1 755.63					80.79			28.08				
址坊镇														
总计	213.32	4 820.26	6.15	243.11	893.48	49.8	6 374.9	826.97	127.78	3 273.5	58.15	83.03	1 358.6	3 719.93

（续表）

乡镇名称	浅位沙小两合土		浅位沙涨土		浅位黏沙壤土		浅位黏小两合土		壤质潮褐土		沙壤土			沙质潮土	
地力等级	2	3	2	3	2	3	2	3	2	3	2	3	4	3	4
艾岗乡		26.85	56.41	155.27				11.69	32.66			259.46			20.15
城关镇												552.95			89.35
迟营乡												2 434.65			
大王庄乡	0.08											1 050.11			
东王营乡					9.03	118.51						1 113.29		137.75	597.07
东夏亭镇	3.08	135.95	95.95								10.4	533.63		60.44	13.28
奉母镇			21.95						1 552.4	12.49					
红花集镇		3.98										2 870.8		66.15	433.78
黄土桥乡												2 315.11	36.12		23.42
李大庄乡		30.15	37.55	4.2								26.52			
聂堆镇											176.71	2 519.89		131.27	119.52
皮营乡			38.15		19.01	2.1	62.37	32.57			0.79	1 476.89		636.6	290.94
清河驿乡			44.65		112.43	48.49	46.77					336.72		8.81	
田口乡			8.22								0.92	1 646.88		1 245.3	203.53
西华营镇		206.12	41.51	125.94			36.28					278.91			19.87
西夏亭镇			99.57	4.36					25.83	2.9					
逍遥镇					18.83				2 213.1						
叶埠口乡												41.26			
址坊镇									1 555.2	126.31					
总计	3.08	403.13	443.96	289.77	159.3	169.1	145.42	44.26	5 379.1	141.7	188.8	17 457.1	36.12	2 286.3	1 810.91

（续表）

乡镇名称	深位多量沙姜石灰性沙姜黑土			小两合土		淤土		黏盖石灰性沙姜黑土		总计
地力等级	1	2	3	2	3	1	2	1	2	
艾岗乡				35.08	852.45	390.84	1 136.4	13.67	59.57	4 822.66
城夫镇					450.73					1 211.8
迟营乡				3.48	103.16		10.46			3 974.89
大王庄乡				35.63	1 270.65		10.78			2 921.6
东王营乡				3.18	181.79		0.1			3 065.91
东夏亭镇				427.23	117.12	229.15	156.48			4 281.86
秦母镇	807.56	423.91	149.46			2 288.6		1 134	38.03	6 494.1
红花集镇				29.55	508.28		65.74			7 584.14
黄土桥乡				3.44	329.71	37.58	43.02			3 756.48
李大庄乡					264.5		146.64			2 821.91
聂堆镇				337.76	509.52		1 463.8			5 555.58
皮营乡				6.77	51.67	24.46	1.21			3 783.13
清河驿乡				119.94	17.97	95.79	162.28			3 407.14
田口乡					9.97		109.12			3 459.21
西华营镇				82.64	1 097.31	53.78	265.44			6 125.34
西夏亭镇				22.09	251.83	967.8	3 012.5			5 936.46
逍遥镇						1 996		26.77		4 275.18
叶埠口乡				203.21	193.17	133.39	2 056			4 492.39
址坊镇						1 585.6	490.72			3 757.79
总计	807.56	423.91	149.46	1 310	6 209.83	7 803	9 130.8	1 174.4	97.6	81 727.57

第二节　一等地耕地分布与主要特性

一、面积与分布

一等地面积 9 998.28hm²，占全县耕地面积的 12.23%。主要分布在奉母镇、逍遥镇、址坊镇、西夏亭镇、艾岗乡、东夏亭镇、叶埠口乡、清河驿乡、西华营镇、黄土桥乡、皮营乡 11 个乡镇。分布面积 1 000hm² 以上的是奉母镇、逍遥镇、址坊镇，面积依次为 4 230.11hm²、2 043.29hm²、1 585.58hm²；一等地面积 500hm² 以上的还有西夏亭镇 978.88hm²；其余乡镇一等地面积多为数十公顷至数百公顷不等。

在西华县 7 个耕层质地类型中，一等地有重壤土和中壤土 2 个质地类型组成，其中，重壤土所占面积较大，为 9 785hm²，占一等地的 97.87%。重壤土一等地的分布情况决定了全县一等地的分布，所以，重壤土一等地的分布基本等同于全县一等地的分布。一等地中壤土面积 21.32hm²，占一等地的 2.13%，分布在逍遥镇、西夏亭镇、东夏亭镇、清河驿乡 4 个乡镇（表 6-6）。

表 6-6　一等地耕层各质地分布面积　　　　　　　　（单位：hm²）

乡名称	中壤土	重壤土	总计
艾岗乡		404.51	404.51
城关镇			
迟营乡			
大王庄乡			
东王营乡			
东夏亭镇	171.05	229.15	400.2
奉母镇		4 230.1	4 230.11
红花集镇			
黄土桥乡		37.58	37.58
李大庄乡			
聂堆镇			
皮营乡		24.46	24.46
清河驿乡	10.71	95.79	106.5
田口乡			
西华营镇		53.78	53.78
西夏亭镇	11.08	967.8	978.88
逍遥镇	20.48	2 022.8	2 043.29
叶埠口乡		133.39	133.39
址坊镇		1 585.6	1 585.58
总计	213.32	9 785	9 998.28

二、主要属性分析

一等地是全县最好的土壤，耕层基本为均质重壤组成，保水保肥性能好，且耕性和通透性较好；耕层土壤养分平均含量为：土壤有机质19.08g/kg，有效磷15.12mg/kg，速效钾158.39mg/kg（表6-7）。

表6-7　一等地耕层养分含量统计表

养分	有机质（g/kg）	有效磷（mg/kg）	速效钾（mg/kg）
平均值	19.08	15.12	158.39
最大值	27.60	28	245.00
最小值	14.40	7.60	61.00
标准差	1.81	3.04	27.81
变异系数	9.50	20.10	17.56

三、合理利用

一等地作为全县的粮食稳产高产田，要进一步完善排灌工程，实行节水灌溉，提高排涝能力，建设标准粮田；逐步加深耕层至25~30cm；实行秸秆还田；搞好配方施肥，防止氮肥、钾肥浪费。在保障其稳产高产的同时，应用测土配方施肥技术和综合栽培技术，增加节肥效益。保障土壤肥力稳中有升。

第三节　二等地耕地分布与主要特征

一、面积与分布

西华县二等耕地面积25 561.07hm²，占耕地的31.28%。其面积比例较大，分布较为广泛，全县除城关镇以外的18个乡镇都有分布。其中，以叶埠口乡、西夏亭镇、逍遥镇、李大庄乡、奉母镇、址坊镇面积最大，都在2 000hm²以上；1 000hm²以上的还有艾岗乡、清河驿乡、西华营镇、东夏亭镇；100hm²以上的有聂堆镇、皮营乡、黄土桥乡、红花集镇、大王庄乡；迟营乡、东王营乡、田口乡分布面积较小，每乡镇二等耕地面积为数十公顷不等。

在7个耕层质地类型中，二等耕地中有重壤土、中壤土、轻黏土、中黏土、轻壤土、沙壤土6个类型。重壤土、中壤土、轻壤土仍是二等耕地的主要类型。二等地重壤土面积9 971.33hm²，占二等地的39.01%，分布在除逍遥、城关外其他乡镇；其中，2 000hm²以上的有西夏亭镇、叶埠口乡；1 000hm²以上的还有李大庄乡、艾岗乡；100hm²以上的还有址坊镇、清河驿乡、东夏亭镇、西华营镇、皮营乡、黄土桥乡、奉母镇；红花集镇、大王庄乡、迟营乡、田口乡、聂堆镇、东王营乡只有数十公顷或仅见分布。中壤面积6 259.79hm²，占二等地的24.49%。分布在除址坊镇、奉母镇、逍遥镇、城关镇以外的其他乡镇。其中，1 000hm²以上的叶埠口乡、西华营镇；100hm²以上的还有东夏亭镇、李大庄乡、艾岗乡、西夏亭镇、清河驿乡、皮营乡、聂堆镇、黄土桥乡；大王庄乡、迟营乡、红花集镇、东王营乡只有数十公顷；田口乡仅见分布。轻壤土面积 7 164.73hm²，占二等地面积的 28.03%。其分布情况为 1 000hm² 以上的有西部的逍遥镇、址坊镇、奉母镇；100hm² 以上的还有东夏亭镇、聂堆镇、清河驿乡、叶埠口乡、艾岗乡、西华营镇；皮营乡、西夏亭镇、大王庄乡、红花集镇只有数十公顷；迟营乡、黄土桥乡、东王营乡仅见分布。二等地中轻黏土、沙壤土、中黏土面积较小（表6-8）。

表6-8　二等地耕层各质地分布面积　　　　　　　　　　（单位：hm²）

乡名称	轻黏土	中壤土	重壤土	中黏土	轻壤土	沙壤土	总计
艾岗乡		521.40	1 252.42		154.24		1 409.61
城关镇							2 070.93
迟营乡		58.92	10.46		3.48		2 529.55
大王庄乡		78.32	10.78		35.63		632.21
东王营乡		21.27	0.10		3.18	9.03	259.32
东夏亭镇	168.54	647.87	311.03	3.95	489.06	115.47	1 405.03
奉母镇	423.91		125.72		1 552.41		1 964.85
红花集镇	39.62	47.25	43.02		29.55		1 523.85
黄土桥乡		121.11	149.16		3.44		1 776.31
李大庄乡	73.91	531.49	1 501.37				2 334.84
聂堆镇	14.55	206.18	1.21		337.76	176.71	1 622.67
皮营乡	15.06	284.63	235.02		80.41	19.80	1 559.66
清河驿乡	316.57	376.09	356.76	123.83	328.49	379.29	2 976.94
田口乡		0.13	8.22			0.92	2 152.24
西华营镇	168.77	1 161.72	307.26		127.71		1 130.02
西夏亭镇	96.46	447.78	3 112.08		47.92		951.17
逍遥镇					2 213.06	18.83	542.88
叶埠口乡		1 755.63	2 056.00		203.21		259.85
址坊镇			490.72		1 555.18		2 605.8
总计	1 317.39	6 259.79	9 971.33	127.78	7 164.73	720.05	2 436.41

二、主要属性分析

二等地为重壤土、中壤土、轻黏土、轻壤土、中黏土、沙壤土6种质地类型组成，质地本身具有较好的土壤特性。若进一步对其质地构型分析，在重壤土的质地构型中，9 228.36hm² 为均质重壤，沙底重壤仅为 29 901hm²，夹沙重壤仅为 443.96hm²；在中壤土的质地构型中，黏底中壤为 4 280.26hm²、夹沙中壤为 1 358.57hm²、沙底中壤仅有 80.96hm²；在轻壤土的质地构型中均质轻壤有 6 689.14hm²，占 93.36%、其他质地构型的面积很小；

其他质地的二等地面积很小，不再一一赘述。这 3 种质地本身有着较好的土壤特性，质地构型也以均质型为主，所以，二等耕地的质地和质地构型较好，具有较好的保水保肥性能。二等耕地的土壤养分虽不及一等耕地，但是仍呈现较高水平：土壤有机质 16.18g/kg，有效磷 15.07mg/kg，速效钾 124.68mg/kg（表 6 - 9、表 6 - 10）。

表 6 - 9 二等地耕层养分含量统计表

养分	有机质（g/kg）	有效磷（mg/kg）	速效钾（mg/kg）
平均值	16.18	15.07	124.68
最大值	31.80	35.3	315.00
最小值	4.20	6.70	38.00
标准差	2.74	3.85	30.94
变异系数	16.95	25.58	24.81

表 6 - 10 二等地质地构型面积统计表

质地构型	轻壤土	轻黏土	沙壤土	中壤土	中黏土	重壤土	总计
底沙重壤						299.01	299.01
夹壤黏土		893.48					893.48
夹沙轻壤	3.08						3.08
夹沙中壤				1 358.57			1 358.57
夹沙重壤						443.96	443.96
夹黏轻壤	145.42						145.42
均质轻壤	6 689.14						6 689.14
均质沙壤			188.82				188.82
均质沙土							
均质黏土		423.91					423.91
均质重壤						9 228.36	9 228.36
壤底沙壤			48.60				48.60
壤身黏土					127.78		127.78
沙底轻壤	11.14						11.14
沙底中壤				80.96			80.96
沙身轻壤							
黏底轻壤	257.80						257.80
黏底沙壤			323.33				323.33
黏底中壤				4 820.26			4 820.26
黏身轻壤	58.15						58.15
黏身沙壤			159.30				159.30
总计	7 164.73	1 317.39	720.05	6 259.79	127.78	9 971.33	25 561.07

三、合理利用

二等地是全县粮食高产稳产重要生产区，要进一步完善水利设施建设，实现保灌，提高排涝能力，逐步加深耕层至 25 ~ 30cm；大力推广秸秆还田技术和配方施肥技术；在进一步提高粮食单产的同时，不断提升土壤肥力。

第四节　三等地耕地分布与主要特性

一、面积与分布

西华县三等地面积 4 339 998hm²，占耕地面积的 53.1%，除逍遥镇外，其他乡镇都有分布。以东北部和中部的红花集镇、聂堆镇、西华营镇、迟营乡、黄土桥乡、田口乡、皮营乡、大王庄乡、艾岗乡、东王营乡、东夏亭镇面积较大，各自都在 2 000hm² 以上。其中，红花集镇面积最大，6 896.18hm²；其次是聂堆镇 4 676hm²；面积在 1 000hm² 以上的有清河驿乡、西夏亭镇、城关镇；李大庄乡、叶埠口乡、奉母镇、址坊镇面积较小，数百公顷不等。

首先是在 7 个耕层质地类型中，三等耕地有轻壤土、轻黏土、沙壤土、松沙土、中壤土、中黏土、重壤土 7 个质地类型。在三等地的质地类型中沙壤土面积最大，为 18 627.28hm²，占三等地面积的 42.92%。沙壤土三等地主要分布在除西夏亭镇、奉母镇、逍遥镇、址坊镇以外的 16 个乡镇。2 000hm² 以上的乡镇有红花集镇、聂堆镇、迟营乡、黄土桥乡 4 个乡镇；1 000hm² 以上的乡镇有皮营乡、田口乡、东王营乡、大王庄乡 4 个乡镇；100hm² 以上的有东夏亭镇、城关镇、清河驿乡、艾岗乡、西华营镇 5 个乡镇；叶埠口乡和李大庄乡只有数十公顷，面积较小。

其次是轻壤土面积为 13 917hm²、占三等地面积的 32.07%。除逍遥镇外其他乡镇都有分布，红花集镇面积最大，为 2 996.66hm²；西华营镇、大王庄乡、聂堆镇各有 1 000 多 hm²；东夏亭镇、艾岗乡、迟营乡、黄土桥乡、西夏亭镇、李大庄乡、城关镇、东王营乡、叶埠口乡、皮营乡、田口乡、清河驿乡、址坊镇 13 个乡镇各有数百公顷，奉母镇仅有分布。

最后是中壤土，面积为 4 381.98hm²，占三等地面积的 10.09%。西华营镇面积最大为 1 393.15hm²；艾岗乡、西夏亭镇、大王庄乡、迟营乡、红花集镇、东王营乡、清河驿乡、聂堆镇、皮营乡、东夏亭镇、田口乡、黄土桥乡 12 个乡镇各有数百公顷；皮营乡、东夏亭镇、田口乡、黄土桥乡、李大庄乡、城关镇 6 个乡镇各有数十公顷；叶埠口乡仅见分布；其他 4 种质地面积较小，不再一一赘述（表 6 - 11）。

表 6 - 11　三等地耕层各质地分布面积　　　　　　　　（单位：hm²）

乡镇名称	轻壤土	轻黏土	沙壤土	松沙土	中壤土	中黏土	重壤土	总计
西华营镇	1 798.11	34.78	287.93	0	1 393.15	267.92	190.64	3 972.53
艾岗乡	920.48	0	363.6	0	872.89	71.71	155.27	2 383.95

（续表）

乡镇名称	轻壤土	轻黏土	沙壤土	松沙土	中壤土	中黏土	重壤土	总计
西夏亭镇	649.79	0	0	0	451.04	148.15	4.36	1 253.34
大王庄乡	1 415.42	0	1 050.11	0	331.34	0	0	2 796.87
迟营乡	862.15	0	2 436.51	0	329.11	39.75	39.77	3 707.29
红花集镇	2 996.66	6.96	2 885.51	66.15	268.92	671.98	0	6 896.18
东王营乡	330.93	0	1 343.04	137.75	238.46	262.67	32.91	2 345.76
清河驿乡	132.04	0	490.16	8.81	116.35	549.04	123.21	1 419.61
聂堆镇	1 260.57	0	2 682.43	131.27	110.25	491.48	0	4 676
皮营乡	208.13	0	1 765.16	636.6	87.97	73.34	61.61	2 832.81
东夏亭镇	960.49	0	620.36	60.44	62.06	370.72	56.25	2 130.32
田口乡	165.68	0	1 712.01	1 245.31	50.62	68.05	0	3 241.67
黄土桥乡	650.57	0	2 369.73	0	33.03	215.82	44.56	3 313.71
李大庄乡	627.46	8.06	26.52	0	18.81	14.8	6.04	701.69
城关镇	525.76	0	552.95	0	17.12	0	0	1 095.83
叶埠口乡	273.96		41.26		0.86	28.08		344.16
址坊镇	126.31	0	0	0	0	0	0	126.31
奉母镇	12.49	149.46	0	0	0	0	0	161.95
逍遥镇	0	0	0	0	0	0	0	0
总计	13 917	199.26	18 627.28	2 286.33	4 381.98	3 273.51	714.62	43 399.98

二、主要属性分析

在三等耕地的土壤类型中，沙壤土和轻壤土是三等耕地的主要类型，面积各为其次是中壤土、中黏土和松沙土，面积各为 4 381.98hm^2，占三等耕地的 10.09%，3 273.51hm^2，占三等耕地的 7.54%、2 286.33hm^2，占三等面积的 5.27%；重壤土和轻黏土类型的面积很小。在沙壤土类型中，均质沙壤 17 457.07hm^2，占 93.7% 是其质地构型的主要类型，在轻壤土类型中，沙身轻壤 6 437.67hm^2，占 46.26%；均质轻壤 6 351.53hm^2，占 45.64%，其他质地构型的比例很小；在中壤类型中，夹沙中壤 3 719.93hm^2，占 84.9%，其他质地构型的比例很小；在松沙土类型中只有均质沙一个构型，面积为 2 286.33hm^2；在中黏类型中只有壤身黏一质地构型，面积为 3 273.51hm^2。可见三等耕地表层质地土壤特性仅占中等，但是质地构型类型多达 20 种，相当部分质地构型欠优；虽然均质中壤占有一定面积，若均质中壤的心土层为轻壤质地，也会对土壤的优良特性有所影响。所以，三等耕地保水保肥性能和土壤养分相对，一等地、二等耕地较低。其有机质 14.52k/kg，有效磷 15.01mg/kg，速效钾 100mg/kg（表 6 - 12、表 6 - 13）。

表6－12　三等地质地构型面积统计表　　　　　（单位：hm²）

质地构型	轻壤土	轻黏土	沙壤土	松沙土	中壤土	中黏土	重壤土	总计
底沙重壤							424.85	424.85
夹壤黏土		49.80						49.80
夹沙轻壤	403.13							403.13
夹沙中壤					3 719.93			3 719.93
夹沙重壤							289.77	289.77
夹黏轻壤	44.26							44.26
均质轻壤	6 351.53							6 351.53
均质沙壤			17 457.07					17 457.07
均质沙土			516.64	2 286.33				2 802.97
均质黏土		149.46						149.46
均质重壤								
壤底沙壤			160.89					160.89
壤身黏土						3 273.51		3 273.51
沙底轻壤	588.53				180.29			768.82
沙底中壤					475.61			475.61
沙身轻壤	6 437.67							6 437.67
黏底轻壤	8.85							8.85
黏底沙壤			323.58					323.58
黏底中壤					6.15			6.15
黏身轻壤	83.03							83.03
黏身沙壤			169.10					169.10
总计	13 917.00	199.26	18 627.28	2 286.33	4 381.98	3 273.51	714.62	43 399.98

表6－13　三等地耕层养分含量统计表

养分	有机质（g/kg）	有效磷（mg/kg）	速效钾（mg/kg）
平均值	14.52	15.01	100.00
最大值	32.30	32	319.00
最小值	3.40	6.70	41.00
标准差	2.71	3.09	22.96
变异系数	18.66	20.55	22.96

三、合理利用

三等地是西华县粮食重要生产区之一。应进一步加强排灌设施建设、注重培肥地力。在耕地培肥管理中要加强秸秆还田技术应用；实行配方施肥，因地制宜开展培肥管理。对均质重壤、均质黏土、底沙重壤等类型土壤在应用秸秆还田和配方施肥的同时，逐步加深耕层至25cm以上；对部分漏水漏肥地块，以肥水管理为主导，强化秸秆还田措施和配方施肥技术应用，在提高单产的同时，实现平衡增产。

第五节　四等耕地分布与主要特性

一、面积与分布

西华县四等地面积2 768.24hm^2，占耕地的3.39%。分布在东王营乡、红花集镇、西华营镇、皮营乡、田口乡、迟营乡、聂堆镇、黄土桥乡、城关镇、艾岗乡、东夏亭镇、李大庄乡12个乡镇四等地面积500hm^{2}以上的乡镇有东王营乡和红花集镇、100hm^{2}以上的还有西华营镇、皮营乡、田口乡、迟营乡、聂堆镇、黄土桥乡、城关镇、艾岗乡7个乡镇；东夏亭镇和李大庄乡仅有十几公顷。

四等地有轻壤土、沙壤土、松沙土3种土壤类型组成。四等地轻壤土826.97hm^2，占四等地面积的29.87%，其分布情况：100hm^{2}以上的有西华营镇和迟营乡，面积分别为313.7hm^2、194.74hm^2；红花集镇、艾岗乡、黄土桥乡、城关镇、聂堆镇、李大庄乡有数十公顷，面积分别为94.74hm^2、85.99hm^2、71.94hm^2、26.62hm^2、23.65hm^2、13.45hm^2；东夏亭镇仅有零星分布（表6-14）。

表6-14　四等地耕层各质地分布面积

乡镇名称	轻壤土	沙壤土	松沙土	总计
艾岗乡	85.99		20.15	106.14
城关镇	26.62		89.35	115.97
迟营乡	194.74			194.74
大王庄乡				
东王营乡		89.50	597.07	686.57
东夏亭镇	2.14		13.28	15.42
奉母镇				
红花集镇	94.74		433.78	528.52
黄土桥乡	71.94	36.12	23.42	131.48
李大庄乡	13.45			13.45
聂堆镇	23.65		119.52	143.17
皮营乡			290.94	290.94
清河驿乡				
田口乡		4.74	203.53	208.27

（续表）

乡镇名称	轻壤土	沙壤土	松沙土	总计
西华营镇	313.70		19.87	333.57
西夏亭镇				
逍遥镇				
叶埠口乡				
址坊镇				
总计	826.97	130.36	1 810.91	2 768.24

二、主要属性分析

四等地土壤类型有 3 种耕层质地类型和 3 种质地构型，最突出的特点是耕层质地类型中松沙土面积大，占到了四等地的 65.42%；不良质地构型种类多，面积大。轻壤土中沙身轻壤占到 100%；沙壤类型中为均质沙壤和均质沙土，这两种质地构型都不好；松沙土类型中的质地构型为均质沙土。由于四等耕地耕层质地以沙土为主，质地构型中绝大多数为沙壤，虽然耕性较好，但是由于有障碍层的存在，又保水保肥性能差，土壤养分较低。其有机质 12.85g/kg，有效磷 14.94mg/kg，速效钾 82.97mg/kg（表 6-15、表 6-16）。

表 6-15　四等地质地构型面积统计表

质地构型	轻壤土	沙壤土	松沙土	总计
均质沙壤		36.12		36.12
均质沙土		94.24	1 810.91	1 905.15
沙身轻壤	826.97			826.97
总计	826.97	130.36	1 810.91	2 768.24

表 6-16　四等地耕层养分含量统计表

养分	有机质（g/kg）	有效磷（mg/kg）	速效钾（mg/kg）
平均值	12.85	14.94	82.97
最大值	17.80	23.3	149.00
最小值	5.00	8.00	49.00
标准差	2.59	3.07	16.45
变异系数	20.16	20.56	19.82

三、合理利用

四等地虽然土壤形态和土壤养分欠佳，通过加强培肥管理，仍然可以提高其土壤等级，使之成为高产田。首先应以测土配方施肥理论指导其培肥利用。以衡量监控理论指导磷肥施用；以衡量监控理论和效应函数理论指导钾肥施用；分次施用氮肥；多施有机肥；实行秸秆还田；使四等地高产生产的同时土壤肥力不断得到提高。同时，由于此类土壤中有障碍层存在，应长期坚持以机耕为主的耕作方式。耕作中不要盲目加深耕层，以保持耕深相对稳定，促进犁底层的形成。应加强排灌设施建设，通过科学运用肥水措施，进一步促进土地生产性能的改善，提高土地的生产能力。

第七章　耕地资源利用类型区

耕地地力评价实质是对地力评价因子对作物生长影响的评价。通过地力评价，划分确定耕地地力等级，找出各个地力等级的主导限制因素，划分中低产田类型和耕地资源利用类型，为耕地资源合理利用提供依据。

第一节　耕地地力评价指标空间特征分析

西华县耕地地力评价选取的评价因子有土壤质地，质地构型、灌溉保证章、排涝能力、土壤有机质、有效磷、速效钾、障碍层类型、障碍层位置、障碍层厚度 10 个评价因子。对评价因子又以土壤立地条件、土壤管理、主要土壤养分含量、障碍因素为内容，通过因子类型间、类型因子间、因子内部等级间打分，确定了因子的权重和隶属度，建立了耕地地力评价指标。由于这些评价指标在县域及各乡镇的空间分布不匀，通过其分布特征分析和评价指标在不同地力等级中比重的分析，从而为中低产田类型区划分和耕地资源利用类型区划分提供依据。

一、表层质地

耕层土壤质地对土壤养分含量，保水保肥性能、耕性、通透性等多种土壤属性都有一定影响，对作物的适应性影响较大。

西华耕层土壤质地有轻壤土、轻黏土、沙壤土、松沙土、中壤土、中黏土、重壤土 7 个质地类型。从不同土壤等级的表层质地说明，一等地有重壤土和中壤土 2 个质地类型组成，其中，重壤土所占面积较大，为 9 785hm²，占一等地的 97.87%，中壤土面积 213.32hm²、占 2.13%；二等耕地中有重壤土、中壤土、轻黏土、中黏土、轻壤土、沙壤土 6 个类型。重壤土、中壤土、轻壤土仍是二等耕地的主要类型。二等地中重壤土占二等地的 39.01%，中壤土占 24.48%、轻壤土占 28%、轻黏土占 5.15%、沙壤土占 2.82%、中黏土占 5%；三等地包括轻壤土、轻黏土、沙壤土、松沙土、中壤土、中黏土、重壤土 7 种质地类型，沙壤土占 42.92%、轻壤土占 32.07%、中壤土占 10.09%、中黏土占 7.54%、松沙土占 5.27%、重壤土占 1.65%，轻黏土占 0.46%。四等地包括轻壤土、沙壤土和松沙土 3 种质地。松沙土占 65.42%、轻壤土占 29.87%、沙壤土占 4.71%。

轻壤土、重壤土、沙壤土、中壤土是西华县的主要类型。

轻壤土是西华县的一个主要土壤类型，占到全县耕地面积的 26.81%。全县各乡镇都有分布，1 000hm² 以上的有红花集镇、西华营镇、逍遥镇、址坊镇、聂堆镇、奉母镇、东夏亭镇、大王庄乡、艾岗乡、迟营乡；黄土桥乡、西夏亭镇、李大庄乡、分布有数百公顷。大致分为 3 个区域:一是贾鲁河两岸的红花集镇、西华营镇、东夏亭镇、大王庄乡、艾岗乡、迟营乡、黄土桥乡城关镇、叶埠口乡、清河驿乡、东王营乡、皮营乡、田口乡的大部或全部;二是包括西华南部颖河南岸的叶埠口乡、李大庄乡、西夏亭镇;三是包括西南部的逍遥镇、址坊镇、奉母镇非泛区区域。中壤土评价结果为三等地和二等地为主,也有 3.77% 左右的四等地。中壤土种植以小麦、玉米为主,大豆占有一定比例,是西华县小麦、玉米、大豆为主的粮食高产区域。

重壤土类型是西华县第二大土壤类型。占到全县耕地的 25.05%,主要分布在奉母镇、西夏亭镇、叶埠口乡、址坊镇、逍遥镇、艾岗乡。主要区域为颖河以南、以西的大部区域,为西华县中、西部以小麦、玉米种植为主的粮食高产区域。重壤土评价结果以一等地、二等地为主,部分为三等地。

沙壤土是西华县第三位的土壤类型。沙壤土面积占到全县耕地面积的 23.83%。沙壤土全县除址坊镇、奉母镇、西夏亭镇以外的各乡镇都有分布,面积较大的主要分布在红花集镇、聂堆镇、迟营乡、黄土桥乡、皮营乡、田口乡、东王营乡,其余乡镇面积在数百公顷至数十公顷不等。沙壤土由于土壤质地偏沙,一般心土层质地松散,评价结果多为三等地,二等地、四等地较少。种植以小麦、玉米等粮食作物为主。

中壤土是西华县第四位的土壤类型。中壤土面积占全县耕地总面积的 13.28%。全县除址坊镇、奉母镇外其余各乡镇均有分布,在西华营镇、叶埠口乡、艾岗乡分布面积较大,在 1 000hm² 以上,其余乡镇数百公顷至数十公顷不等。评价结果多为二等地、少部分为三等地、一等地。

松沙土是西华县第五位的土壤类型。松沙土面积占全县耕地总面积的 5.01%。主要分布在田口乡、皮营乡、东王营乡、红花集镇、聂堆镇、城关镇、东夏亭镇、黄土桥乡、艾岗乡、西华营镇、清河驿乡 11 个乡镇。其中,田口乡面积最大,为 1 448.84hm²;皮营乡、东王营乡、红花集镇、聂堆镇四乡镇有数百公顷不等;城关镇、东夏亭镇、黄土桥乡、艾岗乡、西华营镇有数十公顷;清河驿乡仅有分布。松沙土质地松软,耕层养分含量低,漏水漏肥,评价结果为三等地、四等地。适宜培植林木苗圃,种植花生及一些速生蔬菜。

中黏土是西华县第六位的土壤质地类型。中黏土面积占全县耕地面积的 4.162%。分布在清河驿乡、红花集镇、聂堆镇、东夏亭镇、西华营镇、东王营乡、黄土桥乡、西夏亭镇、皮营乡、艾岗乡、田口乡、迟营乡、叶埠口乡、李大庄乡 14 个乡镇。其中清河驿乡、红花集镇、聂堆镇、东夏亭镇、西华营镇、东王营乡、黄土桥乡、西夏亭镇 8 个乡镇有数百公顷;皮营乡、艾岗乡、田口乡、迟营乡、叶埠口乡、李大庄乡 6 乡镇有数十公顷。评价结果多为三等地,少部分为二等地。中黏土质地黏重,土壤养分含量较高,作物种植以小麦、玉米为主。

轻黏土是西华县第七位的土壤质地构型。轻黏土面积占全县耕地面积的 1.86%。分布在奉母镇、清河驿乡、西华营镇、东夏亭镇、西夏亭镇、李大庄乡、红花集镇、皮营乡、聂堆镇 9 个乡镇,其中,奉母镇、清河驿乡、西华营镇、东夏亭镇 4 乡镇有数百公顷;西夏亭镇、李大庄乡、红花集镇、皮营乡、聂堆镇 5 乡镇有数十公顷。评价结果为多为二等地、少部分为三等地。轻黏土质地黏重,土壤养分含量较高,作物种植也是以小麦、玉米为主(表 7-1、表 7-2,图 7-1)。

表7-1 各地力等级表层质地

指标	1 等地		2 等地		3 等地		4 等地	
	面积 (hm^2)	比例 (%)	面积 (hm^2)	比例 (%)	面积 (hm^2)	比例 (%)	面积 (hm^2)	比例 (%)
轻壤土		0	7 164.73	0.09	13 917	0.17	826.97	0.01
轻黏土		0	1 317.39	0.02	199.26	0.00		0.00
沙壤土		0	720.05	0.01	18 627.28	0.23	130.36	0.00
松沙土		0		0.00	2 286.33	0.03	1 810.91	0.02
中壤土	213.32	0.00	6 259.79	0.08	4 381.98	0.05		0.00
中黏土		0.00	127.78	0.00	3 273.51	0.04		0.00
重壤土	9 784.96	0.12	9 971.33	0.12	714.62	0.01		0.00
总计	9 998.28	0.12	25 561.07	0.31	43 399.98	0.53	2 768.24	0.03

二、质地构型

质地构型，是指对作物生长影响较大的1m土体内出现的不同土壤质地层次、排列、厚度情况。质地构型对耕层土壤肥力有重大影响。质地构型是土壤分类中土种的划分依据。

西华县土壤有25种质地构型，对耕层土壤肥力有着不同的影响。如同是中壤，若质地构型为均质中壤，其保水保肥性能较好，耕层土壤养分较高，若均质中壤的心土层有20cm以上的重壤层，则保水保肥性能和土壤肥力更好，即群众所说的蒙金地。若质地构型为浅位出现沙层，则保水保肥性能和土壤肥力就会受到沙层的影响。

西华不同等级的质地构型为：一等地主要包括均质重壤、黏底中壤2种质地构型 。其中，均质重壤占一等地面积的97.86%；二等地包括19种质地构型，有均质重壤、均质轻壤、黏底中壤、夹沙中壤、夹壤黏土、夹沙重壤、均质黏土、黏底沙壤、底沙重壤、黏底轻壤、均质沙壤、黏身沙壤、夹黏轻壤、壤身黏土、沙底中壤、黏身轻壤、壤底沙壤、沙底轻壤、夹沙轻壤，其中，均质重壤占二等地的36.1%，均质轻壤占二等地的26.17%，黏底中壤占18.86%；其他质地构型类型占比例很小。三等地包括均质沙壤、沙身轻壤、均质轻壤、夹沙中壤、壤身黏土、均质沙土、沙底轻壤、沙底中壤、底沙重壤、夹沙轻壤、黏底沙壤、夹沙重壤、黏身沙壤、壤底沙壤、均质黏土、黏身轻壤、夹壤黏土、夹黏轻壤、黏底轻壤、黏底中壤20种质地构型，其中，均质沙壤、沙身轻壤、均质轻壤、夹沙中壤四种构型为三等地的主要质地构型，分别占三等地面积的40.22%、14.83%、14.63%、8.57%；四等地包括3 种质地构型，其主要构型有均质沙土、沙身轻壤、均质沙壤分别占四等地的68.82%、29.87%、13.05%（表7-3）。

三、灌溉保证率

灌溉保证率是指在干旱年份，对耕地实行灌溉的指标。根据西华县的实际情况，将灌溉保证率分为二级。具体划分标准为：对耕地灌溉，一年可以达到5遍或5遍以上的为灌溉保证率95%；一年可以达到4遍或4遍以上的为灌溉保证率75%；一年可以达到3遍或达不到3遍的为灌溉保证率50%。

表7-2　西华县土壤质地及地力等级分布统计表

乡名称	轻壤土			轻黏土		沙壤土			松沙土		中壤土			中黏土		重壤土		
	2	3	4	2	3	2	3	4	3	4	1	2	3	2	3	1	2	3
艾岗乡	154.24	920.48	85.99				363.6			20.15		521.4	872.89		71.71	404.51	1 252.42	155.27
城关镇		525.76	26.62				552.95			89.35			17.12					
迟营乡	3.48	862.15	194.74				2 436.51					58.92	329.11		39.75		10.46	39.77
大王庄乡	35.63	1 415.42					1 050.11					78.32	331.34				10.78	
东王营乡	3.18	330.93				9.03	1 343.04	89.5	137.75	597.07		21.27	238.46		262.67		0.1	32.91
东夏亭镇	489.06	960.49	2.14	168.54		115.5	620.36		60.44	13.28	171.05	647.87	62.06	3.95	370.72	229.15	311.03	56.25
奉母镇	1 552.41	12.49		423.91	149											4 230.11	125.72	
红花集镇	29.55	2 996.66	94.74	39.62	6.96		2 885.51		66.15	433.78		47.25	268.92		671.98		43.02	
黄土桥乡	3.44	650.57	71.94				2 369.73	36.12		23.42		121.11	33.03		215.82	37.58	149.16	44.56
李大庄乡		627.46	13.45	73.91	8.06		26.52					531.49	18.81		14.8		1 501.37	6.04
聂堆镇	337.76	1 260.57	23.65	14.55		176.7	2 682.43		131.27	119.52		206.18	110.25		491.48		1.21	
皮营乡	80.41	208.13		15.06		19.8	1 765.16		636.6	290.94		284.63	87.97		73.34	24.46	235.02	61.61
清河驿乡	328.49	132.04		316.57		379.3	490.16		8.81		10.71	376.09	116.35	123.83	549.04	95.79	356.76	123.21
田口乡		165.68				0.92	1 712.01	4.74	1 245.3	203.53		0.13	50.62		68.05		8.22	
西华营镇	127.71	1 798.11	313.7	168.77	34.8		287.93			19.87		1 161.72	1 393.15		267.92	53.78	307.26	190.64
西夏亭镇	47.92	649.79		96.46							11.08	447.78	451.04		148.15	967.8	3 112.08	4.36
逍遥镇	2 213.06					18.83					20.48					2 022.81		
叶埠口乡	203.21	273.96					41.26					1 755.63			28.08	133.39	2 056	
址坊镇	1 555.18	126.31											0.86			1 585.58	490.72	
总计	7 164.73	13 917	826.97	1 317.39	199	720.1	18 627.28	130.36	2 286.3	1 810.91	213.32	6 259.79	4 381.98	127.78	3 273.51	9 784.96	9 971.33	714.62

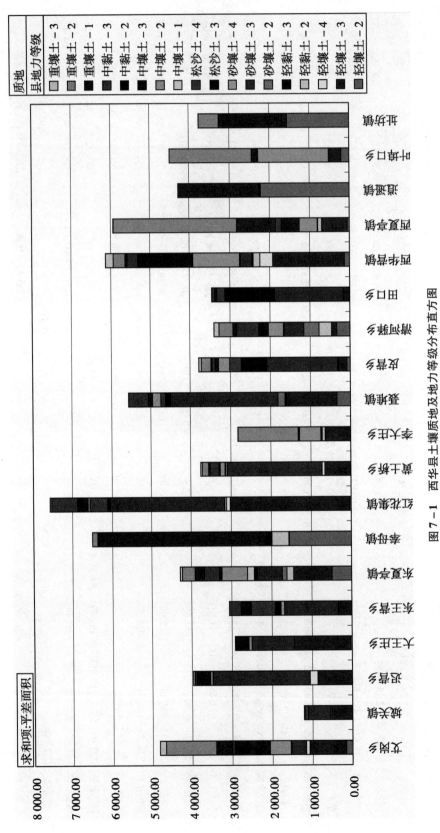

图 7-1 西华县土壤质地及地力等级分布直方图

表7-3　各地力等级质地构型

指标	1 等地		2 等地		3 等地		4 等地		总计
	面积（hm²）	比例（%）	面积（hm²）	比例（%）	面积（hm²）	比例（%）	面积 hm²	比例（%）	（hm²）
底沙重壤		0.00	299.01	1.17	424.85	0.98		0.00	723.86
夹壤黏土		0.00	893.48	3.50	49.8	0.11		0.00	943.28
夹沙轻壤		0.00	3.08	0.01	403.13	0.93		0.00	406.21
夹沙中壤		0.00	1 358.57	5.31	3 719.93	8.57		0.00	5 078.5
夹沙重壤		0.00	443.96	1.74	289.77	0.67		0.00	733.73
夹黏轻壤		0.00	145.42	0.57	44.26	0.10		0.00	189.68
均质轻壤		0.00	6 689.14	26.17	6 351.53	14.63		0.00	13 040.67
均质沙壤		0.00	188.82	0.74	17 457.07	40.22	36.12	1.30	17 682.01
均质沙土		0.00		0.00	2 802.97	6.46	1 905.15	68.82	4 708.12
均质黏土		0.00	423.91	1.66	149.46	0.34		0.00	573.37
均质重壤	9 784.96	0.98	9 228.36	36.10		0.00		0.00	19 013.32
壤底沙壤		0.00	48.6	0.19	160.89	0.37		0.00	209.49
壤身黏土		0.00	127.78	0.50	3 273.51	7.54		0.00	3 401.29
沙底轻壤		0.00	11.14	0.04	768.82	1.77		0.00	779.96
沙底中壤		0.00	80.96	0.32	475.61	1.10		0.00	556.57
沙身轻壤		0.00		0.00	6 437.67	14.83	826.97	29.87	7 264.64
黏底轻壤		0.00	257.8	1.01	8.85	0.02		0.00	266.65
黏底沙壤		0.00	323.33	1.26	323.58	0.75		0.00	646.91
黏底中壤	213.32	0.02	4 820.26	18.86	6.15	0.01		0.00	5 039.73
黏身轻壤		0.00	58.15	0.23	83.03	0.19		0.00	141.18
黏身沙壤		0.00	159.3	0.62	169.1	0.39		0.00	328.4
总计	9 998.28	12.23	25 561.07	31.28	43 399.98	53.10	2 768.24	3.39	81 727.57
底沙重壤		0.00	299.01	1.17	424.85	0.98		0.00	723.86

　　西华县灌溉保证率95%以上面积较大的乡镇有奉母镇、逍遥镇、西夏亭镇；其他乡镇灌溉保证率以75%的面积较大（表7-4）。

四、排涝能力

　　排涝能力指若干年一遇的涝灾排除能力。西华县耕地排涝能力分3年一遇、5年一遇、10年一遇3种类型。土地排涝能达3年一遇的区域主要局限在艾岗乡的部分低平洼地，土地排涝能力达10年一遇面积较大的乡镇有奉母镇、逍遥镇、址坊镇、西夏亭镇；土地排涝能力达5年一遇的乡镇多、面积大，包括了16个乡镇，面积占到全县耕地面积的61.9%（表7-5）。

表 7-4　各地力等级灌溉保证率　　　　　　（单位：hm²）

乡镇名称	灌溉保证率	一等地		二等地		三等地		四等地	
		面积	比例（%）	面积	比例（%）	面积	比例（%）	面积	比例（%）
艾岗乡	75	1.22	0.01	951.5	3.72	2 383.95	5.49	106.14	3.83
	95	403.29	4.03	976.56	3.82		0.00		0.00
城关镇	75		0.00		0.00	1 095.83	2.52	115.97	4.19
迟营乡	75		0.00	72.86	0.29	3 707.29	8.54	194.74	7.03
大王庄乡	75		0.00	124.73	0.49	2 780.14	6.41		0.00
	50		0.00		0.00	16.73	0.04		0.00
东王营乡	50			33.58	0.13	2 345.76	5.40	686.57	24.80
东夏亭镇	75	400.2	4.00	1 508.78	5.90	1 637.57	3.77	13.28	0.48
	50		0.00	205.14	0.80	400.69	0.92	2.14	0.08
	95		0.00	22	0.09	92.06	0.21		0.00
奉母镇	50	160.15	1.60	253.49	0.99	12.49	0.03		0.00
	95	4 069.96	40.71	1 848.55	7.23	149.46	0.34		0.00
红花集镇	75		0.00	151.03	0.59	5 974.2	13.77	528.52	19.09
	95		0.00	8.41	0.03	921.98	2.12		0.00
黄土桥乡	75	37.58	0.38	272.42	1.07	3 313.71	7.64	131.48	4.75
	50		0.00	1.26	0.00		0.00		0.00
	95		0.00	0.03	0.00		0.00		0.00
李大庄乡	75		0.00	198.75	0.78	549.93	1.27	13.45	0.49
	50		0.00	1 908.02	7.46	151.76	0.35		0.00
聂堆镇	75		0.00	235	0.92	1 518.39	3.50	98.19	3.55
	50		0.00	500.49	1.96	3 130.26	7.21	44.98	1.62
	95		0.00	0.92	0.00	27.35	0.06		0.00
皮营乡	75		0.00	11.84	0.05	441.23	1.02	49.34	1.78
	50	24.46	0.24	523.43	2.05	2 070.17	4.77	241.6	8.73
	95		0.00	99.65	0.39	321.41	0.74		0.00
清河驿乡	75	106.27	1.06	1 372.5	5.37	881.46	2.03		0.00
	50	0.23	0.00	211.5	0.83	263.99	0.61		0.00
	95		0.00	297.03	1.16	274.16	0.63		0.00
田口乡	75		0.00	0.71	0.00	1 670.4	3.85	188.46	6.81
	95		0.00	8.56	0.03	1 571.27	3.62	19.81	0.72

表7-5　各地力等级排涝能力　　　　　　　　　（单位：hm²）

乡名称	排涝能力	一等地		二等地		三等地		四等地	
		面积	比例（%）	面积	比例（%）	面积	比例（%）	面积	比例（%）
艾岗乡	5	1.22	0.01	122.82	0.48		0.00		0.00
	3		0.00	828.68	3.24	2 383.95	5.49	106.14	3.83
	10	403.29	4.03	976.56	3.82		0.00		0.00
城关镇	5		0.00		0.00	1 095.83	2.52	115.97	4.19
艾岗乡	5		0.00	44.51	0.17	3 249.46	7.49	194.74	7.03
	3		0.00	28.35	0.11	11.45	0.03		0.00
	10		0.00		0.00	446.38	1.03		0.00
大王庄乡	5		0.00	124.73	0.49	2 796.87	6.44		0.00
东王营乡	5		0.00	20.3	0.08	1 482.56	3.42	680.96	24.60
	3		0.00	13.28	0.05	863.2	1.99	5.61	0.20
东夏亭镇	5	400.2	4.00	1 713.92	6.71	2 038.26	4.70	15.42	0.56
	10		0.00	22	0.09	92.06	0.21		0.00
奉母镇	10	4 230.11	42.31	2 102.04	8.22	161.95	0.37		0.00
红花集镇	5		0.00	108.01	0.42	5 733.3	13.21	438.19	15.83
	3		0.00	43.02	0.17	231.19	0.53	90.33	3.26
	10		0.00	8.41	0.03	931.69	2.15		0.00
黄土桥乡	5		0.00	13.8	0.05	3 115.06	7.18	131.48	4.75
	3	37.58	0.38	259.88	1.02	195.75	0.45		0.00
	10		0.00	0.03	0.00	2.9	0.01		0.00
李大庄乡	5		0.00	2106.77	8.24	701.69	1.62	13.45	0.49
聂堆镇	5		0.00	736.41	2.88	4 653.74	10.72	143.17	5.17
	10		0.00		0.00	22.26	0.05		0.00
皮营乡	5	24.46	0.24	400.53	1.57	2 318.53	5.34	244.83	8.84
	3		0.00	134.21	0.53	181.49	0.42	46.11	1.67
	10		0.00	100.18	0.39	332.79	0.77		0.00
清河驿乡	5	106.5	1.07	1 380.34	5.40	880.12	2.03		0.00
	3		0.00	190.24	0.74	264.14	0.61		0.00
	10		0.00	310.45	1.21	275.35	0.63		0.00
田口乡	5		0.00	0.58	0.00	1 715.21	3.95	188.46	6.81
	10		0.00	8.69	0.03	1 526.46	3.52	19.81	0.72

（续表）

乡名称	排涝能力	一等地		二等地		三等地		四等地	
		面积	比例（%）	面积	比例（%）	面积	比例（%）	面积	比例（%）
西华营镇	5	53.78	0.54	1 765.46	6.91	3970.44	9.15	333.57	12.05
	10		0.00		0.00	2.09	0.00		0.00
西夏亭镇	5	485.48	4.86	1 959.42	7.67	509.53	1.17		0.00
	3		0.00	184.47	0.72	353.53	0.81		0.00
	10	493.4	4.93	1 560.35	6.10	390.28	0.90		0.00
逍遥镇	10	2 043.29	20.44	2 231.89	8.73		0.00		0.00
叶埠口乡	5	14.94	0.15	2 188.27	8.56	63.92	0.15		0.00
	3	80.55	0.81	401.61	1.57	14.06	0.03		0.00
	10	37.9	0.38	1 424.96	5.57	266.18	0.61		0.00

五、有机质

土壤有机质代表土壤基本地力，也与土壤氮素含量呈正相关关系。有机质含量的多少，和同等管理水平的作物产量显示明显的正相关关系，即有机质含量越高，单位面积产量越高。本次耕地地力评价结果为：西华县一等地土壤有机质含量为 19.08g/kg，二等地土壤有机质含量为 16.18g/kg，三等地土壤有机质含量为 14.52g/kg，四等地土壤有机质含量为 12.85g/kg。在其分布方面也有相应的规律性；土壤有机质含量大于 16g/kg 的，主要分布在重壤土、中壤土和轻黏土的一等地、二等地、三等地范围之内，为西华县粮食生产的高产区域和主产区域；四等地土壤质地较轻或质地构型不良，有机质含量较低，含量多在 15g/kg 以下，为西华县小麦、玉米、大豆多种作物的生产区域（表7-6）。

表7-6 各地力等级有机质含量

等级	1 等地	2 等地	3 等地	4 等地	平均
平均值	19.08	16.18	14.52	12.85	15.39
最大值	27.6	31.8	32.3	17.8	32.3
最小值	14.4	4.2	3.4	5	3.4
标准差	1.81	2.74	2.71	2.59	3.03
变异系数	6.57	8.63	8.39	14.56	9.37

六、有效磷

磷是作物生长所需的大量营养元素之一。磷可以促进作物根系的发育，也可促进作物对氮的吸收。西华县土壤有效磷含量在不同等级耕地上有一定差异。一等地为 15.12mg/kg，二等地为15.07mg/kg，三等地为15.01mg/kg，四等地为14.94mg/kg。土壤有效磷含量还与土壤质地出现一定相关性，即土壤质地重，有效磷含量高；质地轻，有效磷含量低（表7-7）。

表7-7　各地力等级有效磷含量

等级	1等地	2等地	3等地	4等地	平均
平均值	15.12	15.07	15.01	14.94	15.04
最大值	28.00	35.30	32.00	23.30	35.30
最小值	7.60	6.70	6.70	8.00	6.70
标准差	3.04	3.85	3.09	3.07	3.32
变异系数	20.10	25.58	20.55	20.56	22.09

七、速效钾

第二次土壤普查曾得到土壤富钾的评价。随着农业生产的发展和粮食产量的提高，土壤速效钾被作物大量带走，钾肥的施用入不敷出，致使土壤速效钾含量下降。将目前土壤速效钾含量于第二次土壤普查时土壤速效钾含量相对照，土壤速效钾含量平均下降了29.41mg/kg。目前西华县土壤速效钾含量处于全国中等水平，土壤速效钾的下降成为西华县农业生产面临的一个新的问题。

西华县土壤速效钾含量在不同地力等级上表现不同，一等地为158.39mg/kg，二等地为124.68mg/kg，三等地为100.00mg/kg，四等地为82.97mg/kg。在不同土壤质地方面表现为土壤质地重速效钾含量高，土壤质地轻速效钾含量一般较低（表7-8）。

表7-8　各地力等级速效钾含量

等级	1等地	2等地	3等地	4等地	平均
平均值	158.39	124.68	100.00	82.97	112.24
最大值	245.00	315.00	319.00	149.00	319.00
最小值	61.00	38.00	41.00	49.00	38.00
标准差	27.81	30.94	22.96	16.45	32.20
变异系数	17.56	24.81	22.96	19.82	28.69

第二节　耕地地力资源利用类型区

一、耕地资源类型区划分原则

在对耕地地力评价过程中，通过因子评价，确定了地力等级，又在明确地力因子和地力等级分布的基础上划分了耕地资源类型区，找到不同资源类型区影响土壤肥力的障碍性问题，使耕地改良、培肥、利用有了针对性和方向性。耕地资源类型区划分的原则如下。

（1）土壤类型及质地构型的相似性。在耕地地力因子中，土壤类型和质地构型权重较高，是决定土壤肥力的主要因子，相似与否，对土壤特性影响较大。往往表现出土壤类型相似，质地构型相似，土壤特性也相似。

（2）存在问题和生产特点的一致性。耕地存在问题相同往往表现为生产特点相一致。如重壤土和黏土湿时黏着、平时坚硬，养分含量高，发老苗不发小苗的特点。浅位沙构型的土壤因保水保肥性能差，土壤养分较低的特点都是因存在问题相同表现的生产特点相同。

（3）改良方向和培肥措施相似性。改良方向和培肥措施的相对性是存在问题和生产特点一致性的延伸，因存在问题一致，造成生产特点一致，致使改良培肥措施一致。

（4）评价结果的接近性。因评价结果由组成耕地地力因子的权重、隶属度积分而来。评价结果接近说明耕地的生产水平和生产性能接近。

（5）地理位置区域性。只有明确资源类型区域，才能便于采取针对性措施，也便于耕地改良和培肥的组织指导。

（6）资源类型面积比例优势性。因影响耕地资源类型的因素并非一种，特别是土壤质地构型和耕层质地分布错综复杂，按照区域性原则，资源类型区划分在确保该区资源类型面积比例优势性的前提下，允许了与该区资源类型相近的其他资源类型出现。

二、耕地资源类型区

（一）轻型质地培肥区

轻型质地培肥区分为东北部轻型质地培肥区和西南部轻型质地培肥区。

1. 东北、中部、东南部轻型质地培肥区

包括红花集镇、黄土桥乡、田口乡、聂堆镇、城关镇、大王庄乡、东王营乡、迟营乡的全部，西华营乡、清河驿乡、皮营乡、东夏亭镇的部分区域，即贾鲁河北段的沙壤土、松沙土和轻壤土类型，面积 37 275.03hm²。

2. 西南部轻型质地培肥区

包括李大庄的颍河北部区域、叶埠口的东部镇的中部和西夏亭镇的东南部、艾岗乡的颍河东部区域，面积 3 428.03hm²。

轻型质地培肥区总面积 40 703.06hm²。占全县耕地面积的 49.8%。由于该类型区土壤质地较轻，加之质地构型均质轻壤、沙身轻壤、沙身中壤等不良构型较多，面积较大，心土层沙层较厚，土壤保水保肥性能较差，使得耕层土壤瘠薄。因此，心土层质地较轻，水肥保持性能差是轻型质地培肥区土壤的主要障碍。

（二）重壤改良培肥提升区

重壤改良培肥提升类型区分为两个区域。

1. 西南部重壤改良培肥提升区

该区位于西华县西南部，南至沙河以北，北至颍河以南的夹河套地区的李大庄乡、叶埠口乡的颍河南岸。面积 3 821.65hm²。

2. 西部颍河以西重壤改良培肥提升区

该区位于颍河境内上北岸和西岸，主要包括艾岗颍河西、逍遥颍河北、西夏亭颍河南、奉母鸡爪沟两岸、址坊颍河北部的区域，面积 15 241.07hm²。

三、中低产田面积及分布

这次耕地地力评价结果，西华县将耕地划分为 4 个等级，其中，一等地、二等地为高产田，耕地面积 46 168.22hm²，占全县总耕地面积的 56.49%；三等地为中产田，面积 43 399.98hm²，占全县总耕地面积的 53.1%；四等地为低产田，面积 2 768.24hm²，占全县总耕地面积的 3.39%。

按照这个级别划分，西华县中低产田面积合计为 46 168.22hm²。其中，中产田面积 43 399.98hm²，占中低产田总面积的 94%；低产田面积 2 768.24hm²，占中低产田总面积的 5.96%。

西华县的中低产田分布情况为：全县除逍遥镇外其他各乡镇都有分布，面积较大，分布较为集中的区域有城关的全部，红花集镇、聂堆镇、西华营镇、迟营乡、田口乡、黄土桥乡、皮营乡、东王营乡、大王庄乡、艾岗乡、东夏亭镇的大部分；清河驿乡、西夏亭镇、城关镇、李大庄乡、叶埠口乡、奉母镇、址坊镇的较小部分。就乡镇分布面积而言，以红花集镇面积最大、在 7 000hm² 以上；其次为聂堆镇、西华营镇，面积在 4 000hm² 以上；再次为迟营乡、田口乡、黄土桥乡、皮营乡、东王营乡五乡镇，面积在 3 000hm² 以上；最后为大王庄乡、艾岗乡、东夏亭镇，每乡镇中低产田面积在 2 000hm² 以上；中低产面积在 1 000hm² 以上的乡镇还有清河驿乡、西夏亭镇、城关镇；李大庄乡、叶埠口乡、奉母镇、址坊镇的中低产田面积较小，分别为 715.4hm²、344.16hm²、161.95hm²、126.31hm²。

全县低产田面积分布等同于四等地的分布。由于西华县受 1938 年黄河泛滥、冲积的影响，土壤质地和质地构型种类较多、分布复杂，四等地虽然面积不大，但是分布不集中，东王营乡、红花集镇、西华营镇、皮营乡、田口乡、迟营乡、聂堆镇、黄土桥乡、城关镇、艾岗乡、东夏亭镇、李大庄乡 12 个乡镇都有分布，且面积多在数百公顷不等，其中，东夏亭镇、李大庄乡面积较小，只有十多公顷（表 7-9，图 7-2）。

表 7-9　各乡（镇）中低产田面积比例表

乡镇名称	中产田面积（hm²）	占本乡镇比例（%）	低产田面积（hm²）	占本乡镇比例（%）	中低产田面积（hm²）	占本乡镇比例（%）
艾岗乡	2 383.95	49.43	106.14	2.20	2 490.09	51.63
城关镇	1 095.83	90.43	115.97	9.57	1 211.8	100.00
迟营乡	3 707.29	93.27	194.74	4.90	3 902.03	98.17
大王庄乡	2 796.87	95.73		0.00	2796.87	95.73
东王营乡	2 345.76	76.51	686.57	22.39	3 032.33	98.90
东夏亭镇	2 130.32	49.75	15.42	0.36	2 145.74	50.11
奉母镇	161.95	2.49		0.00	161.95	2.49
红花集镇	6 896.18	90.93	528.52	6.97	7 424.7	97.90
黄土桥乡	3 313.71	88.21	131.48	3.50	3 445.19	91.71
李大庄乡	701.69	24.87	13.45	0.48	715.14	25.34

（续表）

乡镇名称	中产田面积（hm²）	占本乡镇比例（%）	低产田面积（hm²）	占本乡镇比例（%）	中低产田面积（hm²）	占本乡镇比例（%）
聂堆镇	4 676	84.17	143.17	2.58	4819.17	86.74
皮营乡	2 832.81	74.88	290.94	7.69	3 123.75	82.57
清河驿乡	1 419.61	41.67		0.00	1 419.61	41.67
田口乡	3 241.67	93.71	208.27	6.02	3 449.94	99.73
西华营镇	3 972.53	64.85	333.57	5.45	4 306.1	70.30
西夏亭镇	1 253.34	21.11		0.00	1 253.34	21.11
叶埠口乡	344.16	7.66		0.00	344.16	7.66
址坊镇	126.31	3.36		0.00	126.31	3.36
总计	43 399.98	53.10	2 768.24	3.39	46 168.22	56.49

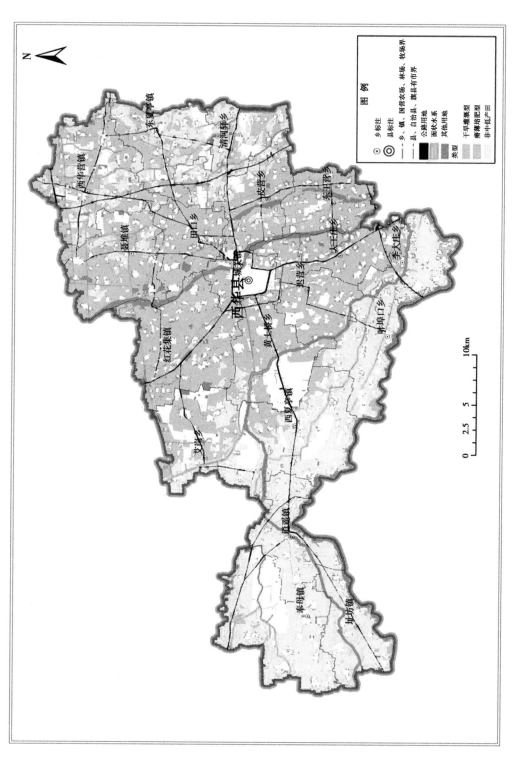

图 7 - 2　西华县中低产田改良类型

第八章　耕地资源合理利用的对策与建议

通过这次耕地地力评价，摸清了全县耕地地力状况和质量水平，初步查清了西华县耕地管理和利用等方面存在的问题。为了将耕地地力评价成果及时应用于指导农业生产，有针对性地解决当前农业生产中存在的问题，现从耕地地力改良利用、耕地资源合理配置与种植业结构优化调整、科学施肥、耕地质量管理等方面提出对策与建议。

第一节　耕地地力建设与土壤改良利用

一、耕地利用现状

西华县是典型的平原农业县，盛产小麦、玉米、大豆、花生、辣椒、瓜果、蔬菜等作物，总耕地面积 81 727.57hm²，常年农作物播种面积 155 980hm²，其中，粮食作物播种面积 106 400hm²，油料 8 500hm²，蔬菜 3 200hm²，其他 86 100hm²。2009 年产量情况为：粮食总产 79 700t，油料总产 95 200t，蔬菜总产 75 000t。在粮食作物中，小麦总产 51 200t，玉米总产 28 500t。单产分别为公顷 7 689kg、7 125kg。

二、耕地地力建设与改良利用

耕地地力评价的目的是通过评价，找出影响耕地质量的因子，通过有针对性的加强、修正或改良这些因子，实现耕地质量的提高。因此，耕地地力建设与改良利用围绕耕地资源类型区建设改良和中低产田的改良，针对土壤立地条件和土壤管理，以提高土壤肥力，促进质地构型的良性改变，强化土壤管理为主要措施，提出耕地地力建设与改良利用的意见与建议。

（一）耕地资源类型区改良

1. 轻型质地培肥区

包括东北部、中部、东南部轻型质地培肥区和西南部轻型质地培肥区。

该类型区的特征特性为：耕层质地轻，多为沙壤、轻壤，沙土、松沙土、少部分中壤，质地构型多为沙身型和夹沙型，部分为底沙型，均质型多为均质轻壤、均质沙壤、均质沙土类型，土壤速效养分和潜在养分均较低，主要障碍因素是心土层土壤质地较轻，保水保肥性能差。改良措施如下。

（1）实行秸秆还田。秸秆还田应规范技术措施，强化措施落实，在小麦实行高留茬的基础上，实行麦秸、麦糠就地覆盖还田，实行玉米秸秆就地粉碎还田。每年秸秆还田量不少于 80%，坚持长期实行秸秆还田。

（2）施用有机肥。每公顷每年施用优质有机肥 30 000 ~ 45 000kg，连续 3 年以上。

（3）保持耕层相对稳定，注意营造犁底层。耕层厚度为 20 ~ 25cm 为宜。提倡实行翻耕。

（4）加强田间灌溉工程建设。田间灌溉工程建设标准达到井灌年保灌 6 次以上。

（5）配方施肥。在秸秆还田和施用有机肥的基础上，科学施用氮肥，注意施用磷、钾肥。在施肥方法上应针对土壤保肥保水能力差的特点，根据肥料特性，作物需肥规律，采取少量多次的施肥方法，减少养分流失。

（6）种植适宜品种。以小麦、玉米为例，除选择具有一般品种具备的特性外，注意选择生育期适宜、抗旱性较好，灌浆快，熟相好的品种种植，利用作物的高产稳产特性提高单位面积产量。

2. 重壤改良培肥提升区

包括西部颍河以西重壤改良培肥提升区和西南部重壤改良培肥提升区。重壤改良培肥提升区土壤的特征特性为：耕层土壤质地黏重，质地构型多以均质重壤为主，有一定的沙底重壤、均质黏土、沙底黏土，其心土层土壤质地多为重壤或轻黏。该类型土壤速效养分和潜在养分含量都较高，其潜在生产能力有较大的提升空间，生产潜力大，但是生产性能较差：耕性不良，耕作阻力大，使得耕层普遍过浅；心土层土壤质地过于黏重，对水分上下移动有一定影响，耕层土壤易缺水干裂，容易发生干旱，也容易形成涝灾。所以，土壤耕层过浅和易旱易涝是该类型土壤地力提升的主要障碍因子。改良措施如下。

（1）实行秸秆还田。通过增加耕层土壤有机质，促进耕层土壤团粒结构的形成，改善耕层土壤的水、肥、气、热状况。秸秆还田，应在小麦高留茬 15 ~ 20cm 的基础上，实行麦秸、麦糠就地覆盖还田和玉米秸秆就地粉碎还田。秸秆还田时，单位面积的秸秆还田量应不少于80%，秸秆还田连续 5 年以上。

（2）加深耕层。通过加深耕层，增强土壤的蓄水保水能力，扩大作物根系活动范围，增强作物对水肥的吸收。加深耕层应采取逐渐加深的方法，每年耕深增加 3 ~ 5cm，直至耕深至 25 ~ 30cm。

（3）增施有机肥。每公顷每年施用优质有机肥 30 000 ~ 45 000kg，连续 3 ~ 5 年。

（4）加强灌排工程建设。田间排水工程要做到干渠、支渠、毛渠、斗渠相互配套，达到 10 年一遇的排涝能力；田间灌溉工程建设达到年浇灌 5 次以上。

（5）配方施肥。在实行秸秆还田和增施有机肥的基础上，实行化学肥料的配方施肥。配方施肥应科学施用氮肥，合理施用磷肥，准确施用钾肥。通过增产、节肥实现增产增效和节肥增效。

3. 壤土类型改良培肥提升区

壤土类型改良培肥提升区，土壤类型以中壤为主，兼有重壤及少量轻壤类型，质地构型以均质为主，兼有沙底型、沙身型。其特征特性为：土壤耕性较好，养分含量一般，保水保肥性能总体水平一般，部分土壤保水保肥性能较差，土壤养分和质地构型深次不齐，差异过大。因此，部分土壤质地构型不良，土壤养分水平差异大是该类型土壤地力提升的主要障碍因子。主要改良措施为：

（1）全面增施有机肥。每公顷年施有机肥 30 000 ~ 45 000kg，坚持连续施用 5 年以上，或长期施用。

（2）增加测土配方施肥覆盖率。针对土壤养分和质地构型参差不齐和水平差异大，采取缩小取样单元，缩短取土间隔年限，以提高施肥的准确性和针对性。

（3）实行秸秆还田。秸秆还田在小麦高留茬的基础上，单位面积小麦、玉米秸秆还田量确保80%以上。秸秆还田连续5年以上。

（4）因地制宜加深耕层。对重壤类型中的均质型、沙底型和中壤类型中的均质型、沙底型采用逐年加深耕层的方法，耕层加深到25～30cm。

（5）加强灌排工程建设。灌溉工程以井灌为主，达到年保灌溉5次以上。排水工程应干、支、毛、斗渠相配套，达到10年一遇的排涝能力。

（二）中低产田改良

改造中低产田，摸清中低产田的低产原因，分析障碍因素，抓住主要矛盾，因地制宜采取改良措施。根据中华人民共和国农业行业标准NY/T 310—1996，结合耕地土壤的具体情况，西华的中低产田存在的主要障碍类型有为瘠薄培肥型、障碍层次型。

1. 瘠薄培肥型

瘠薄培肥型耕地是西华中低产田的主要类型之一。瘠薄培肥型中低产田面积38 301.33hm²，占全县中低产田面积的82.96%。瘠薄培肥型中低产田主要分布在沙壤土、小两合土、浅位厚沙小两合土、淤土、浅位沙两合土、两合土、沙质潮土、浅位厚沙淤土、浅位沙淤土、底沙小两合土10个土种中，其中，沙壤土占30.52%、小两合土占13.87%、浅位厚沙小两合土占12.88%、淤土占12.32%、浅位沙两合土占7.92%、两合土占6.62%、沙质潮土占4.1%、浅位厚沙淤土占3.71%、浅位沙淤土占1.39%、底沙小两合土1.03%，其余土种合计面积比例不足1%。

瘠薄型中低产田除逍遥镇外的18个乡镇都有分布，以红花集镇分布面积最大，为6 410.25hm²；西华营镇次之，为4 742.44hm²；分布面积在2 000hm²以上的乡镇还有：艾岗乡、迟营乡、黄土桥乡、李大庄乡、大王庄乡、西夏亭镇；分布面积1 000hm²以上的乡镇有皮营乡、东王营乡、田口乡3个乡镇；其他乡镇瘠薄培肥型中低产田的面积在100hm²至数百公顷不等。县域东北部、中部、东南部中低产田分布密度较大。

瘠薄培肥型中低产田虽然与土壤质地和质地构型有关，但是与土壤管理和施肥的关系更大。从沙壤土、小两合土、浅位厚沙小两合土、淤土、浅位沙两合土、两合土、沙质潮土等土壤类型在中低产田中所占比例可以看出，一部分瘠薄型中低产田长期疏于培肥，疏于管理，有机肥投入不足，施肥不平衡、不合理是形成土壤瘠薄的重要原因。其改良培肥措施如下。

（1）实行秸秆还田。秸秆还田是提高土壤有机质含量，改善土壤结构，培肥土壤，提高养分利用率的主要措施。秸秆还田在小麦高留茬的基础上，以麦秸、麦糠覆盖还田、麦秸麦糠堆沤还田、玉米秸秆粉碎就地还田等方法，确保单位面积秸秆还田量在80%以上。秸秆还田连续5年以上。

（2）因地制宜，改进耕作措施，改善耕层理化性状。在瘠薄型中低产类型中，淤土、两合土、底沙淤土、壤质潮褐土、黏盖石灰性沙姜黑土的心土层质地多为重壤、黏土，可以通过逐年加深耕层的方法，促进土壤理化性状的改善；对个别浅位沙型和轻壤类型土壤，一般需保持耕深20～25cm。

（3）测土配方施肥。通过测土配方施肥保证土壤养分协调、平衡、提高。

（4）增施有机肥。有机肥每公顷年施用量 30 000 ~ 45 000kg，连续 5 年以上。

（5）加强农田基本建设。提高土地的灌溉排涝能力，用井水灌溉保证率达到年浇 5 遍以上；排涝能力达到干、支、斗、毛渠相配套，标准达到 5 年一遇。

2. 障碍层次型

障碍层次型土壤是西华中低产田的又一大土壤类型。障碍层次型中低产田面积 13 346.75hm²，占中低产田面积的 28.90%。障碍层次型中低产田的质地构型特征较为特别，在涉及的底沙两合土、底沙小两合土、底沙淤土、浅位厚沙小两合土、浅位沙两合土、浅位沙小两合土、浅位沙淤土 7 个土种中，沙身型面积较大，占 54.43% 分别，夹沙型占 33.06%，沙底型占 12.51%。

障碍层次型中低产田在红花集镇、西华营镇、迟营乡、艾岗乡、东夏亭镇、聂堆镇、西夏亭镇、大王庄乡、黄土桥乡、东王营乡、李大庄乡、清河驿乡、皮营乡、田口乡、城关镇、叶埠口乡 16 个乡镇都有分布。

以红花集镇、西华营镇、迟营乡、艾岗乡 4 个乡镇分布面积较大，分别为 2 852.04hm²、2 566.41hm²、1 322.16hm²、1 141hm²；东夏亭镇、聂堆镇、西夏亭镇，每乡镇在 800hm² 以上，其余乡镇障碍层次型在百余公顷不等。障碍层次型中低产田分布较为零乱，比较而言，较为集中区域有 3 个，即东南部、西北部、东北部。

障碍层次型中低产田土壤特性较为特别。心土层有较厚的沙层，土壤肥水保持性能差，易漏肥漏水，造成耕层土壤养分含量较低，生产性能较差。其改良措施如下。

（1）加强农田基本建设，建设灌溉型农田。漏肥偏水型中低产田的农田基本建设应在加强灌溉和排涝能力建设的前提下，强化灌溉设施建设，确保机井密度和合理布局，增加地面灌溉设施，发展先进灌溉技术，使灌溉保证率提高到年浇灌 5 次以上，确保实现旱能浇。

（2）全面增施有机肥。利用有机肥中腐殖质的缓冲性、亲和性营造土壤团粒结构，改善理化性状，增加耕层养分，改善生产性能。

（3）利用适宜耕作措施，在 30cm 深处营造犁底层。针对漏肥漏水型中低产田心土层有较厚沙层的特征，耕作时防止盲目加深耕层，一般常年保持耕深 25cm 左右，以在 30cm 深处营造出犁底层，促进肥水保持性能提高。

（4）实行秸秆还田。通过秸秆还田，提高土壤有机质含量，进而提高土壤肥力。

（5）科学施肥。在实行测土配方施肥的基础上，分次施用氮肥，衡量监控施用磷肥，衡量监控与试验函数相结合施用钾肥。

第二节　耕地资源合理配置与农业结构调整

依据耕地地力评价结果，参照西华县土壤类型、自然生态条件、耕作制度和传统耕作习惯，在分析耕地、人口、农业生产效益的基础上，保证粮食产量不断增加，提出西华县农业结构调整计划。

一、切实稳定粮食生产

西华县粮食作物主要是小麦、夏玉米。小麦面积常年稳定在 60 000hm² 以上，夏玉米稳定在 50 000hm² 以上。小麦每公顷产量达到 7 500kg 以上，玉米每公顷达到 7 500kg 以上。全年粮食总产达到了 8.25 亿 kg。为实现耕地资源的合理配置，充分发挥土地生产潜力，根据耕地地力评价结果，提出稳定粮食生产的意见。

（一）确保小麦、玉米种植面积的稳定

小麦、玉米是西华县传统栽培的两大粮食作物。西华县的土壤和自然气候条件较适合小麦、玉米生产。小麦、玉米生产表现为产量高、品质好，是西华县粮食的两大优势作物。根据耕地地力评价结果，4 个等级的耕地均适合种植小麦、玉米，因此要确保小麦、玉米面积的稳定。小麦面积宜稳定在 100 万亩以上，夏玉米面积宜稳定在 70 万亩以上。通过稳定小麦和夏玉米种植面积，稳定粮食生产的基础保证。

（二）改善耕地不良因子，提高单位面积粮食产量

虽然 4 个等级耕地均适合小麦、玉米生产，但是不同等级耕地的生产水平、生产潜力不同。原因在于影响耕地质量的因子水平不同。因此，要采取针对措施，通过改善耕地不良因子，促进实现单位面积粮食产量的提高。一等地、二等地由重壤土、中壤土所组成，土壤质地构型多为均质型和底沙型，具有土层深厚，保水保肥，养分含量较高的特点，但是一等地、二等地耕作层较浅，遇旱时地表龟裂，旱象严重，易造成因旱减产。对此要以加深耕层、秸秆还田、增施有机肥、实现灌溉为主要措施，进一步提高土壤肥力，确保稳产高产。三等地虽以重壤和中壤质地为主，但是由于质地构型中浅位沙层现象较明显，土壤肥力不及一等地和二等地，对此应以秸秆还田和增施有机肥为主要措施增加土壤有机质含量，因地制宜加深耕层，改善管理条件，提高土壤肥力，确保稳产高产。四等地一般多为土壤质地较轻，或有浅位沙身，质地构型不良，土壤肥力较低，对此要以增施有机肥和秸秆还田为主要措施，在因地制宜加深耕层的同时，营造犁底层，进一步改善管理措施，通过提高土壤肥力和土壤管理，在确保稳产的同时促进实现农业的高产高效。

（三）综合运用农业新技术，开展高产创建，促进粮食高产

如综合运用土地资源优势，良种增产优势以及栽培、植保方面的农业生产新技术、新成果，开展高产创建，组织高产攻关，力争亩产小麦达到 700kg 以上，玉米 800kg 以上，进而带动全县亩产实现小麦 600kg 以上，玉米 700kg 以上，实现粮食生产的新突破。

二、利用土地资源优势，发展特色农业生产

发展特色农业生产首先要利用好耕地资源，充分发挥耕地的生产优势，在群众乐于搞，能搞好的前提下，争取单位耕地生产效益的增加。由此提出：

（一）以一等地、二等地为主加速发展优质小麦生产

由于一等地和二等地以重壤和中壤质地为主，质地构型多为均质类型和底沙类型，保水保肥，土壤肥力较高，尤其钾素含量几乎均在 120mg/kg 以上。根据优质小麦生产需钾较多的特点，一等地、二等耕地种植优质小麦可以节约钾肥投入，实现优质高产。优质小麦生产有望成为西华县农业生产的一大特色，应予以大力发展。发展优质小麦生产要在明确目的的基础上，实现区域种植，做好市场链接，确保优质小麦种植效益。

（二）以一等地、二等地为主扩大建立小麦良种繁育区

西华县紧邻黄泛区农场，是豫东南小麦良种传统的繁育中心，鉴于一等地、二等地质地构型较好，土壤肥力高，小麦生产表现灌浆充分、籽粒饱满均匀、籽粒色泽好的特点和小麦良种更新快的情况，应集中繁育区域，以一等地、二等耕地为主建立小麦良种繁育区，以满足本县小麦良种需求并将小麦良种供应周边市、县。通过扩大建立小麦良种繁育区形成本县小麦良种特色，增加种植效益和农民收入。小麦良种繁育区的扩大建立要在明确指导思想的基础上，实行区域化生产，采取具有一定资质的人员领办或参与领办的方法组织实施，依法进行管理。

（三）以三等地为主建立小辣椒、花生、西瓜、蔬菜生产基地

根据小辣椒、花生、西瓜、蔬菜生产需要的自然条件和生产特点，西华县宜以三等地为主发展小辣椒、花生、西瓜、蔬菜生产。三等地多由沙壤和轻壤组成，耕地耕性良好，土壤通透性强，一般速效钾含量在 100mg/kg 左右，适合生长季节短的作物种植，此类土壤类型种植瓜果、蔬菜速生快、品质好，高产优质。

（四）以四等地为主发展林业、苗圃

四等地多为松沙土和沙壤土质地，肥力较低，通透性强，多有沙漏障碍层。但是土地易耕易管，容易抓苗，易于形成早发壮苗。据此特点，以四等地为主可以发展叶类蔬菜、林木苗圃生产。一是以半保护性栽培发展蔬菜、西瓜；二是以保护性栽培发展反季节蔬菜；三是发展以杨树苗为主的林木苗圃生产；四是发展以桃树、梨树、苹果、葡萄为主导的林果业。蔬菜、苗圃、林果生产都要以市场运作为前提进行区域化和规模化种植。政府部门应给予必要的资金支持和政策支持，扶植发展相应的农业合作组织。农技部门应做好生产技术指导，解决种植区群众的技术之忧。

三、创新农业发展机制

（一）创新土地流转机制

创新土地流转机制，探索土地使用权流转方式要以推进农业规模经营，促进农业增效和农民增收为目的，做到操作合法，农民自愿，农民受益。一是应依法规范操作，严格遵守并执行《中华人民共和国土地承包法》等有关法律法规，切实保障农民的土地承包权、使用权，无论何种形式的流转，都要在稳定农民长期承包使用权的基础上进行。二是按照"自愿、互利、共赢"的原则，积极引导农民进行土地互换、互租。三是确保农民受益。在土地流转方面，把农户的利益放在首位，切实让农民从中得到实惠。

（二）创新发展农业合作组织

农业合作组织是进行规模生产，开展农产品贸易，抗御市场风险，保障生产效益的有效组织形式。对农业合作组织应积极引导，规范管理，帮助发展。

第三节　科学施肥

一、以施肥指标体系，统领全县农作物施肥

田间试验主要包括土壤养分丰缺指标试验和氮肥试验等。通过田间试验得到不同作物、不同养分基础、不同产量水平的施肥指标，建立施肥指标体系。对由于生产的发展和年限的更迭引起的土壤养分、产量目标的变化，采用新的试验数据对施肥指标体系进行修正，使施

肥指标体系保持完善。由于施肥指标体系是在不同作物、不同土壤养分基础、不同产量水平的试验中得到的，施肥指标具备了不同作物、不同养分基础、不同产量施肥水平的概括性、代表性和可参照性。

二、以数字程序化的先进手段开展测土配方施肥

通过耕地地力评价，将全县土壤划分了等级类型，将耕地地力因子的组成及因子水平，进行了数字程序化处理，测土配方施肥只需应用程序便可得到不同作物的目标产量、施肥种类、施肥数量和施肥方法。对由于生产的发展和年度的更迭引起的土壤养分和目标产量变化，一般 3 ~ 5 年对耕地地力因子水平进行一次修正或校正。以保证测土配方施肥数字程序化的长期性、准确性。

三、运用农企合作的测土配方施肥新机制推广配方肥

因测土配方施肥需大量的与土壤类型、养分水平、目标产量相适应的配方肥料或复合肥料。农企合作机制将是科学制定肥料配方，引导肥料市场，农民施肥合理，开展测土配方施肥的重要环节。农业土壤肥料部门将肥料配方提供给企业，以供企业生产，并在推广应用中进行技术指导服务；肥料企业以便生产或购进对路的肥料。

四、继承创新传统施肥

传统施肥在西华县主要是施用有机肥，其肥料种类主要有厩肥、人粪尿、草木灰、垃圾堆沤肥等，目的是向土壤补充一定养分和有机质。其中，厩肥、草木灰是以农作物秸秆改变得到的，所以，在继承创新传统施肥中提出推广以下几点。

（1）充分利用秸秆资源，实行秸秆还田。小麦秸秆和玉米秸秆是西华县的两大秸秆资源，面积大，数量多，易腐熟，养分全，是耕地不可多得的有机质来源。秸秆还田以单位面积 50% ~ 100% 的还田量常年坚持。

（2）猪粪、鸡粪要经堆沤后施用。

（3）人粪尿要随施随埋，或堆沤后施用。

（4）垃圾堆沤肥中要踢除塑料制品，减少土壤污染。

第四节 耕地质量管理

一、依法对耕地质量进行管理

（一）贯彻执行国家有关法律法规

按照《中华人民共和国国家土地法》《基本农田保护条例》《河南省耕地质量管理办法》中有关耕地和耕地质量的有关条文，依法对耕地和耕地质量开展管理，严禁破坏耕地和损害耕地质量的现象，确保农业生产安全，农业生产基础的稳定。

（二）建立耕地质量保护制度

（1）建立耕地土壤养分监测制度。土壤养分监测要在建好国家、省级监测网点的同时，

根据本县的土壤种类和分布情况建立本县耕地土壤养分监测点。本县耕地土壤养分监测以土种为单位开展监测，根据土种面积大小，每个土种监测点设置 3~15 个不等。监督时间间隔为一年。每年耕地土壤养分监测数据及变化趋势，农业局应及时向社会发布，以便在引导农业生产的同时，实现耕地土壤养分的预警防范。

（2）制定土壤污染防控措施，防止土壤污染。从引起土壤污染的因素条件着手，制定出防控标准和防控措施。如农业灌溉用水标准，塑料制品垃圾中重金属离子标准、污水排放标准、肥料中的游离酸含量标准、化肥和农药的使用标准等都应实行红线预警，防患于未然。

（3）建立耕地质量保护奖惩制度。建立耕地质量保护奖惩制度条款的同时，建立好县、乡、村三级耕地质量保护目标责任制度。对照目标责任落实好坏，分别给予奖励或惩罚。在耕地质量保护奖惩措施中，对一些破坏土地严重的予以重罚，直至追究法律责任。

二、培肥土壤，提高耕地质量

（1）扩大还田面积，坚持实行秸秆还田。要充分利用西华县的麦秸麦糠和玉米秸秆资源开展秸秆还田。秸秆还田要在目前小麦高留茬和小麦、玉米秸秆部分还田的基础上，扩大还田面积和还田数量。让秸秆还田成为一项农业生产常用措施长年应用。

（2）增施有机肥。利用有机肥中的腐殖质腐殖酸改善土壤理化性状。

（3）因地制宜改善耕作制度。对心土层为重壤或黏土的土壤宜加深耕层至 30cm 左右；对心土层为沙壤的土壤，宜使耕层长年保持在 25cm 左右，以便在 30cm 深处形成犁底层。

（4）测土配方施肥。根据测土配方施肥机制，使配方施肥在促进作物高产的同时，保持土壤养分稳定、平衡提升。

（5）搞好农田基本建设。农田基本建设灌溉能力以年浇灌 5 次以上，排涝能力达到 5 年一遇至 10 年一遇。

第九章 西华县冬小麦适宜性评价专题报告

第一节 基本情况

一、地理位置与行政区划

西华县位于河南省中东部，行政区划归周口市管辖，地处北纬 33°36′~33°59′，东经114°05′~114°43′，东连淮阳，南靠沙河与周口市区、商水相望，西与鄢城、临颍、鄢陵为邻，北同扶沟、太康接壤。全县东西长 57km，南北宽 21km，全县土地总面积 1 065km² （不计县境内国营黄泛区农场、周口监狱 120km²），占全省总面积的 0.6%。

境内地势平坦，沟河纵横，地势西高东低。属淮河流域，分沙河、颍河、贾鲁河三大水系，呈西北东南走向，地下水源充沛。

西华县交通十分便利，西靠京广铁路和京珠高速公路，东临京九交通大动脉，省道S329 线（南石路）横穿东西，S219 线（永定路）、S102 线（周郑路）、S213 线（吴黄路）纵贯南北，大广高速、周商高速、永登高速、机西高速建成通车，交通便利，通信快捷。全县实现了村村通油路，构成了四通八达的交通网络，为城乡经济的发展提供了便利的交通条件。

西华县辖城关镇、红花集镇、聂堆镇、西华营镇、东夏亭镇、西夏亭镇、逍遥镇、址坊镇、奉母镇、艾岗乡、黄土桥乡、田口乡、皮营乡、李大庄乡、叶埠口乡、迟营乡、大王庄乡、东王营乡和清河驿乡 19 个乡镇；3 个农林场（县林场、县农场、园艺场），434 个行政村，1 099 个自然村，3 092 个村民组。总人口 92 万口，其中，农业人口 80.5 万人，占总人口的 93%，人口密度每平方公里 831 人；总土地面积 159.75 万亩，其中，耕地面积 108.6 万亩，占总土地面积的 68%。

二、农业基本情况

全县现有耕地 81 727.57hm²（包括园地），农业人均耕地 1.24 亩。粮食作物主要为冬小麦、玉米等，2009 年西华县粮食生产再获丰收，全县 66 650 万亩冬小麦，平均单产512.6kg，总产 512 000t，玉米面积 40 000hm²，单产 475kg，总产 285 000t，全年粮食总产接近 8 亿 t。

西华县的经济作物主要以棉花、蔬菜为主，兼种瓜果、油料、果树等。2009 年经济作物播种面积 16 273hm²，其中，棉花 7 000hm²，总产皮棉 7 875t；蔬菜 5 360hm²，总产

24 723t；西瓜 680hm²，总产 30 600t，油料 1 333hm²，总产 6 000t，果树 800hm²，总产水果 36 000t。

三、农业自然资源情况

西华县位于暖温带南部，属暖温带半湿润季风型气候，随着大气环流转换，带来了四季分明，突出特点是："冬长寒冷雨雪少，夏季炎热雨集中，春秋温暖季节短，春夏之交多干风"。光、热、水资源丰富，农业生产潜力大。就冬小麦生长季节自然资源情况介绍如下。

（一）温度

1. 气温

西华县冬小麦生长季节平均气温 8.8℃，冬小麦生长季节气温变化较大。一年中 1 月最低平均 0.1℃，5 月最高平均 20.7℃，全年 ≥10℃ 积温为 4 664.5℃，无霜期平均为 217 天。能满足冬小麦生长。

2. 地温

冬小麦生长季节平均地面温度 9.9℃，冬小麦生长季节中各月地温平均值变化较大，1 月地温最低，月平均 1.0℃，5 月最高月平均 21.7℃。

（二）日照

冬小麦生长季节总日照时数为 1 365.9 小时，日照百分率为 53%。其中，5 月最高达 225.6 小时，日照百分率为 52.3%，2 月份最低 152 小时，日照百分率为 44%；稳定通过 0℃ 期间的日照时数 1 994.5 小时，稳定通过 10℃ 期间的日照时数 1 527.6 小时，有利于冬小麦生长。太阳总辐射量为 2 758.2MJ/m²，有效辐射量为 1 425.7MJ/m²。

（三）降水

西华县冬小麦生长季节平均降水量 263.7㎜，冬小麦生长季节变化较大，有些年份冬小麦生育期期间降雨量分布不均，导致冬小麦全生育期一般有 2/3 的年份缺水（表 9 - 1）。

表 9 - 1　西华县各月平均降水量　　　　　　　　　　　　　（单位：mm）

月份	10	11	12	1	2	3	4	5
降水量	35.0	21.9	9.5	13.8	19.4	36.6	51.5	76.0

（四）干湿度

西华县冬小麦生长季节平均相对湿度为 31.8%，绝对湿度为 8.8 毫巴，最大值出现在 4 月，最小值在 11 月、12 月、1 月。冬小麦全生育期湿度变化不大（表 9 - 2）。

表 9 - 2　西华县各月相对湿度　　　　　　　　　　　　　　（单位：%）

月份	10	11	12	1	2	3	4	5
相对湿度	23	21	20	23	28	37	55	48

西华县 5 ~ 6 月干热风出现较频繁，年平均 19 次，一般持续 1 ~ 2 天。64% 的年份出现在 5 月 28 日以后，最多风向为西南风。这是冬小麦生长后期的一种主要的灾害性天气，极大地影响着冬小麦的后期灌浆成熟，往往造成冬小麦逼熟干枯，籽秕，产量低。

（五）蒸发量

西华县冬小麦全生育期平均蒸发量为 1 622.7mm，周期变化为单锋型，1—5 月逐月增多，10—12 月逐月下降，蒸发量四季分配为冬季最小，夏季最大，春大于秋。

总之，西华县冬小麦生长季节气候适宜，光热丰富，水热同期，雨量充沛，对冬小麦生产都非常有利。但是也有不利因素，春末夏初之干热风，初春之倒春寒，冬季少雪干旱，这些都是冬小麦生产中的障碍性因素。

（六）地表水资源

西华县地表水资源主要靠降雨和上游外来客水。从自然降水多年统计资料表明，年平均降水总量8.85 亿 m³，多年平均径流深139mm，多年平均径流量1.66 亿 m³。地表径流表现特点为径流量在时间上分布不均，与降水分布一致，径流多集中在夏秋季节的雨季。

（七）地下水资源

西华县县内地下水储量比较丰富，埋藏较浅，补给容易，水质较好，便于开发利用，宜于发展井灌。据抽水试验，全县平均单井出水量59.8t/小时，其中，贾东区62.5t/小时，贾西区61.5t/小时，颍西南区55.4t/小时。从单井出水量看，3 个区浅层地下水都很丰富，但是由于富水性能不同，贾东为大水量区，贾西属中水量区，颍西南属中小水量区。

由于浅层水的动态变化主要受大气降水、河渠入渗、人工开发及潜水蒸发等因素影响。其类型为，入渗—蒸发型或入渗—开采—蒸发型。因 7～9 月雨量集中，地表入渗加大，开采量减少，地下水开始回升，到 3 月春灌以后，水位又开始下降。多年实测资料证明，县内地下水位11—12 月为最高时期，6 月是最低时期，水位变幅在0.5～1.2m，按水均衡法计算，西华县多年平均地下水综合补给2.21 亿 m³，消耗量1.99 亿 m³，余 0.22 亿 m³；旱年补给量1.64 亿 m³，消耗量2.51 亿 m³，缺口 0.87 亿 m³。

（八）主要水系

西华县入境水均属淮河流域的沙颍河水系。具体划分为 3 个流域，西部为沙颍河流域，其支流有柳塔河、南马沟、北马沟、乌江沟、鸡爪沟、清泥河、鲤鱼沟、清流河、重建沟等，排水面积518km²，占县境内排水面积的43.8%；中部为贾鲁河流域，主要支流有双狼沟、七里河等，排水面积160km²，占县境内排水面积的14.9%；东部为新运河流域，主要支流有洼冲沟、清水沟、黄水沟等，排水面积394km²，占县境内排水面积的36.8%。县境内总排水面积1 072km²。占全县总面积的89.8%。多年平均年过水总量为36.65 亿 m³。按利用率5%计算，年平均可利用过境水1.83 亿 m³。

四、水利设施与灌溉情况

西华县流域面积100km² 以上骨干河道14 条，80% 可达到21 年一遇防洪标准；30km²以下的支斗沟河143 条，大部分已按 5 年一遇除涝标准进行了治理。全县有机电灌站154处，涵闸131 座。拥有逍遥、阎岗、黄土桥和周口四大灌区。除补充沿河地下水外，可供提水灌溉耕地50 多万亩。

西华县的灌溉条件基本是利用地下浅水层采用移动式管道进行漫灌或人工喷灌。据统计，2009 年全县农用机电井17 704眼，有效灌溉面积96 万亩，基本达到了旱能浇、涝能排。

西华县耕地和园地排涝能力达10 年一遇，面积为60 万亩；5 年一遇，面积为30 万亩；3 年一遇，面积为15 万亩。

五、土壤概况

西华县分 4 个土类，5 个亚类，9 个土属，26 个土种。潮土分布遍及各乡镇，面积 72 942.93hm²，占全县耕地面积的 89.25%；沙姜黑土主要分布于西北部的颍河故道或河岔低洼部，面积 2 652.92hm²，占全县耕地面积 3.246%；褐土主要分布在西南部沿沙河一线的地势较高的地带，面积 5 520.84hm²，占全县耕地面积的 6.755%；风沙土面积很小，只有 610.88hm²，占全县耕地面积的 0.75%。

主要土种分布情况和基本性状如下。

（1）浅位厚沙小两合土。主要分布艾岗乡、城关镇、迟营乡、大王庄乡、东王营乡、东夏亭镇、红花集镇、黄土桥乡、李大庄乡、聂堆镇、皮营乡、清河驿乡、田口乡、西华营镇、西夏亭镇、叶埠口乡，面积为 7 201.82hm²，占总面积的 8.81%。该土种耕层质地轻壤，20～50cm 出现大于 50cm 厚的沙土层，虽表层疏松，耕性好，但是沙土层出现部位较高厚度大，易漏水漏肥。

（2）小两合土。主要分布在艾岗乡、城关镇、迟营乡、大王庄乡、东王营乡、东夏亭镇、红花集镇、黄土桥乡、李大庄乡、聂堆镇、皮营乡、清河驿乡、田口乡、西华营镇、西夏亭镇、叶埠口乡，面积为 7 519.83hm²，占总面积的 9.20%。该土种耕层质地为轻壤，耕性良好，管理方便，保水保肥能力差，虽提苗容易，但是肥劲较短。

（3）两合土。主要分布在艾岗乡、迟营乡、大王庄乡、东夏亭镇、黄土桥乡、李大庄乡、聂堆镇、皮营乡、清河驿乡、西华营镇、西夏亭镇、叶埠口乡，面积为 7.57hm²，占总面积的 6.17%，是西华县第二大土种。该土种耕层质地为中壤，沙黏比例适当，生产性能好，保水保肥与供水供肥能力强，发苗拔籽。

（4）底沙两合土。主要分布在艾岗乡、迟营乡、大王庄乡、东王营乡、东夏亭镇、李大庄乡、皮营乡、清河驿乡、西华营镇，面积为 556.57hm²，占总面积的 0.68%。该土种耕层质地中壤，50cm 以下出现大于 20cm 厚的沙土层，耕性良好，因沙土层出现部位较低，对作物影响较小。

（5）浅位沙两合土。主要分布在艾岗乡、城关镇、迟营乡、大王庄乡、东王营乡、东夏亭镇、红花集镇、黄土桥乡、聂堆镇、皮营乡、清河驿乡、西华营镇、西夏亭镇，面积为 5 078.5hm²，占总面积的 6.21%。该土种耕层质地中壤，20～50cm 出现大于 20cm 厚的沙土层，表层疏松，耕性好，中部有沙土层，较薄。

（6）浅位沙小两合土。主要分布在艾岗乡、东夏亭镇、红花集镇、李大庄乡、西华营镇，面积为 406.21hm²，占总面积的 0.5%。该土种耕层质地轻壤，20～50cm 出现大于 50cm 厚的沙土层，表层疏松，耕性好，但是沙土层出现部位较高厚度大，易漏水漏肥。

（7）淤土。主要分布在艾岗乡、迟营乡、大王庄乡、奉母镇、东夏亭镇、红花集镇、黄土桥乡、李大庄乡、皮营乡、清河驿乡、西华营镇、西夏亭镇、叶埠口乡，面积为 16 933.77hm²，占总面积的 20.72%。为西华县第二大土种。该土种耕层质地为重壤，养分含量高，生产潜力大。

（8）底沙淤土。主要分布在城关镇、迟营乡、东王营乡、东夏亭镇、黄土桥乡、皮营乡、清河驿乡、西华营镇，面积为 723.86hm²，占总面积的 0.89%。该土种耕层质地重壤或轻黏，50cm 以下出现大于 20cm 厚的沙土层，因沙土层出现部位较低，对作物影响较小。

（9）浅位沙淤土。主要分布在艾岗乡、东夏亭镇、奉母镇、李大庄乡、皮营乡、清河驿乡、田口乡、西华营镇、西夏亭镇，面积为 1.1hm²，占总面积的 0.9%。该土种耕层质地重壤，20～50cm 出现大于 20～50cm 厚的沙土层。

（10）浅位厚沙淤土。主要分布在艾岗乡、迟营乡、东王营乡、东夏亭镇、红花集镇、黄土桥乡、李大庄乡、聂堆镇、皮营乡、清河驿乡、田口乡、西华营镇、西夏亭镇、叶埠口乡，面积为 3 401.29hm²，占总面积的 4.16%。该土种耕层质地重壤，20～50cm 出现大于 50cm 厚的沙土层，虽然表层质地黏重，但是由于沙土层出现部位较高且厚度大，保水保肥能力相对较差。

（11）浅位厚壤淤土。主要分布在东夏亭镇、红花集镇、李大庄乡、聂堆镇、皮营乡、清河驿乡、西华营镇、西夏亭镇，面积为 943.28hm²，占总面积的 1.51%。该土种耕层质地重壤，20～50cm 出现大于 50cm 厚的轻壤土层，土质较优，农业生产性能好。

（12）沙壤土。主要分布在艾岗乡、城关镇、迟营乡、大王庄乡、东王营乡、东夏亭镇、红花集镇、黄土桥乡、李大庄乡、聂堆镇、皮营乡、清河驿乡、田口乡、西华营镇、叶埠口乡，面积为 17 682.01hm²，占总面积的 21.64%。为西华县第一大土种。该土种耕层质地沙壤或轻壤，耕层疏松，易耕，通透性好，耐旱涝。但是保水保肥能力较差，肥力较低，适宜种植多种作物。

（13）壤质潮褐土。多分布在艾岗乡、奉母镇、西夏亭镇、逍遥镇、址坊镇的地势较高部位。面积 5 520.84hm²，占总面积的 6.75%。该土种耕层质地为轻壤，耕性较好，生产潜力较大，适宜种植冬小麦、玉米、大豆等作物。

（14）沙质潮土。主要分布在艾岗乡、城关镇、东王营乡、东夏亭镇、红花集镇、黄土桥乡、聂堆镇、皮营乡、清河驿乡、田口乡、西华营镇，面积为 4 097.24hm²，占总面积的 5.01%。该土种质松散，结构不良，保水保肥能力很差，但是适耕期长，发小苗，适宜种植速生蔬菜、西瓜、培植各类苗木。

（15）底黏沙壤土。主要分布在艾岗乡、东夏亭镇、红花集镇、黄土桥乡、皮营乡、清河驿乡、西华营镇，面积为 646.91hm²，占总面积的 0.79%。该土种表层质地为沙壤，50cm 以下有 20～50cm 厚的黏土层。该土的特点是耕性良好，具有托水保肥能力。

（16）深位多量沙姜石灰性沙姜黑土。该土种只分布在奉母镇。面积 807.56hm²，占全县耕地总面积的 0.99%。该土种表层质地黏重，耕性不良，通透性差，适宜种植冬小麦、玉米等作物。

（17）黏盖石灰性沙姜黑土。该土种只分布在艾岗乡、逍遥镇和奉母镇的低洼部位。面积 1 271.99hm²，占全县耕地总面积的 1.56%。该土种母质为湖泊沉积物，后经沙、颍河冲积物所覆盖，具有石灰反应，表层质地黏重，耕性不良，通透性差，但是保水保肥能力较强，土壤养分含量较高，适宜种植冬小麦和其他粮食作物。

（18）底沙小两合土。主要分布在城关镇、迟营乡、东夏亭镇、红花集镇、黄土桥乡、聂堆镇、皮营乡、田口乡、西华营镇，面积为 599.67hm²，占总面积的 0.73%。该土种耕层质地沙壤或轻壤，耕层疏松，易耕，通透性好，不耐旱涝。但是保水保肥能力较差，肥力较低，适宜种植多种作物。

（19）石灰性青黑土。只分布在奉母镇，面积 573.37hm²，占全县耕地总面积的 0.70%。该土种表层质地黏重，耕性不良，通透性差，适宜种植冬小麦、玉米等作物。

（20）浅位黏沙壤土。只分布在东王营乡、皮营乡、清河驿乡和逍遥镇，面积328.40hm²，占全县耕地总面积的0.4%。该土种表层沙壤，20～50cm处出现黏土层。该土壤宜耕期长，管理方便，保水保肥能力强，适合于多种作物种植，是一种比较理想的土壤类型。群众称之为"黄金地"。

（21）底黏小两合土。主要分布在皮营乡、清河驿乡、东夏亭镇和艾岗乡。面积266.65hm²，占全县耕地总面积的0.33%。该土壤表层质地为轻壤，耕性良好，保水保肥能力较强，生产性能好。

（22）底壤沙壤土。只在艾岗乡、东夏亭镇、皮营乡和清河驿乡有零星分布，面积209.49hm²，占全县耕地总面积的0.26%。该土种耕层质地沙壤，耕层疏松，易耕，通透性好，耐旱涝。但是保水保肥能力较差，肥力较低，适宜种植多种作物。

（23）浅位黏小两合土。只在艾岗乡、皮营乡、清河驿乡、西华营镇有少量分布，面积189.68hm²，占全县耕地总面积的0.23%。该土种耕层质地沙壤或轻壤，耕层疏松，易耕，通透性好，耐旱涝。适宜种植多种作物。

（24）浅位厚黏小两合土。只在艾岗乡、皮营乡、清河驿乡、西华营镇有少量分布，面积141.18hm²，占全县耕地总面积的0.17%。该土种耕层质地沙壤或轻壤，耕层疏松，易耕，通透性好，耐旱涝。20～50cm处出现黏土层。该土壤宜耕期长，管理方便，保水保肥能力强，适合于多种作物种植，是一种比较理想的土壤类型。

第二节　冬小麦适宜性评价的必要性

一、西华县冬小麦产量变化情况

冬小麦是西华县主要的粮食作物，播种面积大，单产高。近年来冬小麦播种面积基本稳定在7.3万hm²，占全县耕地总面积的90%左右。新中国成立初期到现在冬小麦单产提升很快，产量由解放初期的每亩单产40kg到1978年的149kg，直至到2008年的单产530.6kg，上升到高产水平。冬小麦产量的高低直接影响着西华县的粮食总量（图9-1）。

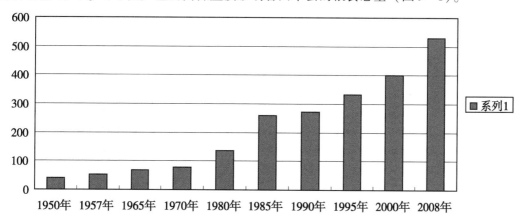

图9-1　西华县冬小麦产量变化趋势图

二、西华县冬小麦产量变化原因

冬小麦单产增加较快的原因，一是冬小麦优质新品种的普及推广。从 20 世纪 80 年代以后，冬小麦新品种已全部取代了原来的农家品种，进入 90 年代以后，各种高产冬小麦新品种不断出现，并陆续投放市场，优质高产的冬小麦品种成为广大农民首选；二是配方施肥技术的推广和化肥用量的急剧增加，20 世纪 50 年代，农业生产基本上以施用农家肥为主，而氮素等化肥在开始施用时由于缺乏科学施肥方法，使用不好，推广不开，随着施用化肥技术被农民逐渐掌握，施用数量不断增加，面积越来越大；到 70 年代有氨水、碳酸氢铵、硫铵等氮素单质化肥应用于生产，70 年代后期开始施用磷肥、复合肥；80 年代开始施用微量元素肥料；到 90 年代，全县化肥用量已超过 2 万 t（折纯），而且多半是高浓度化肥；三是高产配套栽培技术的大力推广，尤其是实施测土配方施肥技术以来，氮、磷、钾化肥的施用比例和施用量渐趋合理，提高了肥料利用率，降低了生产成本，增加了冬小麦综合产出能力。

三、开展冬小麦适宜性评价的意义

西华县水利、土壤、气候等条件都适合冬小麦的生长发育，但是本次冬小麦适应性评价宗旨在冬小麦种植区域的地形、地貌条件、成土母质特征、农田基础设施及培肥水平、土壤理化性状等综合因素对其产量的影响，此类评价揭示了处于特定范围内（一个完整的县域）、特定气候（一般来说，一个县域内的气候特征是基本相似的）条件下，各类立地条件、剖面性状、土壤理化性状、障碍因素与土壤管理等因素组合下对冬小麦生产力高低的影响，为此通过利用县域耕地资源管理信息系统、GIS 和数学模型集成技术，通过开展西华县冬小麦适宜性评价，旨在摸清全县冬小麦适宜土地面积质量及分布，为全县冬小麦种植规划配套合理科学技术措施及耕地资源的可持续利用提供科学依据。

第三节　冬小麦适宜性评价指标选择原则与结果

一、冬小麦适宜性评价指标选择原则

（一）重要性原则

影响冬小麦适宜性的因素、因子很多，农业部测土配方施肥技术规范中列举了六大类 65 个指标。这些指标是针对全国范围的，具体到西华县的行政区域内，挑选了对本地冬小麦适宜性影响最为显著的因子，而不能全部选取。西华县选取的指标有质地构型、质地、有效磷、有效钾、有机质、灌溉保证率共 6 个因子。西华县是黄河冲积平原，土壤类型为潮土和沙姜黑土，属冲积沉积形成，其不同层次的质地排列组织就是质地构型，这是一个对冬小麦有很大影响的指标。夹沙、沙身、沙底、均质中壤、均质重壤、均质轻壤、均质黏的生产性状差异很大，必须选为评价指标。

（二）稳定性原则

选择的评价因子在时间序列上必须具有相对的稳定性。选择时间序列上易变指标，则会造成评价结果在时间序列上的不稳定，指导性和实用性差，而耕地地力若没有较为剧烈的人为等外部因素的影响，在一定时期内是稳定的。

（三）差异性原则

差异性原则分为空间差异性和指标因子的差异性。冬小麦评价的目的之一就是通过评价找出影响冬小麦适宜性的主导因素，指导冬小麦生产布局的优化配置。评价指标在空间和属性上没有差异，就不能反映出对冬小麦影响的差异。因此，在县级行政区域内，没有空间差异的指标和属性差异的指标，就不能选为评价指标。如≥0 ℃积温、≥10 ℃积温、降水量、日照指数、光能辐射总量、无霜期都对耕地地力有很大的影响，但是在县域范围内，其差异很小或基本无差异，不能选为评价指标。

（四）易获取性原则

通过常规的方法即可以获取，如土壤养分含量、灌排条件等。某些指标虽然对冬小麦适宜性有很大影响，但是获取比较困难，或者获取的费用比较高，当前不具备条件，如土壤生物的种类和数量、土壤中某种酶的数量等生物性指标。

（五）精简性原则

并不是选取的指标越多越好，选的太多，工作量和费用都要增加，还不能揭示出影响冬小麦适宜性的主要因素。

（六）全局性与整体性原则

所谓全局性，就是要考虑到全县冬小麦生产情况，不能只关注面积大的耕地特性而忽视面积较小耕地特性，只要能在 1∶5 万比例尺的图上能形成图斑都应考虑，绝不能搞"少数服从多数"。

所谓整体性原则，是指在时间序列上，会对冬小麦产生较大影响的指标。如气候对冬小麦影响很大，但是具体到一个县，气候特征是基本相似的，则不能作为评价指标。

二、冬小麦适宜性评价指标选择结果

（一）评价指标选取方法

西华县的冬小麦适宜性评价指标选取过程中，采用的是特尔菲法，也即专家打分法。评价与决策涉及价值观、知识、经验和逻辑思维能力，因此，专家的综合能力是十分可贵的。评价与决策中经常要专家的参与，例如给出一组有机质含量，评价不同含量对冬小麦生长影响的程度通常由专家给出。这个方法的核心是充分发挥专家对问题的独立看法，然后归纳、反馈，逐步收缩、集中，最终产生评价与判断。基本内容如下。

1. 确定提问的提纲

列出调查提纲应当用词准确，层次分明，集中于要判断和评价的问题。为了使专家易于回答问题，通常还在提出调查提纲的同时提供有关背景材料。

2. 选择专家

为了得到较好的评价结果，通常需要选择对问题了解较多的专家 10 ~ 15 人。

3. 调查结果的归纳、反馈和总结

收集到专家对问题的判断后，应做一归纳。定量判断的归纳结果通常符合正态分布。这时可在仔细听取了持极端意见专家的理由后，去掉两端各 25% 的意见，寻找出意见最集中的范围，然后把归纳结果反馈给专家，让他们再次提出自己的评价和判断。反复 3 ~ 5 次后，专家的意见会逐步趋近一致，这时，就可作出最后的分析报告。

（二）西华县耕地地力评价指标选取

2009 年 8 月，西华县组织了市、县农业、土肥、水利等有关专家，对西华县的冬小麦适宜性评价指标进行逐一筛选。从国家提供的 65 个指标中选取了 10 项因素作为本县的冬小麦适宜性评价的参评因子。这 10 项指标分别为：有效钾、有效磷、有机质、灌溉保证率、质地、质地构型、排涝能力、障碍层类型、障碍层位置、障碍层厚度。

（三）选择评价指标的原因

1. 立地条件

（1）质地。质地是土壤中各粒级土粒的配合比例，是土壤较稳定的自然属性，也是影响土壤一系列物理与化学性质的重要因子。土壤质地不同对土壤结构、孔隙状况、保肥性、保水性、耕性等均有重要影响。是反映土壤耕性好坏、肥力高低、生产性能优劣的基本因素之一。它受成土母质及土壤发育程度的影响，本县土壤成土母质属黄河冲积沉积物，历史上黄河在本县境内多次泛滥决口，泥沙相间沉积，致使土壤质地在分布上错综复杂，无明显规律，土壤质地优劣对冬小麦生产影响较大。西华县土壤质地主要有轻壤土、中壤土、重壤土、轻黏土、中黏土、松沙土、沙壤土 7 个级别。

（2）质地构型。质地构型是指整个土体各个层次的排列组合情况，它是土壤外部形态的基本特征，对土壤中水、肥、气、热诸肥力因素有制约和调节作用，对作物的生长发育具有重要意义，西华县质地构型有一定差异，如轻、中壤质土壤上的浅位厚沙小两合土、浅位厚沙两合土、浅位沙两合土，耕层土壤质地都是轻壤质和中壤质，但是在 0 ~ 1m 土体内不同部位都有不同厚度的沙层出现，相比于均质性构型，保水、保肥能力都差，对冬小麦产量及土壤肥力有直接影响。西华县土壤质地构型有：底沙重壤、夹壤黏土、夹沙轻壤、夹沙中壤、夹沙重壤、夹黏轻壤、均质轻壤、均质沙壤、均质沙土、均质黏土、均质重壤、壤底沙壤、壤身黏土、沙底轻壤、沙底中壤、沙身轻壤、黏底轻壤、黏底沙壤、黏底中壤、黏身轻壤、黏身沙壤 21 种质地构型。

（3）灌溉保证率。水利条件是农业生产的命脉，也是影响耕地地力的重要因素之一，虽然西华县地势平坦，但是水利条件好坏不一，因此，把灌溉保证率作为冬小麦适宜性评价的因素之一。

2. 耕层理化性状

（1）有机质。土壤有机质含量，代表耕地基本肥力，是平原土壤理化性状的重要因素，是土壤养分的主要来源，对土壤的理化、生物性质以及肥力因素都有较大影响，对冬小麦生长发育有较大的影响。

（2）有效磷、速效钾。磷、钾都是冬小麦生长发育必不可少的大量元素，土壤中有效磷、有效钾含量的高低对冬小麦产量影响非常大，所以，评价冬小麦适宜性评价必不可少。

三、冬小麦适宜性评价指标数据库建立

冬小麦适宜性评价是基于大量的与冬小麦适宜性有关的耕地土壤自然属性和耕地空间位置信息，如立地条件、剖面性状、耕层理化性状、土壤障碍因素以及耕地土壤管理方面的信息。调查的资料可分为空间数据和属性数据。空间数据主要指西华县的各种基础图件以及调查样点的 GPS 定位数据；属性数据主要指与评价有关的属性表格和文本资料。为了采用信

息化的手段进行评价和评价结果管理，首先需要开展数字化工作。根据《测土配方施肥技术规范》、县域耕地资源管理信息系统（3.0 版）要求，根据对土壤、土地利用现状等图件进行数字化，并建立空间数据库。

（一）属性数据库建立

利用西华县土壤普查、耕地地力评价调查样点资料，建立耕地土壤调查样点及相关属性数据库，采用克里格或反距离权重插值方法、一点代面估值方法生成有机质、有效磷、速效钾的空间栅格数据库；利用土壤普查、调查获得的各土壤类型质地、质地构型、灌溉保证率资料，与西华县耕地土壤类型分布图进行衔接，形成上述指标空间及属性矢量数据。

根据本县冬小麦适宜性评价的需要，确立了属性数据库的内容，其内容及来源，见表 9 - 3。

表 9 - 3　属性数据库内容及来源

编号	内容名称	来源
1	县、乡、村行政编码表	统计局
2	土壤分类系统表	土壤普查资料，省土种对接资料
3	土壤样品分析化验结果数据表	野外调查采样分析
4	农业生产情况调查点数据表	野外调查采样分析
5	土地利用现状地块数据表	系统生成
6	耕地资源管理单元属性数据表	系统生成
7	耕地地力评价结果数据表	系统生成

数据录入前应仔细审核，数值型资料注意量纲上下限，地名应注意汉字多音字、繁简字、简全称等问题。录入后还应仔细检查，保证数据录入无误后，将数据库转为规定的格式（DBF 格式文件），通过系统的外部数据表维护功能，导入到耕地资源管理系统中。

（二）空间数据库的建立

土壤图、土地利用现状图、调查样点分布图是耕地地力调查与质量评价最为重要的基础空间数据。分别通过以下方法采集：将土壤图和土地利用现状图扫描成栅格文件后，借助利用 MapGIS 软件进行手动跟踪矢量化形成土壤图数字化图层，图件扫描采用 300dpi 分辨率，以黑白 TIFF 格式保存。之后转入 ArcGIS 中进行数据的进一步处理。在 ArcGIS 中将土地利用现状图分为农用地地块图（包括耕地和园地）和非农用地地块图，将农用地地块图与土壤图叠加得到耕地资源管理单元图。利用外业调查中采用 GPS 定位获取的调查样点经、纬度资料，借助 ArcGIS 软件将经纬度坐标投影转换为北京 54 直角坐标系坐标，建立本县耕地地力调查样点空间数据库。对土壤养分等数值型数据，根据 GPS 定位数据在 ArcGIS 软件支持下生成点位图，利用 ArcGIS 的地统计功能进行空间插值分析，产生各养分分布图和养分分布等值线。养分分布图采用格网数据格式，利用分区统计功能，将结果赋值给耕地资源管理单元图中的图斑。其他专题图，如灌溉保证率分区图等，采用类似的方法进行矢量采集。这次冬小麦适宜性评价主要利用耕地资源管理单元图及空间数据库（表 9 - 4）。

表9-4　空间数据库内容及资料来源

序号	图层名	图层属性	资料来源
1	行政区划图	多边形	土地利用现状图
2	面状水系图	多边形	土地利用现状图
3	线状水系图	线层	土地利用现状图
4	道路图	线层	土地利用现状图 + 交通图修正
5	土地利用现状图	多边形	土地利用现状图
6	农用地地块图	多边形	土地利用现状图
7	非农用地地块图	多边形	土地利用现状图
8	土壤图	多边形	土壤图
9	系列养分等值线图	线层	插值分析结果
10	耕地资源管理单元图	多边形	土壤图与农用地地块图
11	土壤肥力普查农化样点点位图	点层	外业调查
12	耕地地力调查点点位图	点层	室内分析
13	评价因子单因子图	多边形	相关部门收集

第四节　冬小麦适宜性评价指标层次分析与结果

一、评价指标权重确定原则

冬小麦适宜性评价受所选指标的影响程度并不一致，确定各因素的影响程度大小时，必须遵从全局性和整体性的原则，综合衡量各指标的影响程度，不能因一年一季的影响或对某一区域的影响剧烈或无影响而形成极端的权重。如灌溉保证率的权重。第一，考虑两个因素在全县的差异情况和这种差异造成的冬小麦生产能力的差异大小，如果降水较丰且不易致涝，则权重应较低。第二，考虑其发生频率，发生频率较高，则权重应较高，频率低则应较低。第三，排除特殊年份的影响，如极端干旱年份和丰水年份。

二、评价指标权重确定方法

（一）层次分析法

冬小麦适宜性为目标层（G层），影响冬小麦适宜性的立地条件、物理性状、化学性状为准则层（C层），再把影响准则层中各元素的项目作为指标层（A层），其结构关系，如图9-2所示。

（二）构造判断矩阵

专家们评估的初步结果经合适的数学处理后（包括实际计算的最终结果—组合权重）反馈给各位专家，请专家重新修改或确认，确定C层对G层以及A层对C层的相对重要程

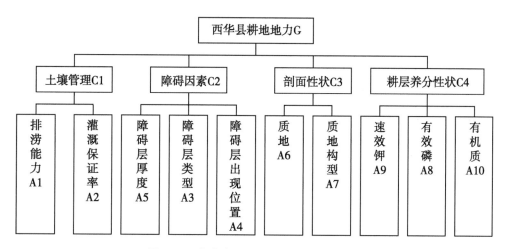

图9-2　冬小麦适宜性影响因素层次结构

度，共构成 G、C1、C2 共 3 个判断矩阵，详见表 9-5 至表 9-9。

表9-5　目标层判断矩阵

G	C1	C2	C3	C4
土壤管理 C1	1.0000	0.8333	0.3125	0.2128
障碍因素 C2	1.2000	1.0000	0.3750	0.2553
剖面性状 C3	3.2000	2.6667	1.0000	0.6809
耕层养分性状 C4	4.7000	3.9167	1.4688	1.0000

表9-6　土壤管理判断矩阵

C1	A1	A2
排涝能力	1.0000	0.1111
灌溉保证率	9.0000	1.0000

表9-7　障碍类型判断矩阵

C2	A3	A4	A5
障碍层类型	1.0000	0.7895	0.5769
障碍层位置	1.2667	1.0000	0.7308
障碍层厚度	1.7333	1.3684	1.0000

表9-8　剖面性状判断矩阵

C1	A6	A7
质地	1.0000	0.3954
质地构型	2.5294	1.0000

表 9 - 9　耕层理化判断矩阵

C1	A8	A9	A10
速效钾	1.0000	0.7059	0.3871
有效磷	1.4167	1.0000	0.5484
有机质	2.5833	1.8235	1.0000

判别矩阵中标度的含义，见表 9 - 10。

表 9 - 10　判断矩阵标度及其含义

标度	含　义
1	表示两个因素相比，具有同样重要性
3	表示两个因素相比，一个因素比另一个因素稍微重要
5	表示两个因素相比，一个因素比另一个因素明显重要
7	表示两个因素相比，一个因素比另一个因素强烈重要
9	表示两个因素相比，一个因素比另一个因素极端重要
2、4、6、8	上述两相邻判断的中值
倒数	因素 i 与 j 比较得判断 bij，则因素 j 与 i 比较的判断 bji = 1/bij

（三）层次单排序及一致性检验

求取 A 层对 C 层的权数值，可归结为计算判断矩阵的最大特征根 λmax 对应的特征向量 W。并用 CR = CI/RI 进行一致性检验。计算方法如下。

A. 将比较矩阵每一列正规化（以矩阵 C 为例）。

$$\hat{c}_{ij} = \frac{c_{ij}}{\sum\limits_{i=1}^{n} c_{ij}}$$

B. 每一列经正规化后的比较矩阵按行相加。

$$\overline{W}_i = \sum_{j=1}^{n} \hat{c}_{ij}, j = 1, 2, \cdots, n$$

C. 向量正规化。

$$W_i = \frac{\overline{W}_i}{\sum\limits_{i-1}^{n} \overline{W}_i}, i = 1, 2, \cdots, n$$

所得到的 $W_i = [W_1, W_2, \cdots, W_n]^T$ 即为所求特征向量，也就是各个因素的权重值。

D. 计算比较矩阵最大特征根 λmax。

$$\lambda_{max} = \sum_{i=1}^{n} \frac{(CW)_i}{nW_i}, i = 1, 2, \cdots, n$$

式中：C 为原始判别矩阵，$(CW)_i$ 表示向量的第 i 个元素。

E. 一致性检验。

首先计算一致性指标 CI：

$$CI = \frac{\lambda_{max} - n}{n - 1}$$

式中：n 为比较矩阵的阶，也即因素的个数。

然后根据表 9 - 11 查找出随机一致性指标 RI，由下式计算一致性比率 CR。

$$CR = \frac{CI}{RI}$$

表 9 - 11　随机一致性指标 RI 值

n	1	2	3	4	5	6	7	8	9	10	11
RI	0	0	0.58	0.9	1.12	1.24	1.32	1.41	1.45	1.49	1.51

根据以上计算方法可得以下结果。

将所选指标根据其对冬小麦生产的影响方面和其固有的特征，分为几个组，形成目标层—冬小麦适宜性评价，准则层—因子组，指标层—每一准则下的评价指标。

表 9 - 12　权数值及一致性检验结果

矩阵	特　　征　　向　　量				CI	CR
矩阵 G	0.0990	0.1188	0.3168	0.4653	1.43274239106835E − 05	0.00001592
矩阵 C1	0.1000	0.9000			− 5.00012500623814E − 05	0.00000000
矩阵 C2	0.2500	0.3167	0.4333		4.52321480848283E − 06	0.00000780
矩阵 C3	0.2833	0.7167			6.2378054489276E − 05	0.00000000
矩阵 C4	0.2000	0.2833	0.5167		8.55992576287434E − 06	0.00001476

从表 9 - 12 中可以看出，CR < 0.1，具有很好的一致性。

（四）层次总排序及一致性检验

计算同一层次所有因素对于最高层相对重要性的排序权值，称为层次总排序，这一过程是最高层次到最低层次逐层进行的。层次总排序结果，见表 9 - 13。

表 9 - 13　层次总排序结果

层次 A	土壤管理	障碍因素	剖面性状	耕层养分性	组合权重
	0.0990	0.1188	0.3168	0.4653	$\sum C_i A_i$
排涝能力	0.1000				0.0099
灌溉保证率	0.9000				0.0891
障碍层类型		0.2500			0.0297
障碍层位置		0.3167			0.0376
障碍层厚度		0.4333			0.0515
质地			0.2833		0.0898
质地构型			0.7167		0.2271
速效钾				0.2000	0.0931
有效磷				0.2833	0.1318
有机质				0.5167	0.2404

层次总排序的一致性检验也是从高到低逐层进行的。如果 A 层次某些因素对于 C_j 单排序的一致性指标为 CI_j，相应的平均随机一致性指标为 CR_j，则 A 层次总排序随机一致性比率为：

$$CR = \frac{\sum\limits_{j=1}^{n} c_j CI_j}{\sum\limits_{j=1}^{n} c_j RI_j}$$

经层次总排序，并进行一致性检验，结果为 CI = − 1. 239E − 06，CR = 0. 00000214 < 0. 1，认为层次总排序结果具有满意的一致性，最后计算得到各因子的权重，见表 9 − 14。

表 9 − 14　各因子的权重

序号	评价因子	权重
1	排涝能力	0. 0099
2	灌溉保证率	0. 0891
3	障碍层类型	0. 0297
4	障碍层位置	0. 0376
5	障碍层厚度	0. 0515
6	质地	0. 0898
7	质地构型	0. 2271
8	速效钾	0. 0931
9	有效磷	0. 1318
10	有机质	0. 2404

第五节　冬小麦适宜性评价指标隶属度

一、指标特征

评价指标之间与冬小麦的生产之间关系十分复杂，此外，评价中也存在着许多不严格、模糊性的概念，因此我们采用模糊评价方法来进行冬小麦适宜性等级的确定。本次评价中，根据指标的性质分为概念型指标和数据型指标两类。

概念型指标的性状是定性的、综合的，与冬小麦生产之间是一种非线性关系，如质地、质地构型等，这类指标可采用特尔菲法直接结出隶属度。

数据型指标是指可以用数字表示的指标，如有机质、有效磷和速效钾等。根据模糊数学的理论，西华县的养分评价指标与冬小麦生产之间的关系为戒上型函数（表 9 − 15）。

对于数据型的指标也可以用适当的方法进行离散化（也即数据分组），然后对离散化的数据作为概念型的指标来处理。

表 9 - 15　数据型指标函数模型

评价因子	函数类型	a	c	ut	函数公式	拟合度
有机质 （g/kg）	戒上型	0.0174632800	22.07154	3	1/ ［1 + a （u - c） ^2］	0.942
有效磷 （mg/kg）	戒上型	0.0002499804	25.62258	2	1/ ［1 + a （u - c） ^2］	0.941
速效钾 （mg/kg）	戒上型	0.0002499804	138.658	20	1/ ［1 + a （u - c） ^2］	0.950

二、指标隶属度

对灌溉保证率、质地构型、质地等概念型定性因子采用专家打分法，经过归纳、反馈、逐步收缩、集中，最后产生获得相应的隶属度。而对有机质、有效磷、速效钾等定量因子，首先对其离散化，将其分为不同的组别，然后为采用专家打分法，给出相应的隶属度。

（一）灌溉保证率

属概念型，有量纲指标，经专家打分，建立指标与隶属度的对应表（表 9 - 16）。

表 9 - 16　灌溉保证率隶属度

序号	灌溉保证率	隶属度
1	90	1
2	60	0.85
3	50	0.72

（二）质地构型

属概念型，无量纲指标（表 9 - 17）。

表 9 - 17　质地构型隶属度

序号	质地构型	隶属度
1	均质轻壤	1.00
2	黏底中壤	0.93
3	均质重壤	0.87
4	均质黏土	0.76
5	均质重壤	0.74
6	黏身轻壤	0.70
7	黏底轻壤	0.67
8	夹壤黏土	0.64
9	夹黏轻壤	0.62
10	夹沙中壤	0.57
11	夹沙重壤	0.53
12	黏身沙壤	0.46

（续表）

序号	质地构型	隶属度
13	沙底中壤	0.43
14	均质轻壤	0.41
15	底沙重壤	0.40
16	黏底沙壤	0.38
17	沙身中壤	0.36
18	壤身黏土	0.31
19	沙底轻壤	0.26
20	夹沙轻壤	0.23
21	壤底沙壤	0.20
22	沙身轻壤	0.13
23	均质沙壤	0.09
24	均质沙土	0.04

（三）质地

属概念型，无量纲指标（表9-18）。

表9-18　质地隶属度

序号	质地	隶属度
1	松沙土	0.1
2	沙壤土	0.3
3	轻壤土	0.7
4	中壤土	1.0
5	重壤土	0.8
6	轻黏土	0.6
7	中黏土	0.4

（四）有机质

属数值型，有量纲指标（表9-19）。

表9-19　有机质隶属度

序号	有机质	隶属度
1	23.3	1
2	19.3	0.9
3	16.0	0.6
4	12.0	0.4
5	9.0	0.2

（五）有效磷

属数值型，有量纲指标（表9－20）。

表9－20　有效磷隶属度

序号	有效磷	隶属度
1	25.0	1
2	21.0	0.8
3	16.0	0.6
4	12.3	0.4
5	8.7	0.2

（六）速效钾

属数值型，有量纲指标（表9－21）。

表9－21　速效钾隶属度

序号	速效钾	隶属度
1	150.0	1
2	123.3	0.9
3	100.0	0.8
4	75.0	0.5
5	59.3	0.6

第六节　西华县冬小麦适宜性等级

一、计算冬小麦适宜性评价综合指数

用指数和法来确定冬小麦适宜性的综合指数，模型公式如下。

$$IFI = \sum \quad F_i * C_i \quad (i = 1, 2, 3 \cdots n)$$

式中：IFI（Integrated Fertility Index）代表冬小麦适宜性综合指数；F＝第i个因素评语；C_i＝第i个因素的综合权重。

具体操作过程：在县域耕地资源管理信息系统（CLRMIS）中，在"专题评价"模块中导入隶属函数模型和层次分析模型，然后选择"适宜性评价"功能进行冬小麦适宜性综合指数的计算。

二、确定最佳的冬小麦适宜性等级数目

根据综合指数的变化规律，在耕地资源管理系统中我们采用累积曲线分级法进行评价，根据曲线斜率的突变点（拐点）来确定等级的数目和划分综合指数的临界点，将西华县冬

小麦适宜性共划分为四级，各等级冬小麦适宜性综合指数，如表9－22，图9－3所示。

表9－22　西华县冬小麦适宜性等级综合指数

IFI	高度适宜	适宜	勉强适宜	不适宜
冬小麦适宜性等级	>0.8	0.6~0.8	0.4~0.6	<0.4

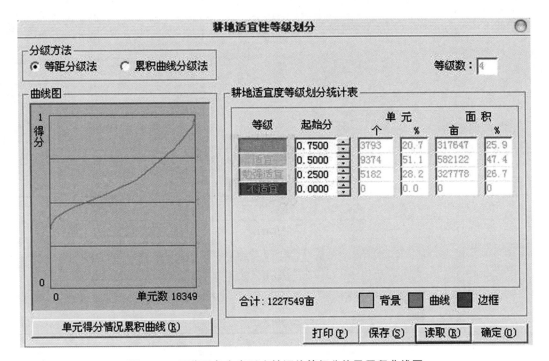

图9－3　西华县冬小麦适宜性评价等级分值及累积曲线图

第七节　冬小麦适宜性评价结果

一、冬小麦适宜性评价各等级用地面积及其分布

西华县冬小麦适宜性共分4个等级。其中，高度适宜14 564.29hm²，占全县耕地面积的17.82%；适宜5 161.75hm²，占全县耕地面积的30.79%；勉强适宜38 799.092hm²，占全县耕地面积的47.47%；不适宜的3 202.44hm²，占全县耕地面积的3.92%（表9－23，图9－4）。

表9－23　冬小麦适宜性评价结果面积统计表

等级	高度适宜	适宜	勉强适宜	不适宜	总计
面积（hm²）	14 564.29	25 161.75	38 799.09	3 202.44	81 727.57
占总面积（%）	17.82	30.79	47.47	3.92	100

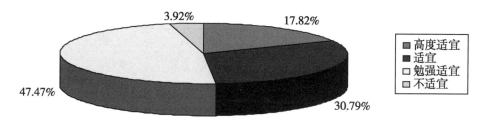

图 9 - 4　西华县冬小麦适宜性评价等级图

　　评价结果表明，西华县高度适宜和适宜冬小麦用地面积为 39 726.04hm²，占全县耕地面积的 48.61%，可见全县高度适宜和适宜冬小麦生长耕地资源仅占 50% 左右，在全县各乡镇均有分布；勉强适宜 38 799.092hm²，占全县耕地面积的 47.47%；仅城关镇没有分布，其他乡镇均有分布，以红花集镇、聂堆镇、西华营镇、迟营乡、黄土桥乡、田口乡、皮营乡、东王营乡 8 个乡镇面积最大，其他为零星分布，不适宜的 3 202.44hm²，占全县耕地面积的 3.92%（图 9 - 5，表 9 - 24）。

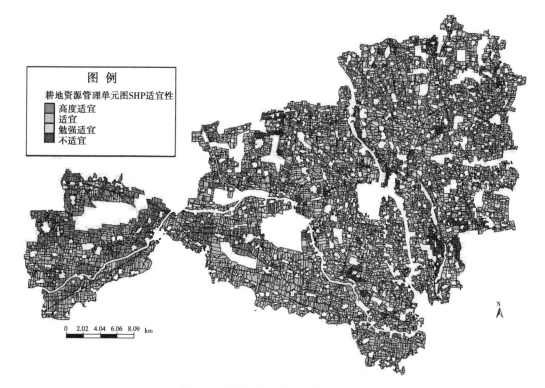

图 9 - 5　西华县小麦适宜性评价图

表 9 - 24　冬小麦适宜性评价等级在各乡镇分布情况表　　　　　　　（单位：hm²）

乡名称	高度适宜	适宜	勉强适宜	不适宜	总计
艾岗乡	1 255.38	1 994.33	1 466.81	106.14	4 822.66
城关镇		1 101.5		110.3	1 211.8
迟营乡	5.98	3 595.72	109.27	263.92	3 974.89

（续表）

乡名称	高度适宜	适宜	勉强适宜	不适宜	总计
大王庄乡		1 882.89	1 038.7	0.01	2 921.6
东王营乡		2 129.45	218.54	717.92	3 065.91
东夏亭镇	464.33	1 819.33	1 943.75	54.45	4 281.86
奉母镇	4 322.66	29.61	2 141.83		6 494.1
红花集镇	0.11	6 682.9	427.1	474.03	7 584.14
黄土桥乡	168.98	3 229.51	186.89	171.1	3 756.48
李大庄乡	0.89	553.37	2 195.01	72.64	2 821.91
聂堆镇		4 058.05	1 272.37	225.16	5 555.58
皮营乡	119.07	2 597.81	716.27	349.98	3 783.13
清河驿乡	319.01	976.45	2 111.68		3 407.14
田口乡		3 188.38	30.29	240.54	3 459.21
西华营镇	162.15	3 660.44	1 886.5	416.25	6 125.34
西夏亭镇	2 297.42	1 098.86	2 540.18		5 936.46
逍遥镇	2 051.1		2 224.08		4 275.18
叶埠口乡	1 414.76	196.11	2 881.52		4 492.39
址坊镇	1 982.45	4.38	1 770.96		3 757.79
总计	14 564.29	38 799.09	25 161.75	3 202.44	81 727.57

二、西华县冬小麦适宜性评价等级中土种分布情况

根据西华县第二次土壤普查的土壤分类情况，结合省土壤分类系统，与省土种名称对接后状况。现西华县土壤归潮土、沙姜黑土、褐土、风沙土四个土类，分草甸风沙土、潮褐土、潮土、石灰性沙姜黑土、盐化潮土5个亚类，潮褐土、覆盖石灰性沙姜黑土、固定草甸风沙土、氯化物盐化潮土、壤质潮土、沙质潮土、石灰性青黑土、石灰性沙姜黑土、黏质潮土9个土属，下分26个土种。针对冬小麦适宜性评价结果，在不同冬小麦适宜性评价等级范围内，土种有一定的规律性分布，也有个别的典型分布（表9-25）。

冬小麦高度适宜区分布的土种有：淤土，面积11 635.8hm²，占全部面积的68.71%；浅位厚壤淤土，面积16.24hm²，占全部面积的1.72%；壤质潮褐土，面积7.81hm²，占全部面积的0.14%；黏盖石灰性沙姜黑土，面积1 268.84hm²，占全部面积的99.75%；深位多量沙姜石灰性沙姜黑土，面积807.56hm²，占全部面积；底沙淤土，面积7 694.65hm²，占底沙淤土94.88%；两合土，面积828.04hm²，占两合土的16.43%。

冬小麦适宜区分布的土种有壤质潮褐土、淤土、两合土、小两合土、浅位沙两合土、浅位厚壤淤土、沙壤土、浅位沙淤土、石灰性青黑土、底沙淤土、浅位厚沙淤土、底黏沙壤土、底黏小两合土、底沙两合土、浅位黏沙壤土、浅位黏小两合土、浅位厚黏小两合土、底壤沙壤土、浅位沙小两合土、底沙小两合土、黏盖石灰性沙姜黑土、浅位厚沙小两合土、氯

化物轻盐化潮土24种土种。其中，面积较大的有壤质潮褐土，面积5 508.65hm²，占壤质潮褐土的 99.78%；淤土，面积 5 297.97hm²，占淤土的 32.29%；底沙淤土，面积 414.89hm²，占底沙淤土5.12%；两合土，面积4 211.69hm²，占两合土的83.59%；浅位沙两合土，面积2 071.59hm²，占浅位沙两合土的40.79%；底沙两合土，面积556.57hm²，占底沙两合土的44.86%；小两合土，面积2 929.23hm²，占小两合土的38.95%；浅位厚壤淤土，面积884.2hm²，占浅位厚壤淤土的10.4%。

表9－25　各土种在冬小麦适宜性评价等级中分布情况表 （单位：hm²）

省土种名称	高度适宜	适宜	勉强适宜	不适宜	总计
底壤沙壤土		97.65	111.84		209.49
底沙两合土		249.7	306.87		556.57
底沙小两合土		31.87	567.8		599.67
底沙淤土		510.94	212.92		723.86
底黏沙壤土		352.25	294.66		646.91
底黏小两合土		266.65			266.65
固定草甸风沙土			500.65	110.23	610.88
两合土	828.04	4 211.69			5 039.73
氯化物轻盐化潮土		1.4	241.71		243.11
浅位厚壤淤土	16.24	884.2	42.84		943.28
浅位厚沙小两合土		2	6 037.89	1 161.93	7 201.82
浅位厚沙淤土		354.33	3 046.96		3 401.29
浅位厚黏小两合土		119.54	21.64		141.18
浅位沙两合土		2 071.59	3 006.91		5 078.5
浅位沙小两合土		52.48	353.73		406.21
浅位沙淤土		591.55	142.18		733.73
浅位黏沙壤土		190.34	138.06		328.4
浅位黏小两合土		166.39	23.29		189.68
壤质潮褐土	7.81	5 508.65	4.38		5 520.84
沙壤土		724.42	16 906.75	50.84	17 682.01
沙质潮土			2 217.8	1 879.44	4 097.24
深位多量沙姜石灰性沙	807.56				807.56
石灰性青黑土		543.76	29.61		573.37
小两合土		2 929.23	4 590.6		7 519.83
淤土	11 635.8	5 297.97			16 933.77
黏盖石灰性沙姜黑土	1 268.84	3.15			1 271.99
总计	14 564.29	25 161.75	38 799.09	3 202.44	81 727.57

冬小麦勉强适宜区分布的土种有沙壤土、浅位厚沙小两合土、小两合土、浅位厚沙淤土、浅位沙两合土、沙质潮土、底沙小两合土、固定草甸风沙土、浅位沙小两合土、底沙两合土、底黏沙壤土、氯化物轻盐化潮土、底沙淤土、浅位沙淤土、浅位黏沙壤土、底壤沙壤土、浅位厚壤淤土、石灰性青黑土、浅位黏小两合土、浅位厚黏小两合土、壤质潮褐土21种土种，其中，面积较大的有：沙壤土，面积 16 906.75hm²，占沙壤土的95.62%；浅位厚沙小两合土，面积 6 037.89hm²，占浅位厚沙小两合土的 83.84%。小两合土，面积 4 590.6hm²，占小两合土的 61.05%；浅位厚沙淤土，面积 3 046.96hm²，占浅位厚沙淤土的 89.58%；浅位沙两合土，面积 3 006.91hm²，占浅位沙两合土的 59.21%；沙质潮土，面积 2 217.8hm²，占沙质潮土的 54.13%。

冬小麦不适宜区分布的土种有沙质潮土、浅位厚沙小两合土、固定草甸风沙土、沙壤土4 个土种，其面积依次为 1 879.44hm²、1 161.93hm²、110.23hm²、50.84hm²，分别占各自土种面积的 45.87%、16.13%、18.04%、0.288%。

三、冬小麦适宜性评价各等级特征

冬小麦适宜性评价是对适宜性评价因子对冬小麦生长影响的评价。通过评价，划分冬小麦适宜性评价等级，从评价因子中找出冬小麦适宜性评价等级的主导限制因子，划分冬小麦适宜性改良分区，为冬小麦生长提供科学的栽培措施提供依据。

西华县冬小麦适宜性评价选取的评价因子有土壤质地，质地构型、灌溉保证率、土壤有机质、有效磷、速效钾、排涝能力、障碍层类型、障碍层位置、障碍层厚度10 个评价因子。对评价因子又以土壤立地条件、主要土壤养分含量为内容，通过因子类型间、类型因子间、因子内部等级间打分，确定了因子的权重和隶属度，建立了西华县冬小麦适宜性评价指标。由于这些评价指标在县域及各乡镇的空间分布不匀，通过其分布特征分析和评价指标在不同地力等级中比重的分析，从而为划分冬小麦生长改良分区提供依据。

（一）表层质地

耕层土壤质地对土壤养分含量，保水保肥性能、耕性、通透性等土壤属性影响很大，对作物的适宜性影响较大。

西华县耕层土壤质地有轻壤土、中壤土、重壤土、轻黏土、中黏土、松沙土、沙壤土7 个质地类型。从不同冬小麦适宜性等级的表层质地情况如下。

高度适宜等级主要包括重壤土、中壤土、轻黏土、轻壤土4 种质地类型，其中重壤土面积为 13 712.2hm²，占高度适宜等级的 94.15%；中壤土面积为 828.04hm²，占高度适宜等级的 5.69%；轻黏土面积为 16.24hm²，占高度适宜等级的 0.1%；轻壤土面积 7.81hm²，占高度适宜等级的 0.05%。

适宜等级主要包括轻壤土、中壤土、重壤土、轻黏土、中黏土、沙壤土6 个质地类型，其中，轻壤土面积为 9 078.21hm²，占适宜等级的 36.08%；中壤土面积为 6 532.98hm²，占适宜等级的 25.96%；重壤土面积为 6 403.61hm²，占适宜等级的 25.45%；轻黏土面积为 1 427.96hm²，占适宜等级的 5.68%；沙壤土面积 1 364.66hm²，占适宜等级的 5.42%；中黏土面积 354.33hm²，占适宜等级的 1.41%。

勉强适宜的质地类型有7 种，面积为 38 799.09hm²。其中，轻壤土面积为 11 660.75hm²，占适宜等级的 30.05%；中壤土面积为 3 494.074hm²，占适宜等级的 9.01%；重壤土面积为

355.1hm²，占适宜等级的 0.92%；轻黏土面积为 72.45hm²，占适宜等级的 0.19%；中黏土面积为 3 046.96hm²，占适宜等级的 7.85%；沙壤土面积为 17 951.96hm²，占适宜等级的 46.27%；松沙土面积为 2 217.8hm²，占适宜等级的 5.72%。

不适宜的质地类型有 3 种，面积为 3 202.44hm²。其中，轻壤土面积为 1 161.93hm²，占适宜等级的 36.28%；沙壤土面积为 161.07hm²，占适宜等级的 5.03%；松沙土面积为 1 879.44hm²，占适宜等级的 58.69%（表 9 -26）。

表 9 -26 质地在冬小麦适宜性评价等级中占面积比例情况表

质地	高度适宜		适宜		勉强适宜		不适宜	
	面积（hm²）	比例（%）	面积（hm²）	比例（%）	面积（hm²）	比例（%）	面积（hm²）	比例（%）
轻壤土	7.81	0.05	9 078.21	36.08	11 660.75	30.05	1 161.93	36.28
轻黏土	16.24	0.11	1 427.96	5.68	72.45	0.19		
沙壤土			1 364.66	5.42	17 951.96	46.27	161.07	5.03
松沙土					2 217.80	5.72	1 879.44	58.69
中壤土	828.04	5.69	6 532.98	25.96	3 494.07	9.01		
中黏土			354.33	1.41	3 046.96	7.85		
重壤土	13 712.20	94.15	6 403.61	25.45	355.10	0.92		
总计	14 564.29	100.00	25 161.75	100.00	38 799.09	100.00	3 202.44	100.00

（二）质地构型

质地构型，是指对作物生长影响较大的 1m 土体内出现的不同土壤质地层次、排列、厚度情况。质地构型对耕层土壤肥力有重大影响，对冬小麦生长发育和产量有着较大影响。

西华县土壤有底沙重壤、夹壤黏土、夹沙轻壤、夹沙中壤、夹沙重壤、夹黏轻壤、均质轻壤、均质沙壤、均质沙土、均质黏土、均质重壤、壤底沙壤、壤身黏土、沙底轻壤、沙底中壤、沙身轻壤、黏底轻壤、黏底沙壤、黏底中壤、黏身轻壤、黏身沙壤 21 种质地构型，对耕层土壤肥力有着不同的影响，也对冬小麦有着不同影响。如同是中壤，若质地构型为均质中壤，其保水保肥性能较好，耕层土壤养分较高，若均质中壤的心土层有 20cm 以上的重壤层，则保水保肥性能和土壤肥力更好，即群众所说的蒙金地。若质地构型出现浅位沙层，则保水保肥性能和土壤肥力就会受到沙层的影响，从而对冬小麦生长有着明显影响。从评价结果如下。

冬小麦高度适宜等级中各质地构型所占面积、比例为：夹壤黏土面积为 16.24hm²，占高度适宜等级的 0.11%；均质轻壤面积为 7.81hm²，占高度适宜等级的 0.054%；均质重壤土面积为 13 712.2hm²，占高度适宜等级的 94.15%；黏底中壤面积为 828.04hm²，占高度适宜等级的 5.685%。

冬小麦适宜等级中各质地构型所占面积、比例为：均质轻壤面积为 8 437.88hm²，占适宜等级的 35.53%；均质重壤面积为 5 301.12hm²，占适宜等级的 21.07%；黏底中壤面积为 4 211.69hm²，占适宜等级的 16.74%；夹沙中壤面积为 2 071.59hm²，占适宜等级的 8.23%；夹壤黏土面积为 884.2hm²，占适宜等级的 3.51%；均质沙壤面积为 724.42hm²，占适宜等级的 2.88%；夹沙重壤面积为 591.55hm²，占适宜等级的 2.35%。均质黏土面积为 543.76hm²，占适宜等级的 2.16%。沙底重壤面积为 510.94hm²，占适宜等级的 2.03%。壤身黏土面积为 354.33hm²，占适宜等级的 1.4%；黏底沙壤面积 352.25hm²，占适宜等级的 1.34%。全县 21 种质地构型中只有均质沙土构型不在此列，其他质地构型面积较小，不再一一赘述。

冬小麦勉强适宜等级中有均质沙壤、沙身轻壤、夹沙轻壤、沙底中壤、黏底沙壤、底沙重壤、夹沙重壤、黏身沙壤、壤底沙壤、夹壤黏土、均质黏土、夹黏轻壤、黏身轻壤 18 种质地构型（表 9 - 27）。

表 9 - 27　质地构型在冬小麦适宜性评价等级中占面积比例情况表

质地	高度适宜		适宜		勉强适宜		不适宜	
	面积（hm²）	比例（%）	面积（hm²）	比例（%）	面积（hm²）	比例（%）	面积（hm²）	比例（%）
均质沙壤			724.42	2.88	16 906.75	43.58	50.84	1.59
沙身轻壤			3.4	0.01	6 099.31	15.72	1 161.93	36.28
均质轻壤	7.81	0.05	8 437.88	33.53	4 594.98	11.84		
壤身黏土			354.33	1.41	3 046.96	7.85		
夹沙中壤			2 071.59	8.23	3 006.91	7.75		
均质沙土					2 718.45	7.01	1 989.67	62.13
沙底轻壤			31.87	0.13	748.09	1.93		
夹沙轻壤			52.48	0.21	353.73	0.91		
沙底中壤			249.7	0.99	306.87	0.79		
黏底沙壤			352.25	1.40	294.66	0.76		
底沙重壤			510.94	2.03	212.92	0.55		
夹沙重壤			591.55	2.35	142.18	0.37		
黏身沙壤			190.34	0.76	138.06	0.36		
壤底沙壤			97.65	0.39	111.84	0.29		
夹壤黏土	16.24	0.11	884.2	3.51	42.84	0.11		
均质黏土			543.76	2.16	29.61	0.08		
夹黏轻壤			166.39	0.66	23.29	0.06		
黏身轻壤			119.54	0.48	21.64	0.06		
均质重壤	13 712.2	94.15	5 301.12	21.07				
黏底轻壤			266.65	1.06				
黏底中壤	828.04	5.69	4 211.69	16.74				
总计	14 564.29	100.00	25 161.75	100.00	38 799.09	100.00	3 202.44	100.00

各质地构型所占面积、比例为：均质沙壤面积为 16 906.75hm²，占勉强适宜等级的

43.58%；沙身轻壤面积为 6 099.31hm²，占适宜等级的 15.72%；均质轻壤面积为 4 594.98hm²，占勉强适宜等级的11.84%；壤身黏土面积为3 046.96hm²，占勉强适宜等级的7.85%；夹沙中壤面积为3 006.91hm²，占勉强适宜等级的7.75%；均质沙土面积为 2 718.45hm²，占勉强适宜等级的7.01%；沙底轻壤面积为748.09hm²，占勉强适宜等级的1.93%。其他质地构型面积较小，不再一一赘述。

冬小麦不适宜等级中有均质沙土、沙身轻壤、均质沙壤 3 种质地构型。其所占面、比例依次为：均质沙土面积为 1 989.67hm²，占不适宜等级的 62.13%；沙身轻壤面积为 1 161.93hm²，占不适宜等级的 36.28%；均质沙壤面积为 50.84hm²，占不适宜等级的1.59%。

（三）灌溉保证率

灌溉保证率是指在干旱年份，对耕地实行灌溉的指标。西华县将灌溉保证率分为三级。具体划分标准为：具备一年可灌溉 6 遍或 6 遍以上的耕地为灌溉保证率大于90%；具备一年灌溉四遍或四遍以上的为灌溉保证率大于或等于60%；具备一年灌溉三遍或三遍以下的为灌溉保证率小于或等于60%。评价结果如下。

在冬小麦高度适宜等级中，灌溉保证率大于90%的面积为10 516.89hm²，占高度适宜等级的72.71%；灌溉保证率大于60%的面积为2 799.45hm²，占高度适宜等级的19.22%；灌溉保证率小于或等于60%的面积为1 247.95hm²，占高度适宜等级的8.57%。

在冬小麦适宜等级中，灌溉保证率大于 90% 的面积为 7 205.72hm²，占适宜等级的28.64%；灌溉保证率大于60%的面积为10 975.41hm²，占适宜等级的43.62%；灌溉保证率小于或等于60%的面积为6 980.62hm²，占适宜等级的27.74%。

在冬小麦勉强适宜等级中，灌溉保证率大于90%的面积为3 600.21hm²，占勉强适宜等级的9.28%；灌溉保证率大于60% 的面积为24 672.74hm²，占勉强适宜等级的63.59%；灌溉保证率小于或等于60% 的面积为10 526.14hm²，占勉强适宜等级的27.13%。

在冬小麦不适宜等级中，灌溉保证率大于90%的面积为29.4hm²，占不适宜等级的0.92%；灌溉保证率大于60%的面积为1 638.29hm²，占不适宜等级的51.16%；灌溉保证率小于或等于60% 的面积为1 534.75hm²，占不适宜等级的47.92%（表9-28）。

表9-28 灌溉保证率在冬小麦适宜性等级中占面积、比例情况表

灌溉保证率	高度适宜		适宜		勉强适宜		不适宜	
	面积（hm²）	比例（%）	面积（hm²）	比例（%）	面积（hm²）	比例（%）	面积（hm²）	比例（%）
≤60	1 247.95	8.57	6 980.62	27.74	10 526.14	27.13	1 534.75	47.92
<60，≤90	2 799.45	19.22	10 975.41	43.62	24 672.74	63.59	1 638.29	51.16
>90	10 516.89	72.21	7 205.72	28.64	3 600.21	9.28	29.4	0.92
总计	14 564.29	100.00	25 161.75	100.00	38 799.09	100.00	3 202.44	100.00

（四）有机质

土壤有机质是代表土壤基本肥力，也与土壤氮素含量呈正相关关系。有机质含量的高低，与同等管理水平的冬小麦产量显示明显的正相关关系，即有机质含量越高，单位面积产

量越高。从冬小麦适宜性评价结果表明：西华县冬小麦高度适宜区域有机质平均含量为18.07g/kg，变幅为16～20g/kg；冬小麦适宜区域有机质平均含量为16.71g/kg，变幅为13.0～19g/kg；冬小麦勉强适宜区域有机质平均含量为14.4g/kg，变幅为12.5～17.0g/kg；冬小麦不适宜区域有机质平均含量为12.91g/kg，变幅为10.5～15.5g/kg从中可知，在4个区域中有机质含量，高度适宜区域＞适宜区域＞勉强适宜区域＞不适宜区域（表9－29）。

表9－29　冬小麦适宜性评价各等级有机质含量情况表　　　　（单位：g/kg）

等级	高度适宜	适宜	勉强适宜	不适宜	总计
平均值	18.07	16.17	14.40	12.91	15.39
最大值	27.60	31.80	32.30	17.80	32.30
最小值	11.60	4.20	3.40	5.00	3.40
标准差	2.28	2.80	2.72	2.52	3.03
变异系数（%）	12.63	17.34	18.92	19.54	19.66

（五）有效磷

磷是冬小麦生长所需的大量营养元素之一，是构成冬小麦体内核蛋白、核酸、磷脂、植素、磷酸腺苷和多种酶的重要成分，还可以促进作物根系的发育，也可促进作物对氮的吸收。土壤中磷素的多少及有效程度，对冬小麦产量品质至关重要。冬小麦适宜性评价结果表明：冬小麦高度适宜区域有效磷平均含量为15.83mg/kg，变幅为12～19mg/kg；冬小麦适宜区域有效磷平均含量为14.98mg/kg，变幅为10～18mg/kg；冬小麦不适宜区域有效磷平均含量为14.29mg/kg，变幅为11～17mg/kg从中可知，西华县土壤有效磷含量在不同区域中没有较为明显的差异，但是以高度适宜区域最大（表9－30）。

表9－30　冬小麦适宜性评价各等级有效磷含量情况表　　　　（单位：mg/kg）

等级	高度适宜	适宜	勉强适宜	不适宜	总计
平均值	15.83	14.98	14.92	14.29	15.04
最大值	35.30	34.70	29.40	23.30	35.30
最小值	7.60	6.70	6.90	8.00	6.70
标准差	3.47	3.76	2.98	2.90	3.32
变异系数（%）	21.90	25.13	20.00	20.32	22.09

（六）速效钾

钾是冬小麦生长发育不可缺少的营养元素之一。它具有促进冬小麦体内碳水化合物的代谢和合成，提高冬小麦的抗寒、抗旱、抗病、抗倒伏能力，同时，还具有改善冬小麦品质，消除过量氮、磷所造成不良影响的作用。随着复种指数和产量的提高，钾肥在冬小麦生产中已日益显出其重要地位。从冬小麦适宜性评价结果表明：冬小麦高度适宜区域速效钾平均含量为146.2mg/kg，变幅为115～175mg/kg；冬小麦适宜区域速效钾平均含量为123.12mg/kg，变幅为90～155mg/kg；冬小麦勉强适宜区域速效钾平均含量为98.69mg/kg，变幅为75～

120mg/kg；冬小麦不适宜区域速效钾平均含量为86.81mg/kg，变幅为70～106mg/kg。从中可以得出，西华县土壤速效钾含量在不同区域中有较为明显的差异，冬小麦高度适宜区域土壤速效钾含量明显高于其他区域（表9-31）。

表9-31　冬小麦适宜性评价各等级速效钾含量　　　　　　　　（单位：mg/kg）

等级	高度适宜	适宜	勉强适宜	不适宜	总计
平均值	146.20	123.12	98.69	86.81	112.24
最大值	245.00	319.00	276.00	161.00	319.00
最小值	41.00	38.00	41.00	49.00	38.00
标准差	33.68	31.15	22.10	18.27	32.20
变异系数（%）	23.04	25.30	22.39	21.04	28.69

四、西华县冬小麦用地主要限制因素分析

利用全县冬小麦适宜性评价成果数据库，对冬小麦用地的限制因素进行评价，发现西华县冬小麦用地存在着一些限制因子，不同程度制约着耕地资源的可持续利用。第一，5月末6月初受干热风的影响，导致冬小麦早熟，减产；第二，西华县有些地方灌溉条件较差，近年虽加大了农田水利建设力度，但是灌溉保证率≤60%的面积比较大，加之降水量在冬小麦生育期分布不均，常出现春旱现象，严重影响冬小麦生长发育，故干旱也成为制约本县冬小麦用地可持续利用的一个因素；第三，耕地瘠薄和漏水漏肥的质地构型也制约着全县冬小麦生产，全县漏水漏肥和瘠薄耕地面积为37 419.23hm²，占耕地总面积的45.785%，以红花集镇、聂堆镇、迟营乡、田口乡、西华营镇、黄土桥乡、皮营乡、东王营乡、东夏亭镇的面积最大。因此，应充分利用全县冬小麦适宜性评价有关成果，对全县冬小麦生产进行统一规划，压缩勉强适宜区，稳定扩大高度适宜区，并与沃土工程、测土配方施肥项目、农业综合开发项目、标准良田项目紧密结合。在改良用地方面，要坚持用养结合，并针对不同限制因子采用工程、生物和栽培技术等措施进行改良；对于干旱限制耕地，要加大工程投入，发展田间灌溉工程，力争实现30～50亩地一眼井配套工程；对于瘠薄和漏水漏肥耕地，采用逐年深耕改土，增施有机肥，改善土壤质地构型和提高土壤有机质含量。

第八节　冬小麦用地类型分区及改良建议

一、冬小麦用地类型区划分

按照统一规划、合理利用、科学培肥的原则，本着促进冬小麦优质高产的指导思想，将影响冬小麦生长的障碍因素相似、改良措施相近的冬小麦用地划为一个冬小麦生产利用区。据此，将西华县冬小麦用地划分为3个类型区，即冬小麦用地质地构型改善培肥类型区、冬小麦用地高产稳产稳定类型区、冬小麦用地高产类型区。

（一）冬小麦用地质地构型改善培肥类型区

该类型区主要分布在东北部的田口乡、聂堆镇、田口乡、西华营镇、皮营乡、东夏亭镇，县域中部的红花集镇、城关镇、黄土桥乡，东南部的东王营乡、大王庄乡。面积26 683.66hm²。由于该类型区土壤质地构型为夹沙轻壤、夹沙中壤、夹沙重壤、均质沙壤、均质沙土、壤底沙壤、沙底轻壤、沙底中壤、沙身轻壤等，心土层沙层较厚，土壤保水保肥能较差，使得耕层土壤瘠薄。其主要养分含量为：有机质平均为14.56g/kg，幅度为12～17g/kg，有效磷平均为15.03mg/kg，幅度为12～18mg/kg，速效钾平均为98.33mg/kg，幅度为85～120mg/kg。

（二）冬小麦用地高产稳产稳定类型区

该类型区包括奉母镇、西夏亭镇、逍遥镇、址坊镇、叶埠口乡、艾岗乡等乡镇的潮褐土、覆盖石灰性沙姜黑土、壤质潮、石灰性沙姜黑土、黏质潮土土属区域，面积15 646.29hm²，该区域质地构型为轻壤土、轻黏土、中壤土、重壤土类型，该区肥力基础好，土壤耕性好，抗旱性能优良，保水保肥能力强，冬小麦容易获得高产，是西华县高产稳产粮田。其主要养分含量为：有机质平均为18.07g/kg，幅度为16.0～22.0g/kg，，有效磷平均为15.38mg/kg，幅度为11.5～20.0mg/kg，速效钾平均为146.2mg/kg，幅度为110.0～180.0mg/kg。

（三）冬小麦用地高产类型区

该区包括全县各乡镇的潮褐土、覆盖石灰性沙姜黑土、壤质潮土、沙质潮土、石灰性青黑土、黏质潮土6个土属，面积大，面积为25 161.75hm²。该区主要质地构型为均质轻壤、均质重壤、黏底中壤、夹沙中壤、夹壤黏土、均质沙壤、夹沙重壤、均质黏土、底沙重壤、壤身黏土、黏底沙壤、黏底轻壤、沙底中壤、黏身沙壤。该区主要养分含量为：有机质平均为16.17g/kg，幅度为13.0～19.01g/kg，有效磷平均为15.04mg/kg，幅度为11.0～19.0mg/kg，速效钾平均为123.12mg/kg，幅度为90.0～150mg/kg。

二、改良建议

冬小麦适宜性评价的目的是通过评价，找出影响冬小麦生长的因子，通过有针对性的加强、修正或改良这些因子实现冬小麦很好的生长和产量的提高。因此，冬小麦用地改良利用围绕冬小麦用地资源类型进行建设性改良，针对土壤立地条件和土壤管理，以提高土壤肥力，促进质地构型的良性改变，强化土壤管理为主要措施，提出了冬小麦生长和用地的改良利用建议。

（一）冬小麦用地质地构型改善培肥类型区

该类型区的特征特性：耕层质地轻，质地构型多为沙身轻壤、均质轻壤型、土壤速效养分和潜在养分均较低，主要障碍因素耕层质地较轻、保水保肥性能差。改良措施如下。

（1）推广秸秆还田技术。秸秆还田要规范技术措施，强化措施落实，实行麦秸、麦糠堆沤还田，实行玉米秸秆就地粉碎还田，每年秸秆还田量不少于50%。

（2）增施有机肥，培肥地力。大力争取有机质提升项目，对有机肥料进行补贴，多途径增施有机肥，每亩每年施用优质有机肥2 000kg。

（3）保持耕层相对稳定，采用逐年深耕改土，营造犁底层。耕层厚度为20～25cm为宜。

（4）加强田间灌溉工程建设。与农业综合开发项目和标准粮田建设项目结合，完善田间灌溉工程建设标准达到井灌年保灌 4 次，使灌溉保证率小于等于 60% 的地域达到 60% 以上。

（5）配方施肥。在秸秆还田和施用有机肥的基础上，开展测土配方施肥技术；科学施用氮肥，注意利用丰缺指标法施用磷、钾肥。在施肥方法上要针对土壤保肥保水能力差的特点，根据肥料特性，冬小麦需肥规律，采取前氮后移的方法，适时施肥浇水，减少养分流失。

（6）选择适宜的冬小麦品种。除选择具有一般品种具备的特性外，注意选择生育期适宜、抗旱性较好，灌浆快，熟相好的品种种植，利用作物的高产稳产特性提高单位面积产量。

（二）冬小麦用地高产稳产稳定类型区

该区主要特征特性为土壤质地以中壤为主，质地构型多为均质类型，有部分沙底类型；土壤养分较高，保水保肥能力较强；适种冬小麦。但是该区土壤仍存在着耕层浅、土壤管理措施不配套等方面的障碍问题。主要改良措施如下。

（1）强化土地管理措施。其一，加强土地政策法规管理，杜绝各种破坏土地的行为，保证土地耕层完好、平整；其二，增强灌溉保证能力。对于灌溉保证率≤60% 的，要提高以井灌为主的农田灌溉技术，达到 50 亩地一眼机井；大力推广以滴灌为主的节水灌溉农业。

（2）提升有机质含量。其一实行麦秸麦糠堆沤还田、玉米秸秆直接粉碎还田。秸秆还田量不少于 50%，并作为农业措施长年应用；其二全面施用有机肥。全力争取有机质提升项目，对有机肥料进行补贴，多途径增施有机肥料，每亩每年施用优质有机肥 1 000kg。

（3）加深耕层至 23cm 左右。以后常年保持。

（4）配方施肥。在秸秆还田的基础上，进行测土配方施肥，目标产量法定氮肥，衡量监控和丰缺指标法施用磷肥，以丰缺指标法施用钾肥，要根据冬小麦的生长需肥规律采取科学方法施肥。

（5）品种选择。选择高产稳产的冬小麦品种，利用良种补贴项目，经县农业专家筛选，合理布局冬小麦品种。

（三）冬小麦用地高产类型区

该区土壤的特征性为耕层土壤质地黏重，质地构型多以均质重壤为主，有一定的沙底重壤、均质黏土、沙底黏土；心土层土壤质地多为重壤或轻黏。该类型土壤速效养分和潜在养分含量都较高，但是由于耕性差，耕作阻力大，使得耕层普遍过浅；心土层土壤质地黏重，影响水分的上下移动，易缺水干裂，容易干旱。所以，土壤耕层过浅和易旱是该类型土壤地力提升的主要障碍因子。改良措施如下。

（1）继续提升有机质。通过增加耕层土壤有机质，以促进耕层土壤团粒结构的形成，进而改善耕层土壤的通透性、亲和性。其一，全面施用有机肥。全力争取有机质提升项目，对有机肥料进行补贴，大力推广有机肥料；其二，利用农业机械化技术，实行玉米秸秆粉碎还田。单位面积的秸秆还田量不少于 50%。

（2）加深耕层。通过加深耕层，增强土壤的蓄水保水能力；扩大冬小麦根系活动范围，增强冬小麦对水肥的吸收。深耕应注意方法：耕深要逐年加深，逐步熟化和加厚耕作层。

（3）加强灌排工程建设。增强灌溉保证能力。对于灌溉保证率≤75% 土地，应提高以井灌为主的农田灌溉技术，达到 50 亩地一眼机井；大力推广以滴灌为主的节水灌溉农业。

（4）配方施肥。在实行秸秆还田和增施有机肥的基础上，加强配方肥施用。配方肥施用中目标产量法定氮肥用量，利用丰缺指标法定磷肥和钾肥数量，对于 3 年来全部实行秸秆还田的可不施钾肥。通过增产节肥实现增产增效和节肥增效。

（5）品种选择。利用良种补贴项目，经县农业专家筛选，选择高产和分蘖性强的冬小麦品种。

第十章　西华县夏玉米适宜性评价专题报告

第一节　基本情况

一、地理位置与行政区划

西华县位于河南省中东部，行政区划归周口市管辖，地处北纬33°36′~33°59′，东经114°05′~114°43′，东连淮阳，南靠沙河与周口市区、商水相望，西与鄢城、临颍、鄢陵为邻，北同扶沟、太康接壤。全县东西长57km，南北宽21km，全县土地总面积1 065km²（不计县境内国营黄泛区农场、周口监狱120km²），占全省总面积的0.6%。

境内地势平坦，沟河纵横，地势西高东低。属淮河流域，分沙河，颍河，贾鲁河三大水系，呈西北东南走向，地下水源充沛。

西华县交通十分便利，西靠京广铁路和京珠高速公路，东临京九交通大动脉，省道S329线（南石路）横穿东西，S219线（永定路）、S102线（周郑路）、S213线（吴黄路）纵贯南北，大广高速、周商高速、永登高速、机西高速建成通车，交通便利，通信快捷。全县实现了村村通油路，构成了四通八达的交通网络，为城乡经济的发展提供了便利的交通条件。

西华县辖城关镇、红花集镇、聂堆镇、西华营镇、东夏亭镇、西夏亭镇、逍遥镇、址坊镇、奉母镇、艾岗乡、黄土桥乡、田口乡、皮营乡、李大庄乡、叶埠口乡、迟营乡、大王庄乡、东王营乡和清河驿乡19个乡镇；3个农林场（县林场、县农场、园艺场），434个行政村，1 099个自然村，3 092个村民组。总人口92万口，其中，农业人口80.5万人，占总人口的93%，人口密度每平方千米831人；总土地面积159.75万亩，其中，耕地面积108.6万亩，占总土地面积的68%。

二、农业基本情况

全县现有耕地81 727.57hm²（包括园地），农业人均耕地1.24亩。粮食作物主要为冬小麦、玉米等，2009年西华县粮食生产再获丰收，全县66 650万亩冬小麦，平均单产512.6kg，总产512 000t，玉米面积40 000hm²，单产475kg，总产285 000t，全年粮食总产接近8亿t。

西华县的经济作物主要以棉花、蔬菜为主，兼种瓜果、油料、果树等。2009年经济作物播种面积16 273hm²，其中棉花7 000hm²，总产皮棉7 875t；蔬菜5 360hm²万亩，总产

24 723t；西瓜 680hm²，总产 30 600t，油料 1 333hm²，总产 6 000t，果树 800hm²，总产水果 36 000t。

三、夏玉米生育期自然资源情况

西华县位于暖温带南部，属暖温带半湿润季风型气候，随着大气环流转换，带来了四季分明，突出特点是："冬长寒冷雨雪少，夏季炎热雨集中，春秋温暖季节短，春夏之交多干风"。光、热、水资源丰富，农业生产潜力大。就夏玉米生长季节自然资源情况介绍如下。

（一）温度

（1）气温。西华县夏玉米生育期平均气温 25.2℃，夏玉米生育期变化较不大。一年中 9 月最低平均 21.0℃，7 月最高平均 27.2℃，能满足夏玉米生长。

（2）地温。夏玉米生育期平均地面温度 26.7℃，略高于平均气温，各月平均地温均高于平均气温，夏玉米生育期中各月地温平均值变化较大，9 月地温最低，月平均 22.5℃，7 月最高月平均 29℃。

（二）日照

夏玉米生育期总日照时数为 827.3 小时，日照百分率为 51%。其中，6 月最高达 223.7 小时，日照百分率为 65%，7 月最低 204.1 小时，日照百分率为 55%。

（三）降水

西华县夏玉米生育期平均降水量 547.8mm，占年降水量 67.5%，水热同季是西华县降雨一大特点，但是夏玉米各生育期需水和自然降水供求不平衡，不稳定。夏玉米的水分供求不稳定，由 2/3 的年份，不是雨水过多，就是雨水过少（表 10 - 1）。

表 10 - 1　西华县夏玉米生育期各月平均降水量　　　　　　　　　　（单位：mm）

月份	6	7	8	9
降水量	77	303.3	117.3	50.2

（四）干湿度

西华县夏玉米生育期平均相对湿度为 75.5%，绝对湿度为 25.0 毫巴，最大值出现在 8 月，最小值在 6 月（表 10 - 2）。

表 10 - 2　西华县夏玉米生育期各月相对湿度　　　　　　　　　　（单位：%）

月份	6	7	8	9
相对湿度	65	83	80	74

西华县 5—6 月干热风出现较频繁，年平均 19 次，一般持续 1～2 天。64% 的年份出现在 5 月 28 日以后，风向多为西南风。干热风的存在，使夏玉米出苗难、齐苗难，为使夏玉米苗齐、苗壮，往往需要浇水 1～2 次。

（五）蒸发量

西华县夏玉米生育期平均蒸发量为 873.4mm，周期变化为单锋型，6—9 月逐月下降，6 月最大为 325.8mm。

总之，西华县夏玉米生育期气候适宜，光热丰富，水热同期，雨量充沛，对夏玉米生产都非常有利。但是也有不利因素，夏初之多风，夏末秋初之多雨，这些都是夏玉米生产中的障碍性因素。

（六）地表水资源

西华县地表水资源主要靠降雨和上游外来客水。从自然降水多年统计资料表明，年平均降水总量 8.85 亿 m^3，多年平均径流深 139mm，多年平均径流量 1.66 亿 m^3。地表径流表现特点为径流量在时间上分布不均，与降水分布一致，径流多集中在夏秋季节的雨季。

西华县境内地下水储量比较丰富，埋藏较浅，补给容易，水质较好，便于开发利用，宜于发展井灌。据抽水试验，全县平均单井出水量 59.8t/小时，其中，贾东区 62.5t/小时，贾西区 61.5t/小时，颍西南区 55.4t/小时。促进作用单井出水量看，3 个区浅层地下水都很丰富，但是由于富水性能不同，贾东为大水量区，贾西属中水量区，颍西南属中小水量区。

由于浅层水的动态变化主要受大气降水、河渠入渗、人工开发及潜水蒸发等因素影响，其类型为入渗—蒸发型或入渗—开采—蒸发型。因 7—9 月雨量集中，地表入渗加大，开采量减少，地下水开始回升，到 3 月春灌以后，水位又开始下降。远销年实测资料证明，县内地下水位 11—12 月为最高时期，6 月是最低时期，水位变幅在 0.5～1.2m，按水均衡法计算，西华县多年平均地下水综合补给 2.21 亿 m^3，消耗量 1.99 亿 m^3，余 0.22 亿 m^3；旱年补给量 1.64 亿 m^3，消耗量 2.51 亿 m^3，缺口 0.87 亿 m^3。

（七）主要水系

西华县入境水均属淮河流域的沙颍河水系。具体划分为 3 个流域，西部为沙颍河流域，其支流有柳塔河、南马沟、北马沟、乌江沟、鸡爪沟、清泥河、鲤鱼沟、清流河、重建沟等，排水面积 518km²，占县境内排水面积的 43.8%；中部为贾鲁河流域，主要支流有双狼沟、七里河等，排水面积 160km²，占县境内排水面积的 14.9%；东部为新运河流域，主要支流有洼冲沟、清水沟、黄水沟等，排水面积 394km²，占县境内排水面积的 36.8%。县境内总排水面积 1 072km²。占全县总面积的 89.8%。多年平均年过水总量为 36.65 亿 m^3。按利用率 5% 计算，年平均可利用过境水 1.83 亿 m^3。

四、水利设施与灌溉情况

西华县流域面积 100km² 以上骨干河道 14 条，80% 可达到 20 年一遇防洪标准；30km² 以下的支斗沟河 143 条，大部分已按 5 年一遇除涝标准进行了治理。全县有机电灌站 154 处，涵闸 131 座。拥有逍遥、阎岗、黄土桥和周口四大灌区。除补充沿河地下水外，可供提水灌溉耕地 50 多万亩。

西华县的灌溉条件基本是利用地下浅水层采用移动式管道进行漫灌或人工喷灌。据统计，2009 年全县农用机电井 17 704 眼，有效灌溉面积 96 万亩，基本达到了旱能浇、涝能排。

西华县耕地和园地排涝能力达 10 年一遇，面积为 60 万亩；5 年一遇，面积为 30 万亩；3 年一遇，面积为 15 万亩。

五、土壤概况

西华县分 4 个土类，5 个亚类，9 个土属，26 个土种。潮土分布遍及各乡镇，面积

72 942.93hm²，占全县耕地面积的 89.25%；沙姜黑土主要分布于西北部的颍河故道或河岔低洼部，面积 2 652.92hm²，占全县耕地面积 3.246%；褐土主要分布在西南部沿沙河一线的地势较高的地带，面积 5 520.84hm²，占全县耕地面积的 6.755%；风沙土面积很小，只在 610.88hm²，占全县耕地面积的 0.75%。

主要土种分布情况和基本性状如下。

（1）浅位厚沙小两合土。主要分布艾岗乡、城关镇、迟营乡、大王庄乡、东王营乡、东夏亭镇、红花集镇、黄土桥乡、李大庄乡、聂堆镇、皮营乡、清河驿乡、田口乡、西华营镇、西夏亭镇、叶埠口乡，面积为 7 201.82hm²，占总面积的 8.81%。该土种耕层质地轻壤，20～50cm 出现大于 50cm 厚的沙土层，虽表层疏松，耕性好，但是沙土层出现部位较高厚度大，易漏水漏肥。

（2）小两合土：主要分布在艾岗乡、城关镇、迟营乡、大王庄乡、东王营乡、东夏亭镇、红花集镇、黄土桥乡、李大庄乡、聂堆镇、皮营乡、清河驿乡、田口乡、西华营镇、西夏亭镇、叶埠口乡，面积为 7 519.83hm²，占总面积的 9.20%。该土种耕层质地为轻壤，耕性良好，管理方便，保水保肥能力差，虽提苗容易，但是肥劲较短。

（3）两合土。主要分布在艾岗乡、迟营乡、大王庄乡、东夏亭镇、黄土桥乡、李大庄乡、聂堆镇、皮营乡、清河驿乡、西华营镇、西夏亭镇、叶埠口乡，面积为 7.57hm²，占总面积的 6.17%。是西华县第二大土种。该土种耕层质地为中壤，沙黏比例适当，生产性能好，保水保肥与供水供肥能力强，发苗拔籽。

（4）底沙两合土。主要分布在艾岗乡、迟营乡、大王庄乡、东王营乡、东夏亭镇、李大庄乡、皮营乡、清河驿乡、西华营镇，面积为 556.57hm²，占总面积的 0.68%。该土种耕层质地中壤，50cm 以下出现大于 20cm 厚的沙土层，耕性良好，因沙土层出现部位较低，对作物影响较小。

（5）浅位沙两合土。主要分布在艾岗乡、城关镇、迟营乡、大王庄乡、东王营乡、东夏亭镇、红花集镇、黄土桥乡、聂堆镇、皮营乡、清河驿乡、西华营镇、西夏亭镇，面积为 5 078.5hm²，占总面积的 6.21%。该土种耕层质地中壤，20～50cm 处出现大于 20cm 厚的沙土层，表层疏松，耕性好，中部有沙土层，较薄。

（6）浅位沙小两合土。主要分布在艾岗乡、东夏亭镇、红花集镇、李大庄乡、西华营镇，面积为 406.21hm²，占总面积的 0.5%。该土种耕层质地轻壤，20～50cm 出现大于 50cm 厚的沙土层，表层疏松，耕性好，但是沙土层出现部位较高厚度大，易漏水漏肥。

（7）淤土。主要分布在艾岗乡、迟营乡、大王庄乡、奉母镇、东夏亭镇、红花集镇、黄土桥乡、李大庄乡、皮营乡、清河驿乡、西华营镇、西夏亭镇、叶埠口乡，面积为 16 933.77hm²，占总面积的 20.72%。为西华县第二大土种。该土种耕层质地为重壤，养分含量高，生产潜力大。

（8）底沙淤土。主要分布在城关镇、迟营乡、东王营乡、东夏亭镇、黄土桥乡、皮营乡、清河驿乡、西华营镇，面积为 723.86hm²，占总面积的 0.89%。该土种耕层质地重壤或轻黏，50cm 以下出现大于 20cm 厚的沙土层，因沙土层出现部位较低，对作物影响较小。

（9）浅位沙淤土。主要分布在艾岗乡、东夏亭镇、奉母镇、李大庄乡、皮营乡、清河驿乡、田口乡、西华营镇、西夏亭镇，面积为 1.1hm²，占总面积的 0.9%。该土种耕层质地重壤，20～50cm 处出现大于 20～50cm 厚的沙土层。

（10）浅位厚沙淤土。主要分布在艾岗乡、迟营乡、东王营乡、东夏亭镇、红花集镇、黄土桥乡、李大庄乡、聂堆镇、皮营乡、清河驿乡、田口乡、西华营镇、西夏亭镇、叶埠口乡，面积为 3 401.29hm²，占总面积的 4.16%。该土种耕层质地重壤，20～50cm 出现大于 50cm 厚的沙土层，虽表层质地黏重，由于沙土层出现部位较高厚度大，保水保肥能力相对较差。

（11）浅位厚壤淤土。主要分布在东夏亭镇、红花集镇、李大庄乡、聂堆镇、皮营乡、清河驿乡、西华营镇、西夏亭镇，面积为 943.28hm²，占总面积的 1.51%。该土种耕层质地重壤，20～50cm 处出现大于 50cm 厚的轻壤土层，土质较优，农业生产性能好。

（12）沙壤土。主要分布在艾岗乡、城关镇、迟营乡、大王庄乡、东王营乡、东夏亭镇、红花集镇、黄土桥乡、李大庄乡、聂堆镇、皮营乡、清河驿乡、田口乡、西华营镇、叶埠口乡，面积为 17 682.01hm²，占总面积的 21.64%，为西华县第一大土种。该土种耕层质地沙壤或轻壤，耕层疏松，易耕，通透性好，耐旱涝。但是保水保肥能力较差，肥力较低，适宜种植多种作物。

（13）壤质潮褐土。多分布在艾岗乡、奉母镇、西夏亭镇、逍遥镇、址坊镇的地势较高部位。面积 5 520.84hm²，占总面积的 6.75%。该土种耕层质地为轻壤，耕性较好，生产潜力较大，适宜种植冬小麦、玉米、大豆等作物。

（14）沙质潮土。主要分布在艾岗乡、城关镇、东王营乡、东夏亭镇、红花集镇、黄土桥乡、聂堆镇、皮营乡、清河驿乡、田口乡、西华营镇，面积为 4 097.24hm²，占总面积的 5.01%。该土种质松散，结构不良，保水保肥能力很差，但是适耕期长，发小苗，适宜种植速生蔬菜、西瓜、培植各类苗木。

（15）底黏沙壤土。主要分布在艾岗乡、东夏亭镇、红花集镇、黄土桥乡、皮营乡、清河驿乡、西华营镇，面积为 646.91hm²，占总面积的 0.79%。该土种表层质地为沙壤，50cm 以下有 20～50cm 厚的黏土层。该土的特点是耕性良好，具有托水保肥能力。

（16）深位多量沙姜石灰性沙姜黑土。该土种只分布在奉母镇。面积 807.56hm²，占全县耕地总面积的 0.99%。该土种表层质地黏重，耕性不良，通透性差，适宜种植冬小麦、玉米等作物。

（17）黏盖石灰性沙姜黑土。该土种只分布在艾岗乡、逍遥镇和奉母镇的低洼部位。面积 1 271.99hm²，占全县耕地总面积的 1.56%。该土种母质为湖泊沉积物，后经沙、颍河冲积物所覆盖，具有石灰反应，表层质地黏重，耕性不良，通透性差，但是保水保肥能力较强，土壤养分含量较高，适宜种植冬小麦和其他粮食作物。

（18）底沙小两合土。主要分布在城关镇、迟营乡、东夏亭镇、红花集镇、黄土桥乡、聂堆镇、皮营乡、田口乡、西华营镇，面积为 599.67hm²，占总面积的 0.73%。该土种耕层质地沙壤或轻壤，耕层疏松，易耕，通透性好，不耐旱涝。但是保水保肥能力较差，肥力较低，适宜种植多种作物。

（19）石灰性青黑土。只分布在奉母镇，面积 573.37hm²，占全县耕地总面积的 0.70%。该土种表层质地黏重，耕性不良，通透性差，适宜种植冬小麦、玉米等作物。

（20）浅位黏沙壤土。只分布在东王营乡、皮营乡、清河驿乡和逍遥镇，面积328.40hm²，占全县耕地总面积的 0.4%。该土种表层沙壤，20～50cm 处出现黏土层。该土壤宜耕期长，管理方便，保水保肥能力强，适合于多种作物种植，是一种比较理想的土壤类型。群众称之为"黄金地"。

（21）底黏小两合土。主要分布在皮营乡、清河驿乡、东夏亭镇和艾岗乡。面积 266.65hm²，占全县耕地总面积的 0.33%。该土壤表层质地为轻壤，耕性良好，保水保肥能力较强，生产性能好。

（22）底壤沙壤土。只在艾岗乡、东夏亭镇、皮营乡和清河驿乡有零星分布，面积 209.49hm²，占全县耕地总面积的 0.26%。该土种耕层质地沙壤，耕层疏松，易耕，通透性好，耐旱涝。但是保水保肥能力较差，肥力较低，适宜种植多种作物。

（23）浅位黏小两合土。只在艾岗乡、皮营乡、清河驿乡、西华营镇有少量分布，面积 189.68hm²，占全县耕地总面积的 0.23%。该土种耕层质地沙壤或轻壤，耕层疏松，易耕，通透性好，耐旱涝。适宜种植多种作物。

（24）浅位厚黏小两合土。只在艾岗乡、皮营乡、清河驿乡、西华营镇有少量分布，面积 141.18hm²，占全县耕地总面积的 0.17%。该土种耕层质地沙壤或轻壤，耕层疏松，易耕，通透性好，耐旱涝。20~50cm 处出现黏土层。该土壤宜耕期长，管理方便，保水保肥能力强，适合于多种作物种植，是一种比较理想的土壤类型。

第二节　夏玉米适宜性评价的必要性

一、西华县夏玉米产量变化情况

夏玉米是西华县主要的粮食作物，播种面积大，单产高。近年来夏玉米播种面积基本稳定在 35 000hm² 左右，占全县耕地总面积的 60%。建国初期到现在玉米单产提升很快，产量由解放初期的单产 35kg 到 1978 年单产 175kg，到 2008 年的单产 465kg 的高产水平。夏玉米产量的高低影响着西华县的粮食产量（图 10-1）。

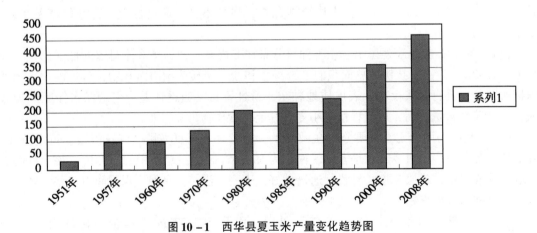

图 10-1　西华县夏玉米产量变化趋势图

二、西华县夏玉米产量变化原因

夏玉米单产增加较快的原因，一是夏玉米优质新品种的普及推广。从 20 世纪 80 年代以后，夏玉米杂交新品种已全部取代了原来的农家品种，进入 90 年代以后，各种高产夏玉米杂交新品种不断出现，并陆续投放市场，高产和密植性杂交夏玉米品种成为广大农民首选；二是配方施肥技术的推广和化肥用量的急剧增加，20 世纪 50 年代，农业生产基本上以施用农家肥为主，而氮素化肥在开始施用时由于缺乏科学施肥方法，使用不好，推广不开，随着施用化肥技术被农民逐渐掌握，施用数量不断增加，面积越来越大；70 年代仅有氨水、碳酸氢铵、硫铵等氮素单质化肥应用于生产，到 70 年代后期开始施用磷肥、复合肥；80 年代开始使用微量元素肥料；到 90 年代，全县化肥用量已超过 1.5 万 t（折纯），而且多半是高浓度化肥；三是高产配套栽培技术的大力推广，尤其是实施测土配方施肥技术以来，氮、磷、钾化肥的施用比例和施用量渐趋合理，提高了肥料利用率，降低了生产成本，增加了夏玉米综合产出能力。

三、开展夏玉米适宜性评价意义

西华县水利、土壤、气候等条件都适合夏玉米的生长发育，但是本次夏玉米适应性评价指夏玉米种植区域的地形、地貌条件、成土母质特征、农田基础设施及培肥水平、土壤理化性状和土壤立地条件等综合因素对其产量的影响，此类评价揭示了处于特定范围内（一个完整的县域）、特定气候（一般来说，一个县域内的气候特征是基本相似的）条件下，各类立地条件、剖面性状、土壤理化性状、障碍因素与土壤管理等因素组合下对夏玉米生产力高低的影响，为此通过利用县域耕地资源管理信息系统、GIS 和数学模型集成技术，通过开展西华县夏玉米适宜性评价，旨在摸清全县夏玉米适宜用地数量、质量及分布，为全县夏玉米种植规划配套合理科学技术措施及耕地资源的可持续利用，提供科学依据。

第三节　夏玉米适宜性评价指标选择原则与结果

一、夏玉米适宜性评价指标选择原则

（一）重要性原则

影响夏玉米适宜性的因素、因子很多，农业部测土配方施肥技术规范中列举了六大类 65 个指标。这些指标是针对全国范围的，具体到西华县的行政区域内，必须在其中挑选对本地夏玉米适宜性影响最为显著的因子，而不能全部选取。西华县选取的指标有质地构型、质地、有机质、有效磷、速效钾、灌溉保证率、排涝能力、障碍层类型、障碍层位置、障碍层厚度共 10 个因子。西华县是黄河冲积平原，土壤类型为潮土和沙姜黑土，属冲积沉积形成，其不同层次的质地排列组织就是质地构型，这是一个对夏玉米有很大影响的指标。均质沙土、均质沙壤、沙身轻壤、壤底沙壤、夹沙轻壤、沙底轻壤、壤身黏土、黏底沙壤、底沙重壤、沙底中壤、黏身沙壤、夹沙重壤、夹沙中壤、夹黏轻壤、夹壤黏土、黏底轻壤、黏身轻壤、黏底中壤、均质重壤的生产性状差异很大，必须选为评价指标。

（二）稳定性原则

选择的评价因子在时间序列上必须具有相对的稳定性。选择时间序列上易变指标，则会造成评价结果在时间序列上的不稳定，指导性和实用性差，而夏玉米用地若没有较为剧烈的

人为等外部因素的影响，在一定时期内是稳定的。

（三）差异性原则

差异性原则分为空间差异性和指标因子的差异性。夏玉米评价的目的之一就是通过评价找出影响夏玉米适宜性的主导因素，指导夏玉米布局的优化配置。评价指标在空间和属性没有差异，就不能反映对夏玉米影响的差异。因此，在县级行政区域内，没有空间差异的指标和属性差异的指标，就不能选为评价指标，如气温、降水量、日照指数、光能辐射总量都对夏玉米有很大的影响，但是在西华县范围内，其差异很小或基本无差异，不能选为评价指标。

（四）易获取性原则

通过常规的方法即可以获取，如土壤养分含量、灌排条件等。某些指标虽然对夏玉米适宜性有很大影响，但是获取比较困难，或者获取的费用比较高，当前不具备条件。如土壤生物的种类和数量、土壤中某种酶的数量等生物性指标。

（五）精简性原则

并不是选取的指标越多越好，选取的太多，工作量和费用都要增加，还不能揭示出影响夏玉米适宜性的主要因素。西华县选择的指标只有 10 个。

（六）全局性与整体性原则

所谓全局性，要考虑到全县夏玉米生产情况，不能只关注面积大的夏玉米用地的耕地特性，只要能在 1∶5 万比例尺的图上能形成图斑的对夏玉米用地的耕地地块的特性都需要考虑，而不能搞"少数服从多数"。

所谓整体性原则，是指在时间序列上，会对夏玉米产生较大影响的指标。如气候对夏玉米影响就很大，但是具体到西华县，气候特征是基本相似的，则可以不予考虑。

二、夏玉米适宜性评价指标选择结果

（一）评价指标选取方法

西华县的夏玉米适宜性评价指标选取过程中，采用的是特尔菲法，也即专家打分法。评价与决策涉及价值观、知识、经验和逻辑思维能力，因此，专家的综合能力是十分可贵的。评价与决策中经常要专家的参与，例如给出一组有机质含量，评价不同含量对夏玉米生长影响的程度通常由专家给出。这个方法的核心是充分发挥专家对问题的独立看法，然后归纳、反馈，逐步收缩、集中，最终产生评价与判断。

1. 确定提问的提纲

列出调查提纲应当用词准确，层次分明，集中于要判断和评价的问题。为了使专家易于回答问题，通常还在提出调查提纲的同时，提供有关背景材料。

2. 选择专家

为了得到较好的评价结果，通常需要选择对问题了解较多的专家 10～15 人。

3. 调查结果的归纳、反馈和总结

收集到专家对问题的判断后，应作一归纳。定量判断的归纳结果通常符合正态分布。这时可在仔细听取了持极端意见专家的理由后，去掉两端各 25% 的意见，寻找出意见最集中的范围，然后把归纳结果反馈给专家，让他们再次提出自己的评价和判断。反复 3～5 次后，专家的意见会逐步趋近一致，这时就可作出最后的分析报告。

（二）西华县夏玉米适宜性评价指标选取

2009年8月，西华县组织了市、县农业、土肥、水利等有关专家，对西华县的夏玉米适宜性评价指标进行逐一筛选。从国家提供的65个指标中选取了10项因素作为本县的夏玉米适宜性评价的参评因子。这10项指标分别为：质地构型、质地、有机质、有效磷、速效钾、灌溉保证率、排涝能力、障碍层类型、障碍层位置、障碍层厚度。

（三）选择评价指标的原因

1. 立地条件

（1）质地。质地是土壤中各粒级土粒的配合比例，是土壤较稳定的自然属性，也是影响土壤一系列物理与化学性质的重要因子。土壤质地不同对土壤结构、孔隙状况、保肥性、保水性、耕性等均有重要影响。是反映土壤耕性好坏、肥力高低、生产性能优劣的基本因素之一。它受成土母质及土壤发育程度的影响，本县土壤成土母质属黄河冲积沉积物，历史上黄河在本县境内多次泛滥决口，泥沙相间沉积，致使土壤质地在分布上错综复杂，没有明显的规律，土壤质地优劣对夏玉米生产影响较大。西华县土壤质地主要有重壤土、中壤土、轻黏土、轻壤土4个级别。

（2）质地构型。质地构型是指整个土体各个层次的排列组合情况，它是土壤外部形态的基本特征，对土壤中水、肥、气、热诸肥力因素有制约和调节作用，对夏玉米的生长发育具有重要意义，西华县质地构型有一定差异，如轻、中壤质土壤上的浅位沙小两合土、浅位厚沙两合土、浅位沙两合土，耕层土壤质地都是轻壤质和中壤质，但是在0~1m土体内不同部位都有不同厚度的沙层出现，比均质性构型，保水、保肥能力都差，对夏玉米产量及土壤肥力有直接影响。西华县土壤质地构型有：夹沙中壤、夹沙重壤、均质黏土、均质轻壤、均质中壤、均质重壤、壤身重壤、沙底黏土、沙底重壤、沙底中壤、沙身轻壤、沙身中壤、沙身重壤等13种质地构型。

（3）灌溉保证率、排涝能力。水利条件是农业生产的命脉，也是影响夏玉米生产的重要因素之一，虽然西华县地势平坦，但是水利条件好坏不一，因此，把灌溉保证率、排涝能力作为夏玉米适宜性评价的因素之一。

2. 耕层理化性状

（1）有机质。土壤有机质含量，代表耕地基本肥力，是平原土壤理化性状的重要因素，是土壤养分的主要来源，对土壤的理化、生物性质以及肥力因素都有较大影响，对夏玉米生长发育有较大的影响。

（2）有效磷、速效钾。磷、钾都是夏玉米生长发育必不可少的大量元素，土壤中有效磷、有效钾含量的高低对夏玉米产量影响非常大，所以，评价夏玉米适宜性评价必不可少。

3. 土壤障碍因素

（1）障碍层类型。构成植物生长障碍的土层类型。

（2）障碍层出现位置。障碍层最上层到地表的垂直距离。

（3）障碍层厚度。土壤中障碍层的开始出现到结束的垂直距离。

三、夏玉米适宜性评价指标数据库建立

夏玉米适宜性评价是基于大量的与夏玉米用地有关的耕地土壤自然属性和耕地空间位置信息，如立地条件、剖面性状、耕层理化性状、土壤障碍因素以及耕地土壤管理方面的信

息。调查的资料可分为空间数据和属性数据，空间数据主要指西华县的各种基础图件以及调查样点的 GPS 定位数据；属性数据主要指与评价有关的属性表格和文本资料。为了采用信息化的手段进行评价和评价结果管理，首先需要开展数字化工作。根据《测土配方施肥技术规范》、县域耕地资源管理信息系统（3.0 版）要求，根据对土壤、土地利用现状等图件进行数字化，并建立空间数据库。

（一）属性数据库建立

利用西华县土壤普查、耕地地力评价调查样点资料建立耕地土壤调查样点及相关属性数据库，采用克里格或反距离权重插值方法、以点带面估值方法生成有机质、有效磷、速效钾、有效锌的空间栅格数据库；利用土壤普查、调查获得的各土壤类型质地、质地构型、灌溉保证率、排涝能力资料，与西华县耕地土壤类型分布图进行衔接，形成上述指标空间及属性矢量数据。

根据本县夏玉米适宜性评价的需要，确立了属性数据库的内容，其内容及来源见表 10 - 3。

表 10 - 3   属性数据库内容及来源

编号	内容名称	来源
1	县、乡、村行政编码表	统计局
2	土壤分类系统表	土壤普查资料，省土种对接资料
3	土壤样品分析化验结果数据表	野外调查采样分析
4	农业生产情况调查点数据表	野外调查采样分析
5	土地利用现状地块数据表	系统生成
6	耕地资源管理单元属性数据表	系统生成
7	耕地地力评价结果数据表	系统生成

数据录入前应仔细审核，数值型资料注意量纲上下限，地名应注意汉字多音字、繁简字、简全称等问题。录入后还应仔细检查，保证数据录入无误后，将数据库转为规定的格式（DBF 格式文件），通过系统的外部数据表维护功能，导入到耕地资源管理系统中。

（二）空间数据库的建立

土壤图、土地利用现状图、调查样点分布图是耕地地力调查与质量评价最为重要的基础空间数据。分别通过以下方法采集：将土壤图和土地利用现状图扫描成栅格文件后，借助利用 MapGIS 软件进行手动跟踪矢量化形成土壤图数字化图层，图件扫描采用 300dpi 分辨率，以黑白 TIFF 格式保存。之后转入 ArcGIS 中进行数据的进一步处理。在 ArcGIS 中将土地利用现状图分为农用地地块图（包括耕地和园地）和非农用地地块图，将农用地地块图与土壤图叠加得到耕地资源管理单元图。利用外业调查中采用 GPS 定位获取的调查样点经、纬度资料，借助 ArcGIS 软件将经纬度坐标投影转换为北京 54 直角坐标系坐标，建立本县耕地地力调查样点空间数据库。对土壤养分等数值型数据，根据 GPS 定位数据在 ArcGIS 软件支持下生成点位图，利用 ArcGIS 的地统计功能进行空间插值分析，产生各养分分布图和养分分布等值线。养分分布图采用格网数据格式，利用分区统计功能，将结果赋值给耕地资源管理单元图中的图斑。其他专题图，如灌溉保证率分区图等，采用类似的方法进行矢量采集。

这次夏玉米适宜性评价主要利用耕地资源管理单元图及空间数据库（表10－4）。

表 10 - 4　空间数据库内容及资料来源

序号	图层名	图层属性	资料来源
1	行政区划图	多边形	土地利用现状图
2	面状水系图	多边形	土地利用现状图
3	线状水系图	线层	土地利用现状图
4	道路图	线层	土地利用现状图＋交通图修正
5	土地利用现状图	多边形	土地利用现状图
6	农用地地块图	多边形	土地利用现状图
7	非农用地地块图	多边形	土地利用现状图
8	土壤图	多边形	土壤图
9	系列养分等值线图	线层	插值分析结果
10	耕地资源管理单元图	多边形	土壤图与农用地地块图
11	土壤肥力普查农化样点点位图	点层	外业调查
12	耕地地力调查点点位图	点层	室内分析
13	评价因子单因子图	多边形	相关部门收集

第四节　夏玉米适宜性评价指标层次分析与结果

一、评价指标权重确定原则

夏玉米适宜性评价受所选指标的影响程度并不一致，确定各因素的影响程度大小时，必须遵从全局性和整体性的原则，综合衡量各指标的影响程度，不能因一年一季的影响或对某一区域的影响剧烈或无影响而形成极端的权重。如灌溉保证率、排涝能力的权重。第一，考虑两个因素在全县的差异情况和这种差异造成的夏玉米生产能力的差异大小，如果降水较丰且不易致涝，则权重应较低。第二，考虑其发生频率，发生频率较高，则权重应较高，频率低则应较低。第三，排除特殊年份的影响，如极端干旱年份和丰水年份。

二、评价指标权重确定方法

（一）层次分析法

夏玉米适宜性为目标层（G层），影响夏玉米适宜性的立地条件、理化性状、土壤管理为准则层（C层），再把影响准则层中各元素的项目作为指标层（A层），其结构关系，如图10－2所示。

（二）构造判断矩阵

专家们评估的初步结果经合适的数学处理后（包括实际计算的最终结果—组合权重）

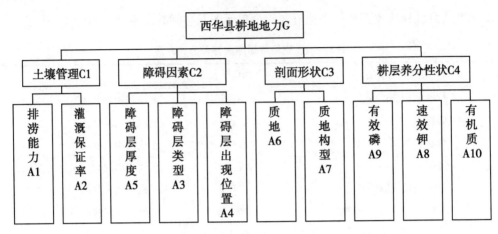

图 10 - 2 夏玉米适宜性评价影响因素层次结构

反馈给各位专家，请专家重新修改或确认，确定 C 层对 G 层以及 A 层对 C 层的相对重要程度，共构成 G、C1、C2、C3、C4 共 4 个判断矩阵，详见表 10 - 5 至表 10 - 9。

表 10 - 5 目标层判断矩阵

G	C1	C2	C3	C4
土壤管理 C1	1	0.8333	0.3125	0.2128
障碍因素 C2	1.2	1	0.375	0.2553
剖面性状 C3	3.2	2.667	1	0.6808
耕层养分性状 C4	4.7	3.9167	1.4688	1

表 10 - 6 土壤管理判断矩阵

C1	A1	A2
排涝能力	1.0000	2.3333
灌溉保证率	0.4286	1.0000

表 10 - 7 障碍因素判断矩阵

C2	A3	A4	A5
障碍层类型	1	0.7895	0.5679
障碍层位置	1.2667	1	0.7308
障碍层厚度	1.7333	1.3684	1

表 10 - 8 剖面性状判断矩阵

C3	A6	A7
质地	1	0.3954
质地构型	2.5294	1

表 10 - 9　立地条件判断矩阵

C4	A8	A9	A10
速效钾	1	0.70598	0.3871
有效磷	1.4167	1	0.5484
有机质	2.5833	1.8235	1

判别矩阵中标度的含义，见表 10 - 10。

表 10 - 10　判断矩阵标度及其含义

标度	含　义
1	表示两个因素相比，具有同样重要性
3	表示两个因素相比，一个因素比另一个因素稍微重要
5	表示两个因素相比，一个因素比另一个因素明显重要
7	表示两个因素相比，一个因素比另一个因素强烈重要
9	表示两个因素相比，一个因素比另一个因素极端重要
2、4、6、8	上述两相邻判断的中值
倒数	因素 i 与 j 比较得判断 bij，则因素 j 与 i 比较的判断 bji = 1/bij

（三）层次单排序及一致性检验

求取 A 层对 C 层的权数值，可归结为计算判断矩阵的最大特征根 λ_{max} 对应的特征向量 W。并用 $CR = CI/RI$ 进行一致性检验。计算方法如下。

A. 将比较矩阵每一列正规化（以矩阵 C 为例）。

$$\hat{c}_{ij} = \frac{c_{ij}}{\sum_{i=1}^{n} c_{ij}}$$

B. 每一列经正规化后的比较矩阵按行相加。

$$\overline{W}_i = \sum_{j=1}^{n} \hat{c}_{ij}, j = 1, 2, \cdots, n$$

C. 向量正规化。

$$W_i = \frac{\overline{W}_i}{\sum_{i=1}^{n} \overline{W}_i}, i = 1, 2, \cdots, n$$

所得到的 $W_i = [W_1, W_2, \cdots, W_n]^T$ 即为所求特征向量，也就是各个因素的权重值。

D. 计算比较矩阵最大特征根 λ_{max}。

$$\lambda_{max} = \sum_{i=1}^{n} \frac{(CW)_i}{nW_i}, i = 1, 2, \cdots, n$$

式中：C 为原始判别矩阵，$(CW)_i$ 表示向量的第 i 个元素。

E. 一致性检验。

首先计算一致性指标 CI

$$CI = \frac{\lambda_{\max} - n}{n - 1}$$

式中：n 为比较矩阵的阶，也即因素的个数。

然后根据表 10 – 11 查找出随机一致性指标 RI，由下式计算一致性比率 CR。

$$CR = \frac{CI}{RI}$$

表 10 – 11　随机一致性指标 RI 值

n	1	2	3	4	5	6	7	8	9	10	11
RI	0	0	0.58	0.9	1.12	1.24	1.32	1.41	1.45	1.49	1.51

根据以上计算方法可得以下结果。

将所选指标根据其对夏玉米生产的影响方面和其固有的特征，分为几个组，形成目标层—夏玉米适宜性评价，准则层—因子组，指标层—每一准则下的评价指标。

表 10 – 12　权数值及一致性检验结果

矩阵	特　征　向　量				CI	CR
矩阵 G	0.0990	0.1188	0.3168	0.4654	2.08775690128486E – 06	0.00000232 ＜ 0.1
矩阵 C1	0.3000	0.7000			2.61896570510345E – 05	0.00000000 ＜ 0.1
矩阵 C2	0.2500	0.3167	0.4333		4.52321480848283E – 06	0.00000780 ＜ 0.1
矩阵 C3	0.2833	0.7167			6.2378054489276E – 05	0.00000000 ＜ 0.1
矩阵 C4	0.2000	0.2833	0.5167		8.55992576287434E – 06	0.00001476 ＜ 0.1

从表 10 – 12 中可以看出，CR ＜ 0.1，具有很好的一致性。

（四）层次总排序及一致性检验

计算同一层次所有因素对于最高层相对重要性的排序权值，称为层次总排序，这一过程是最高层次到最低层次逐层进行的。层次总排序结果，见表 10 – 13。

表 10 – 13　层次总排序结果

层次 C	土壤管理 0.0990	障碍因素 0.1188	剖面性状 0.3168	耕层养分性状 0.4654	组合权重 $\sum CiAi$
排涝能力	0.3000				0.0693
灌溉保证率	0.7000				0.0297
障碍层类型		0.2500			0.0297
障碍层位置		0.3167			0.0376
障碍层厚度		0.4333			0.0515
质地			0.2833		0.0898
质地构型			0.7167		0.2271
有效磷				0.2000	0.0931
速效钾				0.2833	0.1319
有机质				0.5167	0.2404

层次总排序的一致性检验也是从高到低逐层进行的。如果 A 层次某些因素对于 C_j 单排序的一致性指标为 CI_j，相应的平均随机一致性指标为 CR_j，则 A 层次总排序随机一致性比率为：

$$CR = \frac{\sum_{j=1}^{n} c_j CI_j}{\sum_{j=1}^{n} c_j RI_j}$$

经层次总排序，并进行一致性检验，结果为 $CI = 7.23E - 06$，$CR = 0.00002363 < 0.1$，认为层次总排序结果具有满意的一致性，最后计算得到各因子的权重，见表 10 – 14。

表 10 – 14　各因子的权重

序号	评价因子	权重
1	排涝能力	0.0693
2	灌溉保证率	0.0297
3	障碍层类型	0.0297
4	障碍层位置	0.0376
5	障碍层厚度	0.0515
6	质地	0.0898
7	质地构型	0.2271
8	有效磷	0.0931
9	速效钾	0.1319
10	有机质	0.2404

第五节　夏玉米适宜性评价指标隶属度

一、指标特征

评价指标之间与夏玉米用地之间关系十分复杂，此外，评价中也存在着许多不严格、模糊性的概念，因此，我们采用模糊评价方法来进行夏玉米适宜性等级的确定。本次评价中，根据指标的性质分为概念型指标和数据型指标两类。

概念型指标的性状是定性的、综合的，与夏玉米生产之间是一种非线性关系，如质地、质地构型等，这类指标可采用特尔菲法直接结出隶属度。

数据型指标是指可以用数字表示的指标，例如，有机质、有效磷和速效钾等。根据模糊数学的理论，西华县的养分评价指标与夏玉米生产之间的关系为戒上型函数（表 10 – 15）。

表 10 - 15　数据型指标函数模型

评价因子	函数类型	a	c	ut	函数公式	拟合度
速效钾（g/kg）	戒上型	0.0002499804	138.658	20	1/［1 + a（u - c）^2］	0.942
有机质（mg/kg）	戒上型	0.0174632800	22.07154	3	1/［1 + a（u - c）^2］	0.941
有效磷（mg/kg）	戒上型	0.0092108940	25.62258	3	1/［1 + a（u - c）^2］	0.950

二、指标隶属度

对排涝能力、灌溉保证率、质地构型、质地等概念型定性因子采用专家打分法，经过归纳、反馈、逐步收缩、集中，最后产生获得相应的隶属度。而对有机质、有效磷、速效钾等定量因子，首先对其离散化，将其分为不同的组别，然后为采用专家打分法，给出相应的隶属度。

（一）排涝能力

属概念型，有量纲指标，经专家打分，建立指标与隶属度的对应表（表 10 - 16）。

表 10 - 16　排涝能力隶属度

序号	排涝能力	隶属度
1	3	0.75
2	5	0.85
3	10	1

（二）灌溉保证率

属概念型，有量纲指标，经专家打分，建立指标与隶属度的对应表（表 10 - 17）。

表 10 - 17　灌溉保证率隶属度

序号	灌溉保证率	隶属度
1	= 50	0.72
2	= 60	0.85
3	= 90	1

（三）障碍层厚度

属概念型，有量纲指标，经专家打分，建立指标与隶属度的对应表（表 10 - 18）。

表 10 - 18　障碍层厚度隶属度

序号	障碍层厚度	隶属度
1	> 60	0.1
2	> 40 and ≤ 60	0.3
3	> 20 and ≤ 40	0.48
4	> 0 and ≤ 20	0.8
5	= 0	1

（四）障碍层类型

属概念型，有量纲指标，经专家打分，建立指标与隶属度的对应表（表10-19）。

表 10-19　障碍层类型隶属度

序号	障碍层类型	隶属度
1	沙漏层	0.7
2	无	1

（五）障碍层位置

属概念型，有量纲指标，经专家打分，建立指标与隶属度的对应表（表10-20）。

表 10-20　障碍层位置隶属度

序号	障碍层位置	隶属度
1	>0 and ≤30	0.13
2	>30 and ≤60	0.47
3	>100	1

（六）质地

属概念型，无量纲指标（表10-21）。

表 10-21　质地隶属度

序号	质地	隶属度
1	松沙土	0.1
2	沙壤土	0.3
3	轻壤土	0.5
4	中黏土	0.6
5	轻黏土	0.7
6	中壤土	0.8
7	重壤土	1

（七）质地构型

属概念型，无量纲指标（表10-22）。

表 10-22　质地构型隶属度

序号	质地构型	隶属度
1	均质沙土	0.04
2	均质沙壤	0.09
3	沙身轻壤	0.13

序号	质地构型	隶属度
4	壤底沙壤	0.2
5	夹沙轻壤	0.23
6	沙底轻壤	0.26
7	壤身黏土	0.31
8	黏底沙壤	0.38
9	底沙重壤	0.4
10	均质轻壤	0.41
11	沙底中壤	0.43
12	黏身沙壤	0.46
13	夹沙重壤	0.53
14	夹沙中壤	0.57
15	夹黏轻壤	0.62
16	夹壤黏土	0.64
17	黏底轻壤	0.67
18	黏身轻壤	0.7
19	A1117 – A1	0.77
20	A1125 – C1	0.9
21	黏底中壤	0.93
22	均质重壤	1
23	A1130 – C1	1

（八）有机质

属数值型，有量纲指标（表 10 – 23）。

表 10 – 23 有机质隶属度

序号	有机质	隶属度
1	9.0	0.2
2	12.0	0.4
3	16.0	0.6
4	19.3	0.9
5	23.3	1

（九）有效磷

属数值型，有量纲指标（表 10 – 24）。

表 10 - 24　有效磷隶属度

序号	有效磷	隶属度
1	8.7	0.2
2	12.3	0.4
3	16.0	0.6
4	21.0	0.8
5	25.0	1

（十）速效钾

属数值型，有量纲指标（表 10 - 25）。

表 10 - 25　速效钾隶属度

序号	速效钾	隶属度
1	56.7	0.1
2	75.0	0.5
3	59.3	0.6
4	100.0	0.8
5	123.3	0.9
6	150.0	1

第六节　夏玉米适宜性评价结果

西华县夏玉米适宜性评价，选取 8 个对夏玉米用地影响比较大，区域内的变异明显，与夏玉米生产有密切关系的因素，建立评价指标体系，利用耕地地力评价单元图，应用模糊综合评判方法对全县夏玉米用地进行评价，把西华县夏玉米用地划分 4 个等级。

一、计算夏玉米适宜性评价综合指数

用指数和法来确定夏玉米适宜性的综合指数，模型公式如下。

$$IFI = \sum Fi * Ci \quad (i = 1, 2, 3 \cdots n)$$

式中：IFI（Integrated Fertility Index）代表夏玉米适宜性综合指数；F = 第 i 个因素评语；Ci = 第 i 个因素的综合权重。

具体操作过程：在县域耕地资源管理信息系统（CLRMIS）中，在"专题评价"模块中导入隶属函数模型和层次分析模型，然后选择"适宜性评价"功能进行夏玉米适宜性综合指数的计算。

二、确定最佳的夏玉米适宜性等级数目

根据综合指数的变化规律，在耕地资源管理系统中我们采用累积曲线分级法进行评价，

根据曲线斜率的突变点（拐点）来确定等级的数目和划分综合指数的临界点，将西华县夏玉米适宜性共划分为四级，各等级夏玉米适宜性综合指数，如表10－26，图10－3所示。

表10－26　西华县夏玉米适宜性等级综合指数

IFI	高度适宜	适宜	勉强适宜	不适宜
夏玉米适宜性等级	>0.8	0.4~0.8	0.2~0.4	<0.2

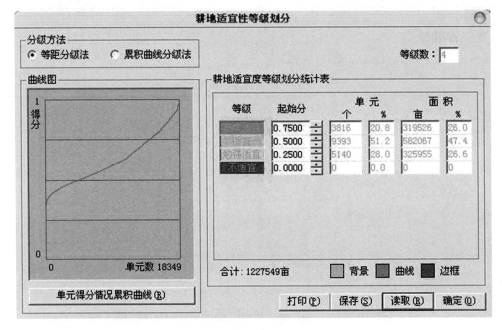

图10－3　西华县夏玉米适宜性评价等级分值及累积曲线

三、夏玉米适宜性评价各等级用地面积及其分布

西华县夏玉米适宜性共分4个等级。其中，高度适宜14 596.36hm²，占全县耕地面积的17.86%；适宜25 170.31hm²，占全县耕地面积的30.80%；勉强适宜38 811.99hm²，占全县耕地面积的47.49%；不适宜的3 148.91hm²，占全县耕地面积的3.85%（表10－27，图10－4、图10－5）。

表10－27　夏玉米适宜性评价结果面积统计表

等级	高度适宜	适宜	勉强适宜	不适宜	总计
面积（hm²）	55 622.24	17 890.95	9 833.05	0.00	83 346.24
占总面积（%）	66.74	21.47	11.80	0.00	100.00

评价结果表明，西华县高度适宜和适宜夏玉米用地面积为39 766.67hm²，占全县耕地面积的48.66%，在全县各乡镇均有分布；勉强适宜夏玉米用地面积为38 811.99hm²，占全县耕地面积的47.99%，分布在全县各乡镇，以址坊镇、逍遥镇、叶埠口乡、李大庄乡、清

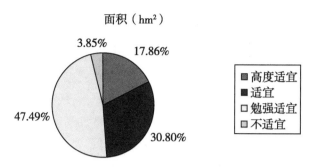

图 10 - 4　西华县夏玉米适宜性面积比例等级图

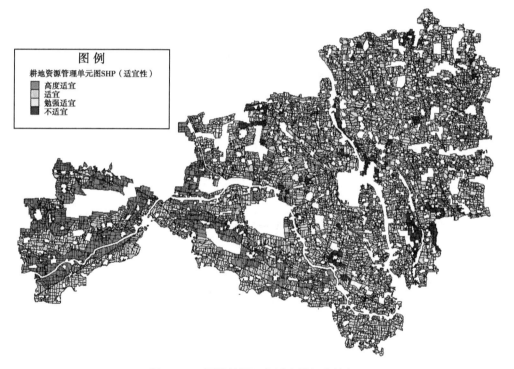

图 10 - 5　西华县夏玉米适宜性评价等级图

河驿乡等乡镇面积最大，其他为部分分布（表 10 - 28）。

表 10 - 28　夏玉米适宜性评价等级在各乡镇分布情况表　　　　　　（单位：hm²）

乡名称	高度适宜	适宜	勉强适宜	不适宜	总计
艾岗乡	1 255. 38	1 407. 07	2 054. 07	106. 14	4 822. 66
城关镇			1 101. 5	110. 3	1 211. 8
迟营乡	5. 98	109. 27	3 595. 72	263. 92	3 974. 89
大王庄乡		1 038. 7	1 882. 89	0. 01	2 921. 6
东王营乡		241. 67	2 125. 16	699. 08	3 065. 91

（续表）

乡名称	高度适宜	适宜	勉强适宜	不适宜	总计
东夏亭镇	464.33	1 947.5	1 816.08	53.95	4 281.86
奉母镇	4 322.66	2 141.83	29.61		6 494.1
红花集镇	0.11	427.1	6 682.9	474.03	7 584.14
黄土桥乡	168.98	168.97	3 247.43	171.1	3 756.48
李大庄乡	0.89	2 195.1	553.28	72.64	2 821.91
聂堆镇		1 338.72	4 008.92	207.94	5 555.58
皮营乡	119.07	730.77	2 586.88	346.41	3 783.13
清河驿乡	319.01	2 113.13	975		3 407.14
田口乡		30.29	3 188.38	240.54	3 459.21
西华营镇	162.15	1 895.52	3 664.82	402.85	6 125.34
西夏亭镇	2 297.42	2 540.18	1 098.86		5 936.46
逍遥镇	2 051.1	2 224.08			4 275.18
叶埠口乡	1 412.06	2 884.22	196.11		4 492.39
址坊镇	2 017.22	1 736.19	4.38		3 757.79
总计	14 596.36	25 170.31	38 811.99	3 148.91	81 727.57

四、西华县夏玉米适宜性评价等级中土种分布情况

根据西华县第二次土壤普查的土壤分类情况，结合省土壤分类系统，与省土种名称对接后状况。现西华县土壤归潮土、沙姜黑土、褐土、风沙土4个土类，分潮土、盐化潮土、石灰性沙姜黑土、潮褐土、草甸风沙土5个亚类，壤质潮土、黏质潮土、沙质潮土、氯化物盐化潮土、潮褐土、覆盖石灰性沙姜黑土。固定草甸风沙土、石灰性青黑土、石灰性沙姜黑土9个土属，下分26个土种。针对夏玉米适宜性评价结果，在不同夏玉米适宜性评价等级范围内，土种有一定的规律性分布，也有个别的典型分布。具体情况如下（表10-29）。

夏玉米高度适宜区分布的土种有：淤土，面积11 668.22hm²，占淤土面积的68.91%；黏盖石灰性沙姜黑土，面积1 268.84hm²，占黏盖石灰性沙姜黑土面积的99.75%；两合土，面积827.69hm²，占两合土16.42%；深位多量沙姜石灰性沙土，面积807.56hm²，为深位多量沙姜石灰性沙土的全部；浅位厚壤淤土，面积16.24hm²，占浅浅位厚壤淤土的1.72%；壤质潮褐土，面积7.81hm²，占底沙两合土的0.14%。

夏玉米适宜区分布的土种有：壤质潮褐土，面积5 508.65hm²，占壤质潮褐土土的99.75%；淤土，面积5 265.55hm²，占淤土的31.09%；两合土，面积4 212.04hm²，占两合土的83.58%；小两合土，面积2 955.68hm²，占小两合土的39.31%；浅位沙两合土，面积2 069.35hm²，占浅位沙两合土的40.75%；浅位厚壤淤土，面积884.2hm²，占浅位厚壤淤土的93.74%；沙壤土，面积751.65hm²，占沙壤土的4.25%；浅位沙淤土，面积588.71hm²，占浅位沙淤土的80.24%；石灰性青黑土，面积543.76hm²，占石灰性青黑土面

积的 94.84%；底沙淤土，面积 507.93hm²，占底沙淤土的 70.17%；底黏沙壤土，面积 352.35hm²，占底黏沙壤土的 54.47%；浅位厚沙淤土，面积 344.77 5hm²，占浅位厚沙淤土的 10.14%；底黏小两合土，面积 266.65hm²，占底黏小两合土的全部；底沙两合土，面积 250.96hm²，占底沙两合土的 45.09%；浅位黏沙壤土，面积 190.34hm²，占浅位黏沙壤土的 57.96%；浅位黏小两合土，面积 165.61hm²，占浅位黏小两合土的 87.31%；浅位厚黏小两合土，面积 123.56hm²，占浅位厚黏小两合土的 87.52%；底壤沙壤土面积 97.65hm²，占底壤沙壤土的 46.61%；浅位沙小两合土，面积 52.48hm²，占浅位沙小两合土的 12.92%；底沙小两合土面积 31.87hm²，占底沙小两合土的 5.31%；黏盖石灰性姜黑土，面积 3.15hm²，占黏盖石灰性姜黑土的 0.25%；浅位厚沙小两合土，面积 2hm²，占浅位厚沙小两合土的 0.03%；氯化物轻盐化潮土，面积 1.4hm²，占氯化物轻盐化潮土的 0.58%。

夏玉米勉强适宜区分布的土种有：沙壤土，面积 16 879.52hm²，占沙壤土的 95.46%；浅位厚沙小两合土，面积 6 071.69hm²，占浅位厚沙小两合土的 84.31%；小两合土，面积 4 564.15hm²，占小两合土的 60.69%；浅位厚沙淤土，面积 3 056.52hm²，占浅位厚沙淤土的 89.86%；浅位沙两合土，面积 3 009.15hm²，占浅位沙两合土的 59.25%；沙质潮土，面积 2 230.64hm²，占沙质潮土的 54.44%；底沙小两合土，面积 567.8hm²，占底沙小两合土的 94.69%；固定草甸风沙土，面积 507.54hm²，占固定草甸风沙土的 83.08%；浅位沙小两合土，面积 353.73hm²，占浅位沙小两合土的 87.08%；底沙两合土，面积 305.61hm²，占底沙两合土的 54.9%；底黏沙壤土，面积 294.56hm²，占底黏沙壤的 45.53%；氯化物轻盐化潮土，面积 241.71hm²，占氯化物轻盐化潮土的 99.42%；底沙淤土，面积 215.93hm²，占底沙淤土的 29.83%；浅位沙淤土，面积 145.02hm²，占浅位沙淤土的 19.76%；浅位黏沙壤土，面积 138.06hm²，占浅位黏沙壤土的 42.04%；底壤沙壤土，面积 111.84hm²，占底壤沙壤土的 53.39%；浅位厚壤淤土，面积 42.84hm²，占固浅位厚壤淤土的 4.54%；石灰性青黑土，面积 29.61hm²，占石灰性青黑土的 5.16%；浅位黏小两合土，面积 24.07hm²，占浅位黏小两合土的 12.69%；浅位厚黏小两合土，面积 17.62hm²，占浅位厚黏小两合土的 12.48%；壤质潮褐土，面积 4.38hm²，占壤质潮褐土的 0.08%。

夏玉米不适宜区分布的土种有：沙质潮土，面积 1 866.6hm²，占沙质潮土的 45.56%；浅位厚沙小两合土，面积 1 128.13hm²，占浅位厚沙小两合土的 15.66%；固定草甸风沙土，面积 103.34hm²，占固定草甸风沙土的 16.92%；沙壤土，面积 50.84hm²，占沙壤土的 0.29%。

表 10 - 29　各土种在夏玉米适宜性评价等级中分布情况表　　（单位：hm²）

省土种名称	高度适宜	适宜	勉强适宜	不适宜	总计
底壤沙壤土		97.65	111.84		209.49
底沙两合土		250.96	305.61		556.57
底沙小两合土		31.87	567.8		599.67
底沙淤土		507.93	215.93		723.86
底黏沙壤土		352.35	294.56		646.91
底黏小两合土		266.65			266.65

（续表）

省土种名称	高度适宜	适宜	勉强适宜	不适宜	总计
固定草甸风沙土			507.54	103.34	610.88
两合土	827.69	4 212.04			5 039.73
氯化物轻盐化潮土		1.4	241.71		243.11
浅位厚壤淤土	16.24	884.2	42.84		943.28
浅位厚沙小两合土		2	6 071.69	1 128.1	7 201.82
浅位厚沙淤土		344.77	3 056.52		3 401.29
浅位厚黏小两合土		123.56	17.62		141.18
浅位沙两合土		2 069.35	3 009.15		5 078.5
浅位沙小两合土		52.48	353.73		406.21
浅位沙淤土		588.71	145.02		733.73
浅位黏沙壤土		190.34	138.06		328.4
浅位黏小两合土		165.61	24.07		189.68
壤质潮褐土	7.81	5 508.65	4.38		5 520.84
沙壤土		751.65	16 879.52	50.84	17 682.01
沙质潮土			2 230.64	1 866.6	4 097.24
深位多量沙姜石灰性沙	807.56				807.56
石灰性青黑土		543.76	29.61		573.37
小两合土		2 955.68	4 564.15		7 519.83
淤土	11 668.22	5 265.55			16 933.77
黏盖石灰性沙姜黑土	1 268.84	3.15			1 271.99
总计	14 596.36	25 170.3	38 811.99	3 148.9	81 727.57

五、夏玉米适宜性评价各等级特征

夏玉米适宜性评价是对适宜性评价因子对夏玉米生长影响的评价。通过评价，划分夏玉米适宜性评价等级，从评价因子中找出夏玉米适宜性评价等级的主导限制因子，划分夏玉米适宜性改良分区，为夏玉米生长提供科学的栽培措施提供依据。

西华县夏玉米适宜性评价选取的评价因子有土壤质地，质地构型、障碍层类型、障碍层位置、障碍层厚度、灌溉保证率、排涝能力、土壤有机质、有效磷、速效钾、10 个评价因子。对评价因子又以土壤管理、土壤立地条件、主要土壤养分含量为内容，通过因子类型间、类型因子间、因子内部等级间打分，确定了因子的权重和隶属度，建立了西华县夏玉米适宜性评价指标。由于这些评价指标在县域及各乡镇的空间分布不匀，通过其分布特征分析和评价指标在不同地力等级中比重的分析，从而为划分夏玉米生长改良分区提供依据。

（一）表层质地

耕层土壤质地对土壤养分含量，保水保肥性能、耕性、通透性等土壤属性影响很大，对夏玉米的适宜性影响较大（表10-30）。

表10-30 表层质地在夏玉米适宜性评价等级中分布情况表

指标	高度适宜		适宜		勉强适宜		不适宜	
	面积（hm²）	比例（%）	面积（hm²）	比例（%）	面积（hm²）	比例（%）	面积（hm²）	比例（%）
轻壤土	7.81	0.054	9 107.9	36.19	11 664.86	30.05	1 128.13	35.83
轻黏土	16.24	0.111	1 427.96	5.67	72.45	0.19		
沙壤土			1 391.99	5.53	17 931.52	46.20	154.18	4.90
松沙土					2 230.64	5.75	1 866.6	59.28
中壤土	827.69	5.671	6 532.35	25.95	3 495.05	9.01		
中黏土		0.000	344.77	1.37	3 056.52	7.88		
重壤土	13 744.62	94.165	6 365.34	25.29	360.95	0.93		

西华县耕层土壤质地有松沙土、沙壤土、轻壤土、中黏土、轻黏土、中壤土、重壤土7种质地类型。从不同夏玉米适宜性等级的表层质地说明：

高度适宜等级主要包括重壤土、中壤土、轻黏土、轻壤土四种质地类型，其中，重壤土面积为13 744.62hm²，占高度适宜等级的94.16%；中壤土面积为827.69hm²，占高度适宜等级的5.67%；轻黏土面积为16.24hm²，占高度适宜等级的0.11%轻壤土面积为7.81hm²，占高度适宜等级的0.05%。

适宜等级主要包括轻壤土、中壤土、重壤土、轻黏土、沙壤土、中黏土6种质地类型，其中，轻壤土面积为9 107.9hm²，占适宜等级的36.19%；中壤土面积为6 532.35hm²，占适宜等级的25.95%；重壤土面积为6 365.34hm²，占适宜等级的25.29%；轻黏土面积为1 427.96hm²，占适宜等级的5.67%；沙壤土面积为1 391.99hm²，占适宜等级的5.53%；中黏土面积为344.77hm²，占适宜等级的1.37%。

勉强适宜主要包括松沙土、沙壤土、轻壤土、中黏土、轻黏土、中壤土、重壤土7个质地类型，其中，沙壤土面积为17 931.52hm²，占勉强适宜等级的46.20%；轻壤土面积为11 664.86hm²，占勉强适宜等级的30.05%；中壤土面积为3 495.05hm²，占勉强适宜等级的9.01；中黏土面积为3 056.52hm²，占勉强适宜等级的7.88%；松沙土面积为2 230.64hm²，占勉强适宜等级的5.75%；重壤土面积为360.95hm²，占勉强适宜等级的0.93%；轻黏土面积为72.45hm²，占勉强适宜等级的0.19%。

不适宜主要包括松沙土、轻壤土、沙壤土3个质地类型，其中，松沙土面积为1 866.6hm²，占不适宜等级的59.28%；轻壤土面积为1 128.13hm²，占不适宜等级的35.83%；沙壤土面积为154.18hm²，占不适宜等级的4.90%。

（二）质地构型

质地构型，是指对作物生长影响较大的1m土体内出现的不同土壤质地层次、排列、厚度情况。质地构型对耕层土壤肥力有重大影响，对夏玉米生长发育和产量也有着较大影响。

西华县土壤有底沙重壤、夹壤黏土、夹沙轻壤、夹沙中壤、夹沙重壤、夹黏轻壤、均质轻壤、均质沙壤、均质沙土、均质黏土、均质重壤、壤底沙壤、壤身黏土、沙底轻壤、沙底中壤、沙身轻壤、黏底轻壤、黏底沙壤、黏底中壤、黏身轻壤、黏身沙壤 20 种质地构型，对耕层土壤肥力有着不同的影响，也对夏玉米有着不同影响。如同是中壤，若质地构型为均质中壤，其保水保肥性能较好，耕层土壤养分较高，若均质中壤的心土层有 20cm 以上的重壤层，则保水保肥性能和土壤肥力更好，即群众所说的蒙金地。若质地构型出现浅位沙层，则保水保肥性能和土壤肥力就会受到沙层的影响，从而对夏玉米生长有着明显影响。评价结果表明如下。

夏玉米高度适宜等级质地构型主要有：均质重壤面积为 13 744hm²，占高度适宜等级的 94.16%；黏底中壤面积为 827.69hm²，占高度适宜等级的 5.67%；夹壤黏土面积为 16.24hm²，占高度适宜等级的 0.11%；均质轻壤面积为 7.81hm²，占高度适宜等级的 0.05%；夏玉米适宜等级质地构型主要有：均质轻壤面积为 8 464.33hm²，占适宜等级的 33.63%；均质重壤面积为 5 268.7hm²，占适宜等级的 20.93%；黏底中壤面积为 4 212.04hm²，占适宜等级的 16.73%；夹沙中壤面积为 2 069.35hm²，占适宜等级的 8.22%；夹壤黏土面积为 884.2hm²，占适宜等级的 3.51%；均质沙壤面积为 751.65hm²，占适宜等级的 2.99%；夹沙重壤面积为 588.71hm²，占适宜等级的 2.34%；均质黏土面积为 543.76hm²，占适宜等级的 2.16%；底沙重壤面积为 507.93hm²，占适宜等级的 2.02%；黏底沙壤面积为 352.35hm²，占适宜等级的 1.40%；壤身黏土面积为 344.77hm²，占适宜等级的 1.37%；黏底轻壤面积为 266.65hm²，占适宜等级的 1.06%；沙底中壤面积为 250.96hm²，占适宜等级的 1.00%；黏身沙壤面积为 190.34hm²，占适宜等级的 0.76%；夹黏轻壤面积为 165.61hm²，占适宜等级的 0.66%；黏身轻壤面积为 123.56hm²，占适宜等级的 0.49%；壤底沙壤面积为 97.65hm²，占适宜等级的 0.39%；夹沙轻壤面积为 52.48hm²，占适宜等级的 0.21%；沙底轻壤面积为 31.87hm²，占适宜等级的 0.13% 沙身轻壤面积为 3.4hm²，占适宜等级的 0.01%。

夏玉米勉强适宜等级质地构型主要有：均质沙壤面积为 16 879.52hm²，占勉强适宜等级的 43.49%；沙身轻壤面积为 6 133.11hm²，占勉强适宜等级的 15.80%；均质轻壤面积为 4 568.53hm²，占勉强适宜等级的 11.77%；壤身黏土面积为 3 056.52hm²，占勉强适宜等级的 7.88%；夹沙中壤面积为 3 009.15hm²，占勉强适宜等级的 7.75%；均质沙土面积为 2 738.18hm²，占勉强适宜等级的 7.05%；沙底轻壤面积为 748.09hm²，占勉强适宜等级的 1.93%；夹沙轻壤面积为 353.73hm²，占勉强适宜等级的 0.91%。沙底中壤面积为 305.61hm²，占勉强适宜等级的 0.79%；黏底沙壤面积为 294.56hm²，占勉强适宜等级的 0.76%；底沙重壤面积为 215.93hm²，占勉强适宜等级的 0.56%；夹沙重壤面积为 145.02hm²，占勉强适宜等级的 0.37%；黏身沙壤面积为 138.06hm²，占勉强适宜等级的 0.36%；壤底沙壤面积为 111.84hm²，占勉强适宜等级的 0.29%；夹壤黏土面积为 42.84hm²，占勉强适宜等级的 0.11%；均质黏土面积为 29.61hm²，占勉强适宜等级的 0.08%；夹黏轻壤面积为 24.07hm²，占勉强适宜等级的 0.06%；黏身轻壤面积为 17.62hm²，占勉强适宜等级的 0.05%。

夏玉米不适宜等级质地构型主要有：均质沙土面积为 1 969.94hm²，占不适宜等级的 62.56%；沙身轻壤面积为 1 128.13hm²，占不适宜等级的 35.83%；均质沙壤面积为 50.84hm²，占不适宜等级的 1.61%（表 10 - 31）。

表10-31　质地构型在夏玉米适宜性评价等级分布情况表

指标	高度适宜		适宜		勉强适宜		不适宜	
	面积（hm²）	比例（%）	面积（hm²）	比例（%）	面积（hm²）	比例（%）	面积（hm²）	比例（%）
底沙重壤			507.93	2.02	215.93	0.56		
夹壤黏土	16.24	0.11	884.2	3.51	42.84	0.11		
夹沙轻壤			52.48	0.21	353.73	0.91		
夹沙中壤			2 069.35	8.22	3 009.15	7.75		
夹沙重壤			588.71	2.34	145.02	0.37		
夹黏轻壤			165.61	0.66	24.07	0.06		
均质轻壤	7.81	0.05	8 464.33	33.63	4 568.53	11.77		
均质沙壤			751.65	2.99	16 879.52	43.49	50.84	1.61
均质沙土					2 738.18	7.05	1 969.94	62.56
均质黏土			543.76	2.16	29.61	0.08		
均质重壤	13 744.62	94.16	5 268.7	20.93		0.00		
壤底沙壤			97.65	0.39	111.84	0.29		
壤身黏土			344.77	1.37	3 056.52	7.88		
沙底轻壤			31.87	0.13	748.09	1.93		
沙底中壤			250.96	1.00	305.61	0.79		
沙身轻壤			3.4	0.01	6 133.11	15.80	1 128.13	35.83
黏底轻壤			266.65	1.06		0.00		
黏底沙壤			352.35	1.40	294.56	0.76		
黏底中壤	827.69	5.67	4 212.04	16.73		0.00		
黏身轻壤			123.56	0.49	17.62	0.05		
黏身沙壤			190.34	0.76	138.06	0.36		
总计	14 596.36		25 170.31		38 811.99		3 148.91	

（三）排涝能力

排涝能力是指排涝骨干工程（干、支渠）和田间工程（斗、农渠）按多年一遇的暴雨不致成灾的要求能达到的标准。西华县分为：10年一遇为强，5年一遇为中，3年一遇为弱。评价结果如下。

在夏玉米适宜性评价高度适宜等级中，10年一遇的面积为11 628.77hm²，占高度适宜等级的79.67%；5年一遇的面积为2 449.19hm²，占高度适宜等级的16.78%；3年一遇的面积为518.4hm²，占高度适宜等级的3.55%。

在夏玉米适宜性评价适宜等级中，10年一遇的面积为8 494.48hm²，占适宜等级的33.75%；5年一遇的面积为14 434.85hm²，占适宜等级的57.35%；3年一遇的面积为2 240.98hm²，占适宜等级的8.90%。

在夏玉米适宜性评价勉强适宜等级中，10 年一遇的面积为 4 028.89hm²，占勉强适宜等级的 10.38%；5 年一遇的面积为 30 845.2hm²，占勉强适宜等级的 79.47%；3 年一遇的面积为 33 937.9hm²，占勉强适宜等级的 10.15%。

在夏玉米适宜性评价不适宜等级中，10 年一遇的面积为 29.4hm²，占不适宜等级的 0.93%；5 年一遇的面积为 2 867.97hm²，占不适宜等级的 91.08%；3 年一遇的面积为 251.54hm²，占不适宜等级的 7.99%（表 10 - 32）。

表 10 - 32 排涝能力在夏玉米适宜性评价等级中分布情况表

排涝能力	高度适宜		适宜		勉强适宜		不适宜	
	面积（hm²）	比例（%）	面积（hm²）	比例（%）	面积（hm²）	比例（%）	面积（hm²）	比例（%）
3	518.4	3.55	2 240.98	8.90	3 937.9	10.15	251.54	7.99
5	2 449.19	16.78	14 434.85	57.35	30 845.2	79.47	2 867.97	91.08
10	11 628.77	79.67	8 494.48	33.75	4 028.89	10.38	29.4	0.93
总计	14 596.36		25 170.31		38 811.99		3148.91	

（四）灌溉保证率

灌溉保证率是指在干旱年份，对耕地实行灌溉的指标。西华县将灌溉保证率分为三级。具体划分标准为：具备一年耕地灌溉 6 遍或 6 遍以上的为灌溉保证率大于 90%；具备一年耕地灌溉 4 遍或 4 遍以上的为灌溉保证率大于或等于 60%；具备一年耕地灌溉 4 遍以下的为灌溉保证率小于 60%。评价结果表明如下。

夏玉米适宜性评价高度适宜等级中，灌溉保证率大于 90% 的面积为 10 516.54hm²，占高度适宜等级的 72.05%；灌溉保证率大于或等于 60% 的面积为 2 797.1hm²，占高度适宜等级的 19.16%；灌溉保证率小于 60% 的面积为 1 282.72hm²，占高度适宜等级的 8.79%。

夏玉米适宜性评价适宜等级中，灌溉保证率大于 90% 的面积为 7 206.07hm²，占适宜等级的 28.63%；灌溉保证率大于或等于 60% 的面积为 10 900.1hm²，占适宜等级的 43.31%；灌溉保证率小于 60% 的面积为 7 064.14hm²，占适宜等级的 28.06%。

夏玉米适宜性评价勉强适宜等级中，灌溉保证率大于 90% 的面积为 3 600.21hm²，占勉强适宜等级的 9.28%；灌溉保证率大于或等于 60% 的面积为 24 750.4hm²，占勉强度适宜等级的 63.77%；灌溉保证率小于 60% 的面积为 10 461.38hm²，占勉强适宜等级的 26.95%。

夏玉米适宜性评价不适宜等级中，灌溉保证率大于 90% 的面积为 29.4hm²，占不适宜等级的 0.63%；灌溉保证率大于或等于 60% 的面积为 1 638.29hm²，占不适宜等级的 52.03%；灌溉保证率小于 60% 的面积为 1 481.22hm²，占不适宜等级的 47.04%（表 10 - 33）。

（五）有机质

土壤有机质代表土壤基本肥力，也与土壤氮素含量呈正相关关系。有机质含量的多少，与同等管理水平的夏玉米产量显示明显的正相关关系，即有机质含量越高，单位面积产量越高。从夏玉米适宜性评价结果表明：西华县夏玉米高度适宜区域有机质平均含量为 18.07g/kg，变幅为 11.6～27.6g/kg；夏玉米适宜区域有机质平均含量为 16.18g/kg，变幅为 4.2～31.8g/kg；夏玉米勉强适宜区域有机质平均含量为 14.39g/kg，变幅为 3.4～32.3g/kg；夏玉米不适宜区域有机质平均含量为 12.88 g/kg，变幅为 5 ~ 17.8 g/kg。从中可知，在 3 个区域中有机质含量为，高度适宜区域 > 适宜区域 > 勉强适宜区域 > 不适宜（表 10 - 34）。

表 10 - 33 灌溉保证率在夏玉米适宜性等级中分布情况表

灌溉保证率	高度适宜		适宜		勉强适宜		不适宜	
	面积（hm²）	比例（%）	面积（hm²）	比例（%）	面积（hm²）	比例（%）	面积（hm²）	比例（%）
<60%	1 282.72	8.79	7 064.14	28.06	10 461.38	26.95	1 481.22	47.04
≥60%	2 797.1	19.16	10 900.1	43.31	24 750.4	63.77	1 638.29	52.03
>90%	10 516.54	72.05	7 206.07	28.63	3 600.21	9.28	29.4	0.93
总计	14 596.36	100.00	25 170.31	100.00	38 811.99	100.00	3 148.91	100.00

表 10 - 34 夏玉米适宜性评价各等级有机质含量情况表 （单位：g/kg）

等级	高度适宜	适宜	勉强适宜	不适宜	总计
平均值	18.07	16.18	14.39	12.88	15.39
最大值	27.60	31.80	32.30	17.80	32.30
最小值	11.60	4.20	3.40	5.00	3.40
标准差	2.28	2.80	2.72	2.54	3.03
变异系数	0.13	0.17	0.19	0.20	0.20

（六）有效磷

磷是夏玉米生长所需的大量营养元素之一，是构成夏玉米体内核蛋白、核酸、磷脂、植素、磷酸腺苷和多种酶的重要成分，还可以促进夏玉米根系的发育，也可促进夏玉米对氮的吸收。土壤中磷素的多少及有效程度，对夏玉米产量品质至关重要。从夏玉米适宜性评价结果表明：夏玉米高度适宜区域有效磷平均含量为 15.83mg/kg，变幅为 7.60 ~ 35.30mg/kg；夏玉米适宜区域有效磷平均含量为 14.97mg/kg，变幅为 6.70 ~ 34.70mg/kg；夏玉米勉强适宜区域有效磷平均含量为 14.92mg/kg，变幅为 6.90 ~ 29.40mg/kg；夏玉米不适宜区域有效磷平均含量为 14.33mg/kg，变幅为 8.00 ~ 23.30mg/kg。从中可知，西华县土壤有效磷含量在不同夏玉米适宜性评价各不同区域中没有明显较大的差异（表 10 - 35）。

表 10 - 35 夏玉米适宜性评价各等级有效磷含量情况表 （单位：mg/kg）

等级	高度适宜	适宜	勉强适宜	不适宜	总计
平均值	15.83	14.97	14.92	14.33	15.04
最大值	35.30	34.70	29.40	23.30	35.30
最小值	7.60	6.70	6.90	8.00	6.70
标准差	3.46	3.76	2.98	2.89	3.32
变异系数	0.22	0.25	0.20	0.20	0.22

（七）速效钾

钾是夏玉米生长发育不可缺少的营养元素之一。它具有促进夏玉米体内碳水化合物的代谢和合成，提高夏玉米的抗寒、抗旱、抗病、抗倒伏等作用，同时，还具有改善夏玉米产品的品质和部分消除过量氮、磷所造成不良影响的作用。随着复种指数和产量的提高，氮肥、磷肥用量的增加，钾肥在夏玉米生产中已日益显出其重要地位。从夏玉米适宜性评价结果表明：夏玉米高度适宜区域速效钾平均含量为 146.16mg/kg，变幅为 41.00～245mg/kg；夏玉米适宜区域速效钾平均含量为 123.06mg/kg，变幅为 38～319mg/kg；夏玉米勉强适宜区域速效钾平均含量为 98.67mg/kg，变幅为 41～276mg/kg；夏玉米不适宜区域速效钾平均含量为 86.62mg/kg，变幅为 49～161mg/kg。从中可以得出，夏玉米高度适宜和适宜区域土壤速效钾含量明显高于其他两个区域（表 10 - 36）。

表 10 - 36　夏玉米适宜性评价各等级速效钾含量情况表　　　　　（单位：mg/kg）

等级	高度适宜	适宜	勉强适宜	不适宜	总计
平均值	146.16	123.06	98.67	86.62	112.24
最大值	245.00	319.00	276.00	161.00	319.00
最小值	41.00	38.00	41.00	49.00	38.00
标准差	33.70	31.08	22.14	18.31	32.20
变异系数	0.23	0.25	0.22	0.21	0.29

六、西华县夏玉米用地主要限制因素分析

利用全县主要夏玉米适宜性评价成果数据库，对全县夏玉米用地的限制因素进行评价发现，全县夏玉米用地存在着一些限制因子，不同程度制约着耕地资源的可持续利用。首先，受 6 月初干风的影响，导致夏玉米捉苗困难，减少玉米的成苗率，从而造成亩群体降低；其次，西华县有些地方灌排条件较差，近年虽加大了农田水利兴修力度，但是有些地方灌溉保证率≤75% 的面积比较大，排涝能力小于等于 5 年一遇的地方比较多，加之夏玉米是高肥水作物，夏秋两季雨水虽多但是分布不均，导致一些地方出现干旱现象，严重影响夏玉米生长，此外，夏秋两季多雨时导致涝灾，从而使农业歉收，故旱、涝成为制约本县夏玉米用地可持续利用的一个因素；此外，耕地瘠薄和漏水漏肥的质地构型也制约全县夏玉米用地可持续利用的一个因素，全县漏水漏肥和瘠薄耕地面积为 23 652.88hm²，占耕地总面积的28.9%，以红花集镇、西华营镇、东夏亭镇、聂堆镇、田口乡、东王营乡、皮营乡、清河驿乡、迟营乡、西夏亭镇、艾岗乡的面积最大。上述表明，干风、旱涝、漏肥漏水和瘠薄型质地构型等限制因素制约着西华县夏玉米用地的可持续利用。因此，应充分利用全县夏玉米适宜性评价有关成果，对全县夏玉米生产进行统一规划，压缩勉强适宜区，稳定扩大高度适宜区，并与沃土工程、测土配方施肥项目、农业综合开发项目、标准粮田建设项目紧密结合。在改良用地方面，要坚持用养结合，并针对不同限制因子采用工程、生物和栽培技术等措施进行改良；对于旱涝限制耕地，要加大工程技术投入，兴修农田水利，健全田间灌溉工程，实现灌溉保证率达到 75% 以上，排涝能力达到 10 年一遇，实现旱能灌、涝能排，推广节水灌溉技术，提高灌水的利用率；对于瘠薄和漏水漏肥限制耕地，采用逐年深耕改土，增施有

机肥等措施，以改善土壤质地构型和提高土壤有机质含量。

第七节　夏玉米用地类型分区及改良建议

一、夏玉米用地类型区划分

按照统一规划、合理利用、科学培肥的原则，本着提高夏玉米产量的指导思想，将影响夏玉米生长的障碍因素相似、改良措施相近的夏玉米用地划为一个利用区。据此，将西华县夏玉米用地划分为3个类型区，即夏玉米用地质地构型改善培肥类型区、夏玉米用地高产稳产稳定类型区、夏玉米用地高产类型区。

（一）夏玉米用地质地构型改善培肥类型区

该类型区主要分布在东北部的田口乡、聂堆镇、田口乡、西华营镇、皮营乡、东夏亭镇，县域中部的红花集镇、城关镇、黄土桥乡，东南部的东王营乡、大王庄乡。面积26 683.66hm²。由于该类型区土壤质地构型为夹沙轻壤、夹沙中壤、夹沙重壤、均质沙壤、均质沙土、壤底沙壤、沙底轻壤、沙底中壤、沙身轻壤等，心土层沙层较厚，土壤保水保肥能较差，使得耕层土壤瘠薄。其主要养分含量为：有机质平均为14.56g/kg，幅度为12～17g/kg，有效磷平均为15.03mg/kg，幅度为12～18mg/kg，速效钾平均为98.33mg/kg，幅度为85～120mg/kg。

（二）夏玉米用地高产稳产稳定类型区

该类型区包括奉母镇、西夏亭镇、逍遥镇、址坊镇、叶埠口乡、艾岗乡等乡镇的潮褐土、覆盖石灰性沙姜黑土、壤质潮、石灰性沙姜黑土、黏质潮土土属区域，面积15 646.29hm²，该区域质地构型为轻壤土、轻黏土、中壤土、重壤土类型，该区肥力基础好，土壤耕性好，抗旱性能优良，保水保肥能力强，夏玉米容易获得高产，是西华县高产稳产粮田。其主要养分含量为：有机质平均为18.07g/kg，幅度为16.0～22.0g/kg，有效磷平均为15.38mg/kg，幅度为11.5～20.0mg/kg，速效钾平均为146.2mg/kg，幅度为110.0～180.0mg/kg。

（三）夏玉米用地高产类型区

该区包括全县各乡镇的潮褐土、覆盖石灰性沙姜黑土、壤质潮土、沙质潮土、石灰性青黑土、黏质潮土六个土属，面积大，面积为25 161.75hm²。该区主要质地构型为均质轻壤、均质重壤、黏底中壤、夹沙中壤、夹壤黏土、均质沙壤、夹沙重壤、均质黏土、底沙重壤、壤身黏土、黏底沙壤、黏底轻壤、沙底中壤、黏身沙壤。该区主要养分含量为：有机质平均为16.17g/kg，幅度为13.0～19.01g/kg，有效磷平均为15.04mg/kg，幅度为11.0～19.0mg/kg，速效钾平均为123.12mg/kg，幅度为90.0～150mg/kg。

二、利用建议

夏玉米适宜性评价的目的是通过评价，找出影响夏玉米生长的因子，通过有针对性的加强、修正或改良这些因子实现夏玉米很好的生长和产量的提高。因此，夏玉米用地改良利用围绕夏玉米用地资源类型进行建设改良，针对土壤立地条件和土壤管理，以提高土壤肥力，促进质地构型的良性改变和强化土壤管理为主要措施提出了夏玉米用地的合理利用的建议。

（一）夏玉米用地质地构型改善培肥类型区

该类型区的特征特性：耕层质地轻，质地构型多为沙身轻壤、均质轻壤型、土壤速效养分和潜在养分均较低，主要为夏玉米勉强适宜区域和适宜区域，主要障碍因素耕层质地较轻和保水保肥性能差。利用建议如下。

1. 推广秸秆还田技术

秸秆还田要规范技术措施，强化措施落实，实行麦秸高留茬技术和麦秸麦糠覆盖技术。每年秸秆还田量不少于50%。

2. 增施有机肥，培肥地力

大力争取有机质提升项目，对有机肥料进行补贴，多途径增施有机肥，每亩每年施用优质有机肥2 000kg。

3. 加强田间灌溉工程建设

与农业综合开发项目和标准粮田建设项目结合，完善田间灌溉工程建设标准达到井灌年保灌4次，使灌溉保证率不小于75%的地域达到75%以上。

4. 配方施肥

在秸秆还田和施用有机肥的基础上，开展测土配方施肥技术：科学施用氮肥，注意利用丰缺指标法施用磷、钾肥，利用土壤分析结果合理施用锌肥。在施肥方法上要针对土壤保肥保水能力差的特点，根据肥料特性，夏玉米需肥规律，采取少量而多次的适时施肥浇水，减少养分流失。

5. 选择适宜的夏玉米品种

除选择具有一般品种具备的特性外，注意选择生育期适宜、抗旱性较好，灌浆快，熟相好的品种种植，利用夏玉米的高产稳产特性提高单位面积产量。

（二）夏玉米用地中壤土高产稳产类型区

该区主要特征特性为土壤质地以中壤为主，质地构型多为均质类型，有部分沙底类型和夹沙类型；土壤养分较高，保水保肥能力较强；适种夏玉米。但是该区土壤仍存在着个别地方施肥措施不当、土壤管理措施不配套等方面的障碍问题。主要利用建议如下。

1. 强化土地管理措施

其一，加强土地政策法规管理，杜绝各种破坏土地的行为，保证土地耕层完好、平整；其二，增强灌溉保证能力。对于灌溉保证率≤75的，要提高以井灌为主的农田灌溉技术，达到50亩地一眼机井；大力推广以滴灌为主的节水灌溉农业；其三，增强排涝能力，对于排涝能力为5年一遇的地方，提高排涝能力达到10年一遇的能力。

2. 提升有机质含量

其一实行麦秸麦糠覆盖技术和麦秸高留茬技术，秸秆还田量不少于50%，作为农业措施长年应用；其二全面施用有机肥。全力争取有机质提升项目，对有机肥料进行补贴，多途径增施有机肥料，每亩每年施用优质有机肥2 000kg。

3. 配方施肥

在秸秆还田和施用有机肥基础上，进行测土配方施肥：目标产量法定氮肥，丰缺指标法施用磷肥和钾肥，利用土壤分析结果合理施用锌肥。要根据夏玉米的生长需肥规律采取科学方法施肥。

4. 品种选择

选择高产稳产的夏玉米品种，利用良种补贴项目，经县农业专家筛选，合理选择夏玉米品种。

（三）夏玉米用地轻黏重壤高产类型区

该区土壤的特征性为耕层土壤质地黏重，质地构型多以均质重壤为主，有一定的沙底重壤、均质黏土、沙底黏土；心土层土壤质地多为重壤或轻黏。该类型土壤速效养分和潜在养分含量都较高，心土层土壤质地黏重，影响水分的上下移动，易缺水干裂和雨水多时易涝。所以，易旱、易涝是该类型土壤夏玉米高产的主要障碍因子。利用建议如下。

1. 继续提升有机质

通过增加耕层土壤有机质，以促进耕层土壤团粒结构的形成，进而改善耕层土壤的通透性、亲和性。其一，全面施用有机肥。全力争取有机质提升项目，对有机肥料进行补贴，多途径增施有机肥料；其二，利用农业机械化技术，实行麦秸高留茬技术和麦秸麦糠覆盖技术，单位面积的秸秆还田量不少于50%，以减少水分蒸发。

2. 实行旋耕

对于土壤黏重较重的地方，要通过旋耕后播种，这样可以增强土壤的蓄水保水能力，提高夏玉米的成苗率；扩大夏玉米根系活动范围，增强夏玉米对水肥的吸收。

3. 加强灌排工程建设

增强灌溉保证能力。对于灌溉保证率≤75%的，要提高以井灌为主的农田灌溉技术，达到50亩地一眼机井；大力推广以滴灌为主的节水灌溉农业。对于排涝能力5年一遇和3年一遇的地方，加大干支渠疏通，增加排涝能力达10年一遇。

4. 配方施肥

在实行秸秆还田和增施有机肥的基础上，加强配方肥施用。配方肥施用中目标产量法定氮肥用量，利用丰缺指标法定磷肥和钾肥施用，利用土壤分析结果合理施用锌肥，对于3年来全部实行秸秆还田的可不施钾肥。通过增产节肥实现增产增效和节肥增效。

5. 品种选择

利用良种补贴项目，经县农业专家筛选，选择密植型的夏玉米品种。

第十一章　河南省西华县耕地地力评价工作报告

土壤是农业生产的基础，耕地质量直接影响产业结构、作物生产水平及农产品的产量和品质。西华县自2007年7月起，承担了国家测土配方施肥项目，开展了土样采集、化验，农户施肥情况调查，田间肥效试验示范等方面的工作，获得了数量巨大的测土配方施肥基础数据，建立了属性数据库。全国《2006年测土配方施肥补贴项目实施方案》规定，"续建项目县的主要任务是：……建立规范的测土配方施肥数据库和县域土壤资源空间数据库、属性数据库，对县域耕地地力状况进行评价"。西华县依据《测土配方施肥技术规范（试行）修订稿》《全国耕地地力调查与质量评价技术规程》以及《耕地地力评价指南》，于2008年起结合测土配方施肥项目开展了耕地地力调查与评价工作。

通过耕地地力调查与地力评价，达到摸清耕地土壤的地力状况、肥力状况、养分状况、土壤退化状况和耕地综合生产能力状况之目的。对准确掌握耕地生产能力、因地制宜加强耕地质量建设、指导农业种植结构调整、科学合理施肥、粮食安全，实现农业增效、农民增收，促进农业可持续发展具有重要作用。

通过开展耕地地力调查与评价工作，全面查清了西华县耕地肥力状况，环境质量状况，建成了完整的耕地资源信息管理系统；全面查清了西华县耕地存在的问题，提出培肥、改良与合理利用对策；形成了西华县耕地地力调查和质量评价工作报告、技术报告、专题报告、耕地质量管理信息系统、耕地地力等级图、土壤养分图。

一、加强组织工作

（一）组织建设

1. 成立领导小组

西华县成立了分管农业的县长任组长，农业局、财政局负责人任副组长，有关部门和乡镇负责同志为成员的工作领导小组，负责组织协调、人员落实、工作安排等。

2. 成立技术小组

技术小组由县农业局有实践经验的技术人员组成，具体负责实施方案的制定、技术指导、质量控制以及自查自检工作。

3. 成立工作小组

成立野外调查、化验分析和室内工作3个小组，实行站长负责制。野外调查小组由县农业局、乡镇农技站等有关单位的技术干部共24人组成，负责土地利用现状补调，农业生产状况，典型农户调查和样品采集。化验分析小组由县土肥站人员组成，负责样品处理、大量元素、中量元素和微量元素的常规化验分析。室内工作小组：由省土肥站、河南农业大学和西华县技术人员组成，负责野外调查小组的资料校核整理，相关资料图件的录入，建立各种数据库和耕地质量管理信息系统，编写各种方案材料，编绘成果图。

（二）技术指导与培训

1. 实行分阶段技术指导制度

在项目开始以及每个工作阶段，先后召开了4次专家座谈会，听取了工作情况，提出下一步技术指导工作意见，确保工作质量。

2. 开展技术培训

一是参加了在扬州举行的部级培训班和在郑州召开的省级培训班，及时将技术意见落实到工作中；二是对参加项目工作的所有人员进行技术培训，提高技术素质和技术技能，先后举办了野外补调技术培训班、化验分析技术培训班和资料表格处理技术培训班。

3. 与有关技术部门密切配合

在野外调查和室内资料审核等方面，与西华县国土资源管理局、气象台、水利局等部门密切合作，在信息技术图件编绘方面，与河南农业大学环境资源学院密切合作。

（三）加强质量控制

在农业部提出的统一技术规程、统一评价标准、统一调查表格、统一统计口径、统一汇总方法的技术要求下，认真做好了评价方法、调查内容、统计口径、化验方法等方面的质量控制。技术规程在密切结合当地实际情况的基础上，执行《全国耕地地力调查与质量评价技术规程》，严格人员组织，合理布点，规范取样，样品标准化处理等各项工作。

1. 布点取样质量控制

（1）合理布点。布点突出代表性，兼顾均匀性，尽可能地使点位在设施农业类型、土壤类别、种植作物等方面具有广泛的代表性。

（2）严格标准采样。严格采样标准，确保采集的样品具有最明显、最稳定、最典型的性质，避免各种非调查因素的影响。根据布点的要求，实行统一采样调查时间、统一不锈钢采样、统一采样深度、统一GPS定位。

2. 调查方法与内容质量控制

为在调查过程中把好质量关，我们统一调查表格、统一填写标准、部分内容由一名专业人员填写，并由专业人员对调查表格进行审核。

3. 化验分析质量控制

（1）检测项目。检测项目有土壤有机质、全氮、有效磷、速效钾、缓效钾、酸碱度、有效硫、有效硼、有效铁、有效猛、有效铜、有效锌等12项。测试方法选用农业部《测土配方施肥技术规范》规定的检测方法。

（2）质量控制方法。一是化验分析方法均采用国家或行业标准；二是基础实验控制，全程序空白值测定，每批样品做两个空白样；三是标准曲线控制，每批样品均做标准曲线；四是精密度控制，样品分析时平行率达到100%；五是标准度控制，使用标准样品，进行内参样掺插；六是与其他化验室比对化验。

（四）加强分工协作，密切省地县工作关系

这次耕地地力调查与质量评价的评价技术新、数字化程度高、全程微机处理，同时工作面广、量大，必须多部门、多学科合作。在具体工作中，我们对全程各项工作进行了认真分工，在分工的基础上保持各单位间的密切合作。河南省土肥站负责各县的组织协调和技术指导，评价指标的制定，河南农业大学环境资源学院负责图件数字化及地力评价、成果图绘

制。周口市土肥站在项目进行过程中给予了大力支持和帮助。

二、主要成果

（1）全面查清了西华县耕地肥力状况，环境质量状况，建成了完整的耕地资源信息管理系统。

（2）全面查清了西华县耕地存在的问题，提出培肥、改良与合理利用对策。

（3）形成了西华县耕地地力调查和质量评价工作报告、技术报告、专题报告、耕地质量管理信息系统、耕地地力等级图、土壤养分图。

三、主要做法与经验

（一）加强领导，分工协作

为做好耕地地力调查和评价工作，县里成立了领导小组，农业局抽调一名业务熟练的副局长具体负责技术工作。土肥站安排专人从事技术报告的编写工作。

（二）虚心学习，认真领会

因地力调查工作采用了先进的数字化处理技术，土肥站数次派人到郑州学习，对每个环节的工作认真领会，避免了工作中的失误，保证了调查工作的顺利进行。

（三）因地制宜，合理布点

西华县虽属平原地区，但是其土种较多，耕层质地、土体结构差异较大，种植情况各异，为提高耕地地力调查质量，布点过程中尽量让点位有广泛的代表性，地貌类型、土属的代表性为100%，土种的代表性为80%，种植作物的代表性为85%，保证了样点的代表性。

（四）充分利用原有资料，健全数据库

在工作中充分利用了全国第二次土壤普查资料、西华县现状调查资料、农业区划、综合国土规划、农业开发、农业环保等方面的资料，结合土地管理、水利、气象及农村经济等方面的基础资料，建立属性数据库，为搞好耕地地力调查工作创造了条件。

四、成果应用

（1）根据调查结果，提出配方施肥意见，并印发到乡镇和采样农户。

（2）研究制定"耕地地力调查和质量评价成果应用实施方案"，对各乡镇推广成果提出具体要求。

（3）为指导西华县的无公害农产区生产，制定了无公害农产品栽培技术规范，并将这些技术规范印发到各乡镇，用于指导无公害农产品生产。

五、资金使用情况

河南省西华县耕地地力调查及质量评价工作累计使用资金8万元。

其中，资料整理与评价因子筛选，1万元；图件数字化，2万元；养分图制作，1万元；建立耕地管理信息系统，2万元；专家咨询活动，2万元。

六、几点建议

（1）项目采用的新技术多，需要专业技术人员，但是县级相对缺乏，建议组织开展多

方面的技术培训。

（2）项目已取得了多项很有价值的成果，也已开展了初步的应用，建议按照已制定的规划和应用方案尽快实施，必要时可由农业部或当地政府单独立项推广应用，以便于更好地发挥作用。

第十二章 西华县测土配方施肥项目技术总结

一、项目背景

西华县根据《农业部办公厅财政部办公厅关于申报 2007 年测土配方施肥补贴项目实施方案及补贴资金的通知》（农财办［2007］25 号）、《测土配方施肥补贴资金项目管理暂行办法》、河南省农业厅《关于组织申报 2007 年新建测土配方施肥补贴项目县的紧急通知》和农业部关于印发《测土配方施肥技术规范（试行）修订稿的通知》（农农发〔2006〕5 号），于 2007 年被确定为测土配方施肥补贴项目县，围绕"测土、配方、配肥、供肥、施肥指导" 5 个环节，开展了土壤测试、田间试验、配方设计、技术试验、配肥配送、示范推广、培训宣传、数据库建设、效果评价、技术研发、地力评价等工作。

西华县位于河南省中东部，行政区划归周口市管辖，地处北纬 33°36′ ~ 33°59′，东经 114°05′ ~ 114°43′，东连淮阳，南靠沙河与周口市区、商水相望，西与郾城、临颍、鄢陵为邻，北同扶沟、太康接壤。全县东西长 57km，南北宽 21km，全县土地总面积 1 065km²（不计县境内国营黄泛区农场、周口监狱 120km²），占全省总面积的 0.6%。西华县地处暖温带与亚热带过渡带，属暖温带大陆季风气候，其主要特点是四季分明，光照充足，雨水集中，常年平均有效积温 5 220℃，无霜期 217 天，平均年降雨量 745.9mm。境内地势平坦，沟河纵横，地势西高东低。属淮河流域，分沙河，颍河，贾鲁河三大水系，呈西北东南走向，地下水源充沛。农田灌溉以井水为主，配套设施基本完善。西华县辖 19 个乡（镇、办事处），434 个行政村，总人口 88.5 万人，其中农业人口约 80.5 万人。西华县土壤受地形、地貌和水文地质条件的影响，土壤类型分为潮土土类、褐土土类和沙姜黑土土类，潮土主要分布在全县中东部地区（即颍河东岸），占全县总面积的 90%；褐土主要分布在沙河沿线地势高燥的区域，占全县总面积的 6.75%；沙姜黑土主要分布在西北部，占全县总面积的 3.25%。

西华县耕地面积 106.68 万亩，常年种植农作物主要为小麦、玉米、大豆、花生、棉花等，是一个典型的平原农业大县。常年粮食作物种植面积 170 万亩左右，其中，小麦种植面积 100 万亩以上，玉米种植面积 50 万亩以上，大豆种植面积 18 万亩以上。2007—2009 年西华县小麦平均亩产连续 3 年突破千斤，是河南省 24 个产粮大县之一、全国粮食生产百强县。全县年化肥用量 14.6 万 t 左右，其中，尿素 2.48 万 t，碳酸氢铵 4.15 万 t，普钙 3.48 万 t，磷酸一铵 0.145 万 t，磷酸二铵 0.354 万 t，配方肥料 1.0 万 t，复混肥料 2.5 万 t，钾肥 0.5 万 t。折纯化肥施用总量 4.18 万 t 左右。

自 2007 年 9 月实施测土配方施肥补贴资金项目以来，全县累计推广测土配方施肥技术面积 180 万亩，其中，推广配方肥 2.16 万 t，配方肥施用面积 75 万亩，累计增产粮食 7.98 万 t、减少不合理施肥（纯量）0.3093 万 t、总增产节支 14 300.0 万元。测土配方施肥工作在社会上产生了极大的影响，提高了广大农民科学施肥的意识，改变了广大农民的施肥观念，坚持走有机肥和无机肥配合使用的道路，改良了土壤结构，培肥了地力，提高了耕地的综合生产力和肥料利用率，降低了种植成本，减少了农业环境污染。

二、项目技术内容及完成情况

（一）土样采集

样品采集是整个项目的基础、关键所在，样品采集的质量直接关系到整个土样样品分析结果的准确性、可靠性，甚至影响到整个项目工作的成败。因此，我们严格按照农业部《测土配方施肥技术规范》的要求进行土样采集，每个土壤样品在每个乡镇有代表性的土壤上，划分采样单元，用不锈钢取样器以 S 行布点采样，采样深度均为 20cm，采样点为 15～20 个，每个土样样品量为 1kg 左右，分别放入统一的样品袋中，并且采用 GPS 定位，做到严格采样深度、严格采样路线、严格采样方法、严格样品数量、严格样品标准、严格样品标记。采集土样样品数量为 2007 年度 3 825 个、2008 年度 2 040 个、2009 年度 500 个，3 年来共采集土样样品 6 375 个，完成总目标任务的 101.19%。

（二）田间调查

结合土壤样品采集培训，进行农户施肥调查内容与方法技术培训。在样品采集的同时，为了及时准确地了解，摸清农民的施肥习惯，更好地为群众服务，我们根据项目实施方案中野外调查要求，对采样地块的土壤基本性状、前茬作物种类、产量水平和施肥水平等情况进行田间实地调查。在调查过程中，土壤基本性状由取样人员现场调查，利用 GPS 记录该地块地理坐标，同时，判断土壤类型、土壤质地、土壤排水性、地形、土壤障碍因素与土壤肥力水平；询问被取样调查的村组人员和地块所属农户该田块的前茬作物种类、产量、施肥和灌水情况等，共完成地块调查 6 375 户，同时，采用随机取点、对称等距抽样方法，抽取了 3 个被调查乡镇的 10 个被调查目标村的 200 个被调查农户，对被抽取调查农户采用跟踪调查的方法，跟踪年限为 3 年，确保农户施肥情况调查数据的真实性和准确性。

（三）样品测试

根据西华县 2007—2009 年测土配方施肥补贴项目实施方案的要求，2007 年土样化验任务 3 800 个，实际完成 3 825 个；2008 年任务 2 000 个，实际完成 2 075 个；2009 年任务 500 个，实际完成 500 个；3 年累计化验土壤样品 6 008 个，达 57 500 多项次。植株样品测试 580 个，达 2 320 项次。分析内容：2007 年土壤样全氮、有效磷、速效钾、缓效钾、pH 值、有机质等；2008 年土壤样全氮、有效磷、速效钾、缓效钾、pH 值、有机质、铜、铁、锰；2009 年全氮、有效磷、速效钾、缓效钾、pH 值、有机质、铜、铁、锰、锌。植株样氮、磷、钾、水分。

化验方法：全氮采用"凯氏蒸馏法"；有效磷采用"碳酸氢钠提取—钼锑抗比色法"；速效钾采用"乙酸铵浸提—火焰光度计或原子吸收分光光度法"；缓效钾采用"硝酸提取—火焰光度计或原子吸收分光光度法"；pH 值采用"电位法"；有机质采用"油浴加热重铬酸钾氧化—容量法"；微量元素采用"DTPA 浸提—原子吸收分光光度法"。

（四）田间试验

2007—2009 年，西华县土肥站按照项目实施方案要求，共安排小麦、玉米"3414＋1"完全实施试验共 20 个点、氮肥用量试验 13 个点、丰缺指标试验 13 个点。其中，包括 2007 年小麦"3414＋1"试验、2008 年玉米"3414＋1"试验各 10 个点，2008 年小麦氮肥用量试验 5 个点、2009 年玉米氮肥用量试验 4 个点、2009 年小麦氮肥用量试验 4 个点和 2008 年小麦丰缺指标试验 5 个点、2009 年玉米丰缺指标试验 4 个点、2009 年小麦丰缺指标试验 4 个点。3 年共安排田间试验 46 个。

3414 + 1 试验方案：包括 3 因素即氮（N）、磷（P_2O_5）、钾（K_2O），4 水平（0、1、2、3），0 水平为不施肥，2 水平为当地最佳施肥量的近似值，1 水平为 2 水平的 0.5 倍，3 水平为 2 水平的 1.5 倍（为过量施肥水平），小麦"3414 + 1"田间肥效试验中 1 为 2 水平重复、玉米"3414 + 1"田间肥效试验中 1 为全肥 + 锌（即 N2P2K2 + Zn）。共 15 个处理。各处理不设重复，小区面积 $24m^2$，试验地周围设 $1m$ 保护行。氮肥用量试验方案：N0P2K2、N1P2K2、N2P2K2、N3P2K2、N4P2K2；养分丰缺指标试验方案：N0P0K0、N0P2K2、N2P0K2、N2P2K0、N2P2K2。氮肥用量试验方案与丰缺指标试验各处理设置 3 次重复。

试验结果：通过试验设计建立 NPK 三元二次、一元二次肥料效应模型，三元二次方程拟合性检验小麦通过率为 60%，玉米为 50%；一元二次方程拟合性检验小麦通过率 N 为 94%、P 为 90%、K 为 90%，玉米 N 为 92%、P 为 80%、K 为 80%。初步建立了西华县冬小麦、夏玉米施肥指标体系。

在质量控制上，西华县土壤肥料工作站根据项目实施方案要求，由专人负责该项工作，实行目标责任制，签订目标责任协议书，认真选点落实，大部分试验点农户为种粮大户或农民农业技术员。严格按照《测土配方施肥技术规范》田间试验操作规程进行田间记载、管理、田间调查、试验收获、考种等各项工作。

（五）配方制定与校正试验

为了客观评价测土配方施肥应用效果，不断校正配方施肥技术参数，优化肥料配方，2007—2009 年西华县土肥站在西华县主要农作物小麦、玉米上每年安排田间肥料校正试验小麦、玉米各 10 个点，3 年共安排 50 个点。根据试验结果，针对西华县不同区域土壤状况，3 年来共确定小麦施肥配方 9 个，玉米施肥配方 5 个。试验结果表明，冬小麦配方施肥区较习惯施肥区平均亩增产 5.51%，配方区单位肥料投入增产量比习惯施肥区单位肥料投入增产量高 5.99%，冬小麦配方施肥产投比较习惯施肥产投比高 0.7；夏玉米配方施肥区较习惯施肥区平均亩增产 6.92%，配方区单位肥料投入增产量比习惯施肥区单位肥料投入增产量高 1.46%，夏玉米配方施肥产投比较习惯施肥产投比高 1.42。配方施肥区较习惯施肥区增产效果明显，经济效益显著。

（六）配方肥加工与推广

为确保配方肥料质量，按照河南省关于配方肥料推广的有关要求，在河南省土肥站认定的企业中，西华县土肥站分别与周口市农科院科技开发公司和河南心连心化肥有限公司、湖北鄂中化肥股份有限公司作为合作伙伴，并签订了合作协议，由县土肥站提出配方肥生产配方，企业按照配方组织生产。在农业局和企业的共同努力下，2007 年配方肥推广达到8 000t，施用面积 20 万亩；2008 年配方肥推广达到 10 000t，施用面积 25 万亩；2009 年配方肥推广达到 12 000t，3 年累计完成配方肥推广 30 000t，配方肥料品种主要有小麦配方肥、玉米配方肥。根据调查数据表明，配方肥应用地块较农民常规用肥地块亩增产率 7% ~ 10%，亩均节肥 1.6 ~ 1.8kg，亩节本增收 60 ~ 80 元。在推广方法上，一是通过精心组织，上下联动，搞好施肥建议卡的发放入户工作，指导农民科学使用配方肥；二是狠抓宣传培训，解决技术问题，使测土配方施肥技术真正做到进村入户，为配方肥的推广奠定坚实的基础；三是建立示范田，召开现场会，示范带动，提高农民应用配方肥的积极性；四是完善配方肥料推广服务网络，提高配方肥料推广能力。

（七）数据库建设与地力评价

按照测土配方施肥数据字典，以野外调查、农户施肥状况调查、田间试验和化验分析数据为基础，收集整理历年土壤肥料田间试验和土壤数据资料，利用相关软件建立了西华县测土配方施肥数据库。同时，多次选派技术人员参加河南省土肥站举办的耕地地力评价培训班，充分利用测土配方施肥项目的野外调查和分析化验数据，第二次土壤普查、土地利用现状调查等成果资料，积极开展县域内耕地地力评价工作，并成立了耕地地力评价工作领导组和以农业局技术骨干为主的技术领导小组，抽出精干技术人员，收集资料、查找图件、筛选整理、汇总登记，对化验资料进行数学分析，剔除可疑数据，检验完善记录。与项目技术依托单位河南农业大学资源与环境管理学院合作，在省土肥站的协调与帮助下，完成了西华县县域耕地地力评价的各项前期准备工作，已经建立西华县耕地地力评价系统。

（八）化验室建设与质量控制

严格按照项目实施方案要求，化验仪器经过统一招标采购，补充完善了化验设施，购置了化验柜、原子吸收、紫外分光光度计、电子天平、消煮炉、定氮仪等30多台套比较先进的化验仪器和设备，现有化验室10间，面积220m²，专职化验人员7人，化验员均具有中专以上文化程度，其中，农艺师2人，助理5人。化验室年土壤测试能力每年平均8 000个以上、植株样测试能力400个以上。化验室主要包括：土样室、药品室、器皿室、前处理室、原子吸收室、火焰光度室、碳氮室、天平室、数据处理室等。化验室建设符合《测土配方施肥技术规范（试行）》的要求。化验员经过省站统一培训，人人可以独立进行技术操作，确保了化验数据的准确性。

为进一步提高化验质量，确保测试结果的精确度、准确度。第一，编制了相关操作规程。参照农业部《测土配方施肥管理和技术培训教材》和《土壤分析技术规程》（第二版）以及相关仪器的使用说明，编写了西华县土壤和植株样品有关测试项目的操作规程和主要仪器设备的操作规程；第二，建立健全实验室各项制度。包括安全制度、岗位职责、样品保存和使用管理制度、仪器设备使用管理制度、卫生制度等。第三，做好化验技术培训。在参加河南省土肥站组织的土样化验技术培训班的基础上，每年聘请周口市土壤养分测试方面的权威人士对西华县所有化验人员进行了专业知识和实际操作技能培训。通过上述措施，全体化验员熟练掌握了相应分析项目操作步骤和仪器操作规程，有效提高了化验结果的精确度和准确度。

（九）技术推广应用

2007—2009年，全县推广测土配方施肥面积3年累计180万亩，其中，小麦110万亩、玉米70万亩。举办测土配方施肥培训班共150期；参加培训的乡（镇）农技人员、种粮大户、科技示范户共15 450人次；发放培训资料15 000份；编写测土配方施肥简报30期；制作墙体广告及宣传条幅50条；出动宣传车120辆次；召开测土方施肥现场会60场次；科技赶集50次；建立测土配方施肥万亩示范片1个，千亩示范片2个，百亩示范区38个；发放测土配方施肥建议卡150 000份；推广配方肥30 000t；施用面积80万亩。小麦应用面积110万亩，与习惯施肥相比，测土配方施肥亩均用肥21.65kg（折纯），较常规施肥亩均用肥23.8kg减少不合理用肥2.15kg，亩均节本9.34元，肥料利用率平均提高3.5个百分点，亩节本增效 66.94 元，亩增产 46.35kg 总节本增效 7 962.75万元以上。玉米应用面积 70 万亩，与习惯施肥相比，亩均节肥 1kg，节本 7.0 元，增产玉米 34.3kg，增加产值 62.96 元，亩均节本增效 75.96 元。总节本增效 4 794.3万元。通过宣传培训、示范推广，培养了一大批新型农民科技带头人，使农民对配方施肥技术有了更深的认识，不仅增强了农业发展后劲，而且优化了肥料施用结构，转变了农民的传统施肥观念，减少了面源污染。

（十）施肥指标体系建立

根据田间试验、土壤养分测试结果，利用项目有关软件或模板，对试验数据进行了处理，获得了回归方程、农学参数、经济参数、养分效率参数等，在此基础上，初步建立了西华县小麦、玉米等主要粮食作物的施肥指标体系。依照上述参数制定了配方肥料生产配方、西华县小麦、玉米施肥技术意见以及肥效校正试验配方施肥处理设计，为指导西华县农作物配方施肥，提供了理论依据。

三、取得的主要技术成果

（一）建立健全测土配方施肥技术体系

通过项目的实施，西华县土肥队伍得到进一步加强，化验人员由原来的 3 人增加到 7 人，同时，配备了电脑、打印机、传真机、投影仪等办公设备，大大提高了办事效率。通过项目的开展，技术人员业务素质明显提高，特别是省土肥站多次举办培训班进行业务知识强化培训，使我站技术人员的业务工作能力很快得到提高，熟练掌握了数据处理、多媒体制作等技术，土肥业务知识进一步系统化。通过项目的开展和技术的推广，培训了一大批技术骨干，形成了县、乡、村和参与企业四位一体的技术推广体系，县到乡、乡到村、村到户，层层有人负责、有人管理，乡负责村、村负责组织农户、户落实配方施肥技术应用。

（二）初步建立主要作物施肥指标体系

1. 指标体系建立的依据

依据土壤养分化验结果、3414 + 1、丰缺指标、氮肥用量及肥效校正试验结果。2007—2009 年在西华县粮食作物小麦、玉米上个安排 "3414 + 1" 田间试验 20 个，丰缺指标 13 个，氮肥用量 13 个，肥效校正 50 个，根据田间试验结果及回归方程拟合得出：冬小麦、夏玉米百公斤籽粒吸收量、不同肥力水平氮、磷、钾最佳施肥量、土壤有效磷、速效钾养分丰缺指标等参数，在此基础上，建立了西华县主要粮食作物不同肥力水平下的施肥模型（表 12 -1 至表 12 -4）。

表 12 -1 西华县 2007—2009 年小麦—玉米田间试验肥料效应三元二次回归模型汇总

肥力水平	三元二次模型	作物	样本数	R^2	标准差
高	$Y = 363 + 14.699 * N - 0.134 * N^2 - 2.468 * P + -0.193 * P^2 + 13.17 * K + 0.855 * K^2 - 0.41 * N * P + -0.561 * N * K + 3.0756 * P * K$	小麦	3	0.95	31.62
中	$Y = 253.31 + 12.426 * N - 0.345 * N^2 + 19.37 * P1.03 * P^2 - 0.291 * K - 0.557 * K^2 - 0.453 * N * P + 0.585 * N * K - 0.0006 * P * K$	小麦	4	0.99	7.55
低	$Y = 203.79 + 10.64 * N - 0.566 * N^2 + 38.37 * P - 4.638 * P^2 + 11.05 * K - 1.22 * K^2 + 0.9095 * N * P + 0.7583 * N * K - 2.291 * P * K$	小麦	3	0.99	4.39

（续表）

肥力水平	三元二次模型	作物	样本数	R^2	标准差
高	$Y = 448.01 + 13.107 * N1 - 0.503 * N^2 + 19.493 * P - 2.816 * P^2 - 31.32 * K + 1.68 * K^2 - 0.284 * N * P + b8 * N * K + b9 * P * K$	玉米	3	0.57	58.95
中	$Y = 417.49 + 3.41 * N + 0.054 * N^2 - 2.67 * P + 0.92 * P^2 + 14.769 * K + 0.011 * K^2 + 0.982 * N * P - 1.117 * N * K + 0.225 * P * K$	玉米	4	0.73	36.08
低	$Y = 364.99 + 10.08N - 0.231 * N^2 + 13.81 * P - 1.021 * P^2 - 22.75 * K + 1.94 * K^ - 0.28 * N * P + 0.18 * N * K + 0.758 * P * K$	玉米	3	0.76	40.3

表 12-2　西华县 2007—2009 年小麦—玉米田间肥料效应试验氮的一元二次回归模型汇总

肥力水平	一元二次模型	作物	样本数
高	$Y = 435.7 + 7.3845 * N - 0.401 * N^2$	小麦	6
中	$Y = 349.3 + 12.97 * N - 0.443 * N^2$	小麦	7
低	$Y = 232.83 + 18.28 * N - 0.662 * N^2$	小麦	5
高	$Y = 421.93 + 8.486 * N - 0.299 * N^2$	玉米	4
中	$Y = 387 + 8.584 * N - 0.168 * N^2$	玉米	5
低	$Y = 311.325 + 14.109 * N - 0.41 * N^2$	玉米	4

表 12-3　西华县 2007—2009 年小麦—玉米田间试验肥料效应磷、钾一元二次回归模型汇总

肥力水平	一元二次模型	试验年度与作物	样本数	R^2	标准差
高	$Y = 460.58 + 23.21 * P - 1.708 * P^2$	07 小麦	3	1.00	2.62
高	$Y = 500.54 + 10.01 * k - 0.622 * k^2$	07 小麦	3	0.99	2.41
中	$Y = 397.1 + 10.1833 * P - 0.65 * P^2$	07 小麦	4	0.99	2.24
中	$Y = 398.83 + 6.8267 * k - 0.2778 * k^2$	07 小麦	3	0.97	5.23
低	$Y = 320.33 + 36.225 * P - 4.075 * P^2$	07 小麦	4	1.00	1.45
低	$Y = 376.26 + 5.4533 * k - 0.5556 * k^2$	07 小麦	3	0.98	1.52
高	$Y = 457.535 + 48.70 * P - 4.736 * P^2$	08 玉米	3	0.89	33.25
高	$Y = 464.08 + 28.51 * k - 2.028 * k^2$	08 玉米	3	1.00	2.15
中	$Y = 446.275 + 26.858 * P - 2.519 * P^2$	08 玉米	4	0.90	17.55
中	$Y = 490.575 + 9.8917 * k - 0.7639 * k^2$	08 玉米	3	0.88	9.06
低	$Y = 408.05 + 23.465 * P - 1.797 * P^2$	08 玉米	4	0.43	67.33
低	$Y = 445.425 + 17.6417 * k - 1.1917 * k^2$	08 玉米	2	0.73	31.09

2. 小麦施肥指标体系建立

小麦氮肥用量采用以产定氮法（表12-5），即：

施氮量 = 目标产量吸氮量 + 氮素表观损失 + 土壤氮素残留 − 土壤养分供应

表 12 −4　小麦—玉米不同肥力水平氮、磷、钾最佳施肥量

作物名称	肥力水平	最佳施肥量		
		N（kg/亩）	P_2O_5（kg/亩）	K_2O（kg/亩）
冬小麦	高	14	8	6
冬小麦	中	12.5	7	5
冬小麦	低	10	5	4
夏玉米	高	15	6	5
夏玉米	中	14	5	4
夏玉米	低	12	4	3

表 12 −5　西华县冬小麦不同肥力水平氮肥推荐用量

级　别	目标产量（kg/亩）	氮肥用量（kg/亩）
高	550	13 ~ 14
中	450 ~ 500	12 ~ 13
低	<400	11

　　磷肥用量采用恒量监控技术：目标产量 550kg/亩时，需磷量（P_2O_5）为 9kg/亩；目标产量 450 ~ 500kg/亩时，磷素需求量（P_2O_5）为 7kg/亩；目标产量 350kg/亩时，需磷量（P_2O_5）为 5kg/亩。对于磷肥管理来说，当土壤有效磷低于 10mg/kg（P），磷肥管理的目标是通过增施磷肥提高作物产量和土壤速效磷含量，磷肥用量为作物带走量的 1.5 倍；当土壤有效磷在 10 ~ 16mg/kg 时，磷肥管理的目标是维持现有土壤有效磷水平，磷肥用量等于作物的带走量；当土壤速效磷在 16 ~ 25mg/kg 时，磷肥用量为作物带走量的 0.5 倍；当土壤速效磷大于 25mg/kg 时，施用磷肥增产潜力不大，不建议施用磷肥。具体磷肥施肥指标体系，见表 12 −6。

表 12 −6　西华县冬小麦不同肥力水平磷肥施肥指标体系

肥力等级	有效磷（mg/kg）	投入（倍）	磷肥用量（kg/亩）		
			高产田	中产田	低产田
低	<10	1.5	12.5	10.5	7.5
中	10 ~ 16	1.0	9	7	5
高	16 ~ 25	0.5	4.5	3.5	2.5
极高	>25	0	0	0	0

　　钾肥用量管理策略和磷相似，对照不同分区土壤速效钾丰缺指标，同时，要具体针对地块施用农家肥和秸秆还田情况及土壤速效钾含量来确定。冬小麦肥力等级划分及对应施钾量，见表 12 −7。

表 12 - 7　西华县冬小麦不同肥力水平钾肥施肥指标体系

肥力等级	速效钾（mg/kg）	投入（倍）	钾肥用量（kg/亩）		
			高产田	中产田	低产田
低	<72.5	1.5	7.5	7.5	6
中	72~125	1.0	5	5	4
高	125~190	0.5	2.5	2.5	2
极高	>190	0	0	0	0

3. 夏玉米施肥指标体系建立

夏玉米氮肥用量采用以产定氮法，即：

施氮量 = 目标产量吸氮量 + 氮素表观损失 + 土壤氮素残留 - 土壤养分供应

氮肥施用要采取总量控制，分期调控：每亩施氮总量的 30% 作为基肥施入，总量的 70% 作为追肥于大喇叭口期施入（表 12 - 8）。

表 12 - 8　西华县夏玉米不同肥力水平氮肥推荐用量

级 别	目标产量（kg/亩）	氮肥用量（kg/亩）
高	550	14~15
中	450~500	13~14
低	350~400	11~12

磷肥用量采用恒量监控技术：目标产量 500kg/亩时，需磷量（P_2O_5）为 6kg/亩；目标产量 400~500kg/亩时，磷素需求量（P_2O_5）为 5kg/亩；目标产量 300~400kg/亩时，需磷量（P_2O_5）为 4kg/亩。对于磷肥管理来说，当土壤有效磷低于 11mg/kg（P），磷肥管理的目标是通过增施磷肥提高作物产量和土壤速效磷含量，磷肥用量为作物带走量的 1.5 倍；当土壤有效磷在 11~17mg/kg 时，磷肥管理的目标是维持现有土壤有效磷水平，磷肥用量等于作物的带走量；当土壤有效磷高于 17mg/kg 时，磷肥用量为作物带走量的 0.5 倍；当土壤有效磷高于 27mg/kg 时，不建议施用磷肥。具体磷肥施肥指标体系，见表 12 - 9。

表 12 - 9　西华县夏玉米不同肥力水平磷肥施肥指标体系

肥力等级	有效磷（mg/kg）	投入（倍）	磷肥用量（kg/亩）		
			高产田	中产田	低产田
低	<11	1.5	9	7.5	6
中	11~17	1.0	6	5	4
高	17~27	0.5	0~3	0~2.5	0~2
极高	>27	0	0	0	0

钾肥用量管理策略和磷相似，对照不同分区土壤速效钾丰缺指标，同时要具体针对地块施用农家肥和秸秆还田情况及土壤速效钾含量来确定。夏玉米肥力等级划分及对应施钾量，

见表 12 – 10。

表 12 – 10   西华县夏玉米不同肥力水平钾肥施肥指标体系

肥力等级	速效钾 (mg/kg)	投入 (倍)	钾肥用量（kg/亩）		
			高产田	中产田	低产田
低	<90	1.5	7.5	6	4.5
中	90～140	1.0	5	4	3
高	140～220	0.5	0～2.5	0～2	0～1.5
极高	>220	0	0	0	0

（三）逐步摸清土壤养分现状

1. 土壤养分分级标准及现状

2007—2009 年，西华县共采集分析土壤样品 6 008 个，采样点覆盖了全县 19 个乡镇（办事处）的 430 个行政村，样点涉及西华县潮土、褐土、沙姜黑土三大土类，其中，2007 年全县共采集耕层样品 3 825 个，2008 年全县共采集耕层样品 "2 050" 个，2009 年共采集耕层样品 500 个。按照全国统一规定的项目和方法，于 2010 年 5 月完成了化验分析。在化验方法上，土壤有机质采用油浴加热重铬酸钾氧化——容量法；全氮采用凯氏蒸馏法；有效磷采用碳酸氢钠提取——钼锑抗比色法；缓效钾采用硝酸提取——火焰光度法；速效钾采用乙酸铵提取——火焰光度法；pH 采用电位法；微量元素采用原子吸收分光光度法。通过近 3 年来土样的分析，基本查清了全县目前的土壤肥力状况，为今后西华县科学用肥，培肥土壤，提高耕地地力，合理利用改良土壤提供了科学依据。

通过对土壤养分化验结果进行分析汇总，把西华县土壤养分划分为七级，具体分级标准，见表 12 – 11。

表 12 – 11   西华县土壤养分状况分级标准

分级	七	六	五	四	三	二	一
有机质（g/kg）	≤6	6～10	10～20	20～30	30～40	40～50	>50
pH	≤4.5	4.6～5.5	5.6～6.5	6.6～7.5	7.6～8.5	8.6～9	>9
全氮（g/kg）	≤0.5	0.5～1	1～1.5	1.5～2	2～2.5	2.5～3	>3
速效磷（mg/kg）	≤5	5～10	10～20	20～30	30～40	40～50	>50
速效钾（mg/kg）	≤50	50～100	100～150	150～200	200～250	250～300	>300
缓效钾（mg/kg）	≤150	150～200	200～250	250～300	300～350	350～400	>400
铜（mg/kg）	≤0.1	0.10～0.20	0.20～1.0	1.0～1.8	1.8～2.6	2.6～3.4	>3.4
锌（mg/kg）	≤0.30	0.30～0.50	0.50～1.00	1.00～2.00	2.00～3.00	3.00～4.00	>4.00
铁（mg/kg）	≤2.5	2.5～4.5	4.5～10.0	10.0～20.0	20.0～30.0	30.0～40.0	>40.0
锰（mg/kg）	≤1.0	1.0～5.0	5.0～15.0	15.0～30.0	30.0～45.0	45.0～60.0	>60.0

通过对 3 年的化验结果分析汇总，剔除部分异常数据，获得了目前西华县土壤养分总体

状况、不同土壤类型土壤养分总体状况数据，详见表 12－12 至表 12－15。

表 12－12　西华县 2007—2009 年总体土壤养分统计特征值

分析项目	参与分析样品数	平均值	标准差	最小值	最大值	变异系数
有机质（g/kg）	6 008	15.93	5.289	1.3	82.8	33.20
pH 值	6 008	8.17	0.247	6.2	9	3.02
全氮（g/kg）	6 008	1.04	0.719	0.15	18.53	69.13
速效磷 P（mg/kg）	6 008	17.1	11.369	1.1	89.2	66.49
速效钾 K（mg/kg）	6 008	122.39	52.287	20	461	42.72
缓效钾（mg/kg）	6 008	709.73	181.65	80	1 600	25.59
铜（mg/kg）	1 003	2.02	1.733	0.2	17.87	85.79
铁（mg/kg）	1 003	7.21	5.617	0.5	28.8	77.91
锰（mg/kg）	1 003	9.21	7.283	0.3	32.2	79.08
锌（mg/kg）	1 003	1.29	1.245	0.16	14.22	96.51

表 12－13　西华县潮土类型区土壤养分统计特征值

分析项目	平均值	标准差	最小值	最大值	变异系数
有机质（g/kg）	1.02	0.753	0.15	18.53	73.82
pH 值	17.26	11.347	1.1	89.2	65.74
全氮（g/kg）	119.17	55.895	20	461	46.90
速效磷 P（mg/kg）	707.75	184.845	80	1 600	26.12
速效钾 K（mg/kg）	2.04	1.687	0.21	17.87	82.79
缓效钾（mg/kg）	7.33	5.726	0.5	28.8	78.11
铜（mg/kg）	9.18	7.318	0.3	32.2	79.68
铁（mg/kg）	1.29	1.215	0.16	11.67	94.08
锰（mg/kg）	8.18	0.240	6.2	8.9	2.94
锌（mg/kg）	15.61	5.270	1.3	69.9	33.75

表 12－14　西华县沙姜黑土类型区土壤养分统计特征值

分析项目	平均值	标准差	最小值	最大值	变异系数
有机质（g/kg）	16.48	3.87	1.80	26.60	23.46
pH 值	8.00	0.07	7.90	8.40	0.85
全氮（g/kg）	1.15	1.05	0.54	10.40	91.20
速效磷 P（mg/kg）	14.38	9.64	3.10	78.90	67.03
速效钾 K（mg/kg）	128.65	55.70	40.00	290.00	43.30

（续表）

分析项目	平均值	标准差	最小值	最大值	变异系数
缓效钾（mg/kg）	678.61	165.89	200.00	1 188.00	24.44
铜（mg/kg）					
铁（mg/kg）					
锰（mg/kg）					
锌（mg/kg）					

表 12－15　西华县褐土类型区土壤养分统计特征值

分析项目	平均值	标准差	最小值	最大值	变异系数
有机质（g/kg）	17.84	7.215	4.00	82.80	40.43
pH 值	8.08	0.141	7.50	8.50	1.75
全氮（g/kg）	1.07	0.429	0.46	3.16	40.07
速效磷 P（mg/kg）	17.39	12.188	1.70	79.20	70.07
速效钾 K（mg/kg）	121.91	60.202	20.00	400.00	49.38
缓效钾（mg/kg）	677.87	177.443	198.00	1 274.00	26.18
铜（mg/kg）	2.08	1.809	0.43	9.55	87.02
铁（mg/kg）	5.46	5.528	3.00	24.70	101.16
锰（mg/kg）	6.38	6.084	0.80	26.50	95.39
锌（mg/kg）	1.28	0.862	0.42	4.37	67.31

2. 土壤养分变化情况

西华县土壤养分的基本状况：全氮平均 1.04g/kg、有机质平均 15.93g/kg、速效磷平均 17.1mg/kg、速效钾平均 122.39mg/kg、缓效钾平均 709.73mg/kg、微量元素 Cu 平均 2.02mg/kg、Fe 平均 7.21mg/kg、Mn 平均 9.21mg/kg、Zn 平均 1.29mg/kg、pH 值平均 8.17。西华县 1982 年土壤普查数据为：全氮平均 0.62g/kg、有机质平均 8.7g/kg、速效磷平均 10.6mg/kg、速效钾平均 188mg/kg、微量元素无资料。可以看出，与 1982 年土壤普查数据相比较，土壤中有机质、全氮、速效磷都有所增加，有机质增加 7.23g/kg、全氮增加 0.483g/kg、速效磷增加 6.5mg/kg。土壤中速效钾、pH 值下降，速效钾下降较为明显，下降 65.61mg/kg、pH 值下降 0.18。

3. 指导农业生产的意见与措施

大力推广测土配方施肥技术。通过实施配方施肥技术，掌握土壤养分丰缺指标，调整 N、P、K 的比例，确定合理施肥用量，合理布局区域化种植，同时，针对不同土壤采取相应措施。

（1）潮土类型区。①县域中部、东北部、东南部的沙质潮土土属区域。包括红花集镇、田口乡、聂堆镇、皮营乡、迟营乡、黄土桥乡、东王营乡、大王庄乡的全部或部分区域。该土壤有机质养分低、土壤保水保肥性能较差。在耕地质量建设方面应着重于健全灌溉系统，同时，增施有机肥料，合理施肥化肥，用地养地相结合，培肥地力。②壤质潮土土属区域。主要包括西华营镇、红花集镇、艾岗乡、东夏亭镇、叶埠口乡五乡镇的两合土区域。该区域土种类型主要为两合土及底沙两合土，土壤质地疏松易耕、保肥供肥性能较强。在耕地质量建设方面应着重于增施有机肥料、搞好秸秆还田、合理施用化肥，进一步提高耕地地力。③黏质潮土土属区域。主要包括中西部的西夏亭镇、奉母镇、叶埠口乡、址坊镇、逍遥镇、艾岗乡、李大庄乡。该土壤养分含量丰富，保肥性能较强，但是质地较黏重，通透性较差，耕性不良，养分分解较缓慢，部分地块易涝。在耕地质量建设方面应着重于疏通沟渠，深耕施肥，加深耕层。

（2）沙姜黑土类型区。本类型区主要分布于西华西北部的奉母镇、逍遥镇、艾岗乡3个乡镇。该区地势较低洼，主要土壤类型有灰质黑老土、灰质沙姜黑土、黑老土、沙姜黑土。该土壤质地黏重、耕性不良、通透性较差、耕层较浅、土壤熟化程度低、供肥性能差，但是该类土壤潜在肥力较高，保肥性能较强。该类土壤在耕地质量建设方面应建立健全农田水利工程，精耕细作，深耕细耙，进一步加厚土壤耕层，同时，合理施用化肥，增施有机肥料和微肥。

（3）褐土类型区。本类型区主要分布在西部的艾岗乡、奉母镇、西夏亭镇、逍遥镇、址坊镇5个乡镇。该区域地势高燥，该土壤质地轻壤，耕性良好，耕层深厚，土壤熟化程度高，保肥供肥能力强，是西华县粮食高产区，该类土壤在耕地质量建设方面应建立健全农田水利工程，精耕细作，深耕细耙，进一步加厚土壤耕层，同时，合理施用化肥，增施有机肥料和微肥。

（四）显著提高测试化验技术水平

西华县现有化验室10间，面积220m²，通过项目的实施，补充完善了化验设施，购置了化验柜、原子吸收、紫外分光光度计、电子天平、消煮炉、定氮仪等30多台套比较先进的化验仪器和设备，更新了水电、化验台等基础设施，改善了工作环境，化验员也由以前的3人增加到现在的7人，壮大了化验队伍。测试项目由以前的常规6项，增加到现在的13项。西华县土肥站按照河南省土肥站要求，积极选派化验员参加省市举办的化验技术培训班，化验员得到了系统的专业学习，熟练掌握了化验操作基础知识和规范的测试技术，加上长期的、大量的实际化验操作，检测精度进一步提高，同时，化验人员业务素质得到显著提高，培养出了一支高素质的化验队伍。

（五）研制主要作物肥料配方及施肥技术

根据田间肥效试验数据和校正试验结果，结合土壤养分测试数据，参照专家经验，3年来共确定小麦施肥配方9个，玉米施肥配方5个，养分含量在40%～50%。

1. 小麦施肥配方

（1）高产田亩产500kg以上产量水平（褐土、淤土、沙姜黑土区）。①亩施20－14－6（40%）配方肥50kg，拔节期追施尿素10kg；②亩施18－13－9（40%）配方肥50kg，拔节期追施尿素12.5kg；③亩施20－15－10（45%）配方肥40kg，返青至拔节期追施尿素15kg。

（2）中产田亩产450～500kg产量水平（中壤土区）。①亩施25－12－8（45%）配方肥50kg，返青至拔节期追施尿素5kg；②亩施23－14－8（45%）配方肥50kg，返青至拔节期追施尿素7.5kg；③亩施20－16－8（42%）配方肥40kg，视苗情返青期至拔节期追施

12～14kg 尿素。

（3）低产田亩产 450kg 产量水平（沙土区）。①亩施 20 - 10 - 10（40%）配方肥 40kg，返青期追施尿素 7.5kg；②亩施 22 - 12 - 8（42%）配方肥 40kg，返青期视苗情追施尿素 5～7.5kg；③亩施 21 - 12 - 7（40%）配方肥 40kg，视苗情返青期追施 5～7.5kg 尿素。

2. 玉米施肥配方

（1）高产田亩产 500kg 以上产量水平（褐土、淤土、沙姜黑土区）。①定苗期亩施 20 - 8 - 12（40%）配方肥 50kg，大喇叭口期追施尿素 10kg；②定苗期亩施 22 - 10 - 8（40%）配方肥 40kg，大喇叭口期追施尿素 5kg。

（2）中产田亩产 450～500kg 产量水平（中壤土区）。①定苗期亩施 24 - 9 - 12（45%）配方肥 30kg，大喇叭口期追施尿素 15kg；②定苗期亩施 30 - 6 - 6（40%）配方肥 40kg，大喇叭口期追施尿素 4～5kg。

（3）低产田亩产 450kg 产量水平（沙土区）。亩施 22 - 9 - 9（40%）配方肥 30kg，大喇叭口期追施尿素 10～12.5kg。

（六）摸清了主要作物施肥现状及施肥效应

1. 施肥现状

2007—2009 年按照测土配方施肥项目的要求，我们每年对西华县部分农户开展施肥情况调查，3 年共调查农户 6 375 户，通过调查基本摸清了西华县主要作物施肥现状及施肥效应。从测土配方施肥对农户施肥的影响看：自 2007 年测土配方施肥项目实施以来，随着测土配方施肥项目实施的不断开展，农户的测土配方施肥意识逐渐形成，配方施肥已经成为大多数农户的正确选择，测土配方施肥面积逐年加大，实行测土配方施肥农户（地块）经济效益明显增加，说明测土配方施肥对农户的影响极大，主要是对农户施肥习惯的影响，包括施肥数量、品种、施肥次数、施肥方法等情况影响较大。单一施肥的现象逐渐减少。氮、磷、钾的施肥比例更趋合理，2007 年氮、磷、钾施用比例为 1：0.21：0.13，2008 年氮、磷、钾肥施用比例为 1：0.26：0.15，2009 年氮、磷、钾肥施用比例为 1：0.29：0.18，这说明，通过测土配方施肥项目的实施，西华县总体氮、磷、钾肥的施用结构得到进一步调整，盲目大量施用氮肥的趋势有所缓解，农民群众对磷钾肥的施用引起了重视，施肥结构逐步趋向合理化。同时，农户施肥方法进一步改进，施肥时期也有原来的一次施肥改为多次施肥，农民对使用有机肥、微量元素肥料有了进一步的认识，科学施肥的氛围逐步形成。从施肥品种及数量变化看：氮肥施用单质氮肥主要以尿素、碳酸氢铵为主，施用量总体呈下降趋势。磷肥品种中单质磷肥施肥比例逐年减少，正在向高含量磷肥过渡，配方肥、磷酸一铵、二铵所占比例有增加趋势。钾肥施用量在施肥总量上逐年增加。在施用肥料中，复合肥料、复混肥料、配方肥料变化最为明显，复合肥料所占比重由 2007 年的 35.67% 增加到 2009 年的 66.96%。配方肥料由 2007 年的 7.85% 增长到 2009 年的 15.79%。由此可以看出，项目实施以来，农民的施肥品种逐步由单一肥料过渡到复合肥料、配方肥料，并逐渐向高浓度肥料过渡。

（1）冬小麦施肥现状。西华县小麦 2007—2008 平均产量 506kg/亩，整个生育期平均投入化肥纯氮 15.83kg/亩，磷肥（P_2O_5）5.26kg/亩，钾肥（K_2O）2.89kg/亩，N、P、K 比例为 1：0.33：0.18；2008—2009 年全县小麦平均产量 517kg/亩，整个生育期平均投入化肥纯氮 14.02kg/亩，磷肥（P_2O_5）5.75kg/亩，钾肥（K_2O）3.19kg/亩，N、P、K 比例为

1：0.41：0.22；2009—2010 年全县小麦平均产量 514kg/亩，整个生育期平均投入化肥纯氮 13.24kg/亩，磷肥（P_2O_5）6.26kg/亩，钾肥（K_2O）3.84kg/亩，N、P、K 比例为 1：0.47：0.29。可以看出，小麦氮肥用量从 2007—2009 年呈逐年下降趋势，钾肥用量呈逐年上升趋势。根据调查结果，氮肥施用时期和施用方法上大部分以氮肥总用量的约 75% 以底肥形式犁底一次性施入，返青期追肥量约占 25%，磷钾肥均作为底肥一次性施入。在氮肥用量上偏高并且一次性施入氮肥的农户反映小麦前期长势较好，分蘖率高，但是后期出现贪青晚熟易倒伏，并且病虫害发生率较高等现象，氮肥的过量施用造成了一定的减产。磷、钾肥在用量方面随着测土配方施肥工作的不断开展和农民群众对磷、钾肥施用的正确认识逐渐趋向合理化。但是总体来说，西华县部分农户在小麦施肥方面还存在一些问题，主要表现为氮磷钾比例失调，氮素相对投入过多，部分农户对钾肥的施用不够重视，中高产小麦田氮肥低、追比例不协调等现象。

（2）夏玉米施肥现状。2007 年整个生育期平均投入化肥纯氮 17.04kg/亩，磷肥（P_2O_5）2.17kg/亩，钾肥（K_2O）1.68kg/亩，N、P、K 比例为 1：0.13：0.1；2008 年整个生育期平均投入化肥纯氮 17.23kg/亩，磷肥（P_2O_5）2.66kg/亩，钾肥（K_2O）1.9kg/亩，N、P、K 比例为 1：0.15：0.11；2009 年整个生育期平均投入化肥纯氮 16.22kg/亩，磷肥（P_2O_5）2.89kg/亩，钾肥（K_2O）1.74kg/亩，N、P、K 比例为 1：0.18：0.11。从氮、磷、钾肥的施用数量看，氮肥的用量逐年减少，磷肥用量逐年上升。据调查，夏玉米氮肥施用品种主要有：尿素、高氮型复合肥、碳酸氢铵、配方肥等，磷、钾肥施用均来源于配方肥料和复合肥料，施用单质磷钾肥的几乎没有。根据调查得知，西华县夏玉米在施肥方面仍存在一定的问题：一是夏玉米生产中偏施氮肥问题突出，2009 年氮肥施用量虽较 2007 年、2008 年有所降低，但是依然较高，普遍存在氮肥施用过量现象，并且施用方法简单，前期氮肥用量过大；二是农户对磷、钾肥的施用不够重视，虽然磷钾肥的施用量在逐年上升，但是夏玉米磷、钾肥施用仍处于较低水平；三是对缺锌土壤不注重锌肥施用、管理粗放、影响肥料应用效果等。

2. 肥料施用效应分析

从农户施肥效应评价看：通过测土配方施肥农户与常规施肥农户调查的汇总数据，从农民执行测土配方施肥后的增产效果、单位肥料投入增产量、产投比、经济效益等方面进行分析评价。冬小麦配方执行区较习惯施肥区增产率最小值为 2.7%、最大值为 18.26%、平均值为 6.46%；夏玉米增产率最小值为 4.05%、最大值为 13.5%、平均值为 6.12%。小麦、玉米平均增产率均在 6% 以上。冬小麦配方施肥单位肥料投入增产量比习惯施肥单位肥料投入增产量高 3.97%；夏玉米配方施肥单位肥料投入增产量比习惯施肥单位肥料投入增产量高 1.46%，充分表明配方施肥单位肥料投入增产量要高。冬小麦配方执行区产投比较习惯施肥产投比大 0.4，夏玉米配方执行区产投比较习惯施肥产投比大 0.89。冬小麦配方执行区经济效益平均为 219.5 元/亩，习惯施肥经济效益为 146.9 元/亩，配方施肥经济效益较习惯施肥经济效益高 72.6 元/亩；夏玉米配方执行区经济效益为 148.7 元/亩，习惯施肥经济效益为 101.3 元/亩，配方执行区经济效益较习惯施肥经济效益高 47.4 元/亩。从经济效益上来说，配方执行区效果比习惯施肥区效果明显。

（七）创新技术推广服务模式

测土配方施肥是提高农业综合生产能力，促进粮食增产、农业增效、农民增收的一项重要措施，是建设社会主义新农村、加速现代农业发展的一项基础性工作，是当前和今后一个时期农业工作的一项重点工程。测土配方施肥技术是一项比较复杂的技术，农民真正掌握起来不容易。只有把该技术物化后，才能够真正实现。测土配方施肥技术承担部门通过项目实施进行测土、配方，由化肥生产企业按照配方进行生产配方肥供给农民，然后由农业技术人员指导科学施用。这样，一项复杂的技术就变成了一件简单的事情，这项技术才能真正应用到农业生产中去，才能发挥出它应有的作用。这种"免费测土，提供配方，按方购肥，指导施肥"的模式，不仅能促进"测、配、产、供、施"的有效衔接，而且能有效调动企业参与测土配方施肥的积极性。西华县创新技术推广服务主要模式如下。

1. 发卡服务模式

2007 年，测土配方施肥项目在西华县开始启动，在当年的实施运作中，为找出适合西华县不同地力的肥料配方和作物施肥技术指导，西华县土肥站，一是广泛收集整理分析与测土配方施肥有关的技术资料，收集整理历史资料，其中，包括第二次土壤普查、土壤监测、田间肥效试验和施肥情况调查在内的各种数据资料。二是做好作物施肥情况调查结果统计与分析工作，特别是做好当地种植水平较高的典型农户与科技示范户的施肥情况调查结果统计分析。由于当时测土配方施肥工作刚刚起步，基础差，为不误农时，及时指导肥料企业生产抓紧专用配方肥生产，引导农民科学施肥，在施肥参数不齐，又没有最新的土壤养分测试数据的情况下，采用氮、磷、钾比例法开展测土配方施肥工作，即通过总结本县前 3 年内不同土壤、不同作物田间试验得出氮、磷、钾的最适用量，然后计算出三者之间的比例关系，首先确定其中一种主要养分的施肥定量，然后按各种养分之间的比例关系推荐其他养分的肥料用量，如以氮定磷钾、以磷定氮，等等。由此制定了西华县 2007 年高、中、低不同产量水平、不同肥力水平的施肥建议卡。2008—2009 年，测土配方施肥项目在全县全面展开，通过田间试验和取土测试进一步掌握了西华县各类作物及土壤的施肥参数，初步摸清了土壤养分校正系数、土壤供肥量、农作物需肥规律和肥料利用率等。在通过对土壤测试和田间试验数据汇总的基础上，西华县农业局组织有关技术专家根据西华县的气候、地貌、土壤类型、作物品种、耕作制度等差异性，合理划出了施肥类型区，建立了不同施肥分区主要作物的氮磷钾肥料效应模型，确定了作物合理施肥品种和数量，基肥、追肥分配比例，最佳施肥时期和施肥方法等，由此制定了西华县 2008—2009 年主要作物的施肥建议卡。项目实施至今，西华县项目区累计发放施肥建议卡达 15.2 万份，为了保证这些建议卡及时发放到农民手中，农业局领导班子及局属二级机构分片包乡，带领全局技术人员深入乡、村、组、农户，全力以赴投入施肥建议卡发放和施肥技术指导工作，并对领卡农户详细登记，同时，全县各乡镇农技部门、配方肥销售网点，也积极参与了施肥建议卡的发放工作。通过广大干部职工的共同努力，项目区配方施肥建议卡入户率达 96% 以上，有力地推进了西华县测土配方施肥工作的开展。

2. 技术物化模式

根据不同土壤养分含量和不同作物的需肥规律研制肥料配方，将肥料配方交给测土配方施肥项目中标的定点生产企业，由肥料企业按配方生产作物专用配方肥。建立"测土、配方、生产、供应、施肥技术指导"一条龙的服务体系。这种模式把肥料作为测土配方施肥技术的载体，使农民在购买肥料的同时就得到了科学施肥技术，既简化了农民的操作手续，又强化了测土配方施肥技术的推广。2007—2009 年全县共研制出不同土壤、不同作物的肥料配方 14 个，合作配方肥定点生产加工企业 3 个，加工生产各种配方肥 3 万 t，推广施用配方肥面积 80 万亩。

3. 示范带动模式

随着国家农业科技入户工程和农村土地流转政策的开展和深化，农村中涌现出了一大批种植大户，这些种植大户大多是种田能手，接受农业科学新知识能力较强，对当地农民群众又具有较大的影响力。在测土配方施肥工作开展中，选择他们作为测土配方施肥示范户，优先为这些种植大户举办测土配方施肥技术培训班，为他们取土化验分析，制定不同土壤和不同作物的肥料配方。通过示范户的高产示范作用来带动周边群众科学施肥的积极性。同时，组织农民代表实地观摩测土配方施肥示范田，向他们充分展示配方施肥效果，让他们真正看得见、摸得着，引导他们科学施用配方肥，这种模式是带动和引导农民推广测土配方施肥技术的最有效途径。

4. "测—配—产—供—施" 服务模式

项目技术承担单位根据不同土壤类型化验结果、不同作物目标产量水平，结合田间试验结果，科学制定不同作物的不同配方，提供给配方肥定点生产企业，企业按配方组织生产配方肥，然后由县农业局向生产企业推荐县级经销商，签订经销协议，县级经销商在整合原有的农技及企业网点基础上，补充组建乡、村两级销售网络，将配方肥供给农户。通过近几年工作的开展，全县已建乡、村配方肥经销网点 72 个，确保了全县农民能够就近购买使用配方肥，同时，农技人员积极深入基层跟踪技术指导，并监督配方肥的质量、价格，保证农民用上质量可靠，价格合理的配方肥、放心肥，"测—配—产—供—施" 一条龙服务模式。

四、主要经济、社会、生态效益

（一）经济效益

项目实施 3 年来，西华县累计推广应用测土配方施肥面积 180 万亩，其中，小麦 110 万亩、玉米 70 万亩。全县小麦配方施肥区较习惯施肥区平均，增产 46.35kg、亩减不合理施肥量 2.15kg，亩节本增效 66.94 元，总节本增效 7 982.75 元；玉米配方施肥区较习惯施肥区平均亩增产 34.3kg、亩减不合理施肥量 1.0kg，亩节本增效 62.92 元，总节本增效 4 794.93 万元。

（二）社会效益

1. 显著提高了专业技术人员的学术水平和业务能力

测土配方施肥技术是一个科技含量比较高的课题，通过项目实施，县级人员了解了当前土肥技术研究发展的现状，学习了肥料试验数据处理、统计分析的新方法，掌握了肥料试验技术，提高了县级专业技术人员的学术水平和业务能力。同时，更新了化验室仪器设备。一方面，当代土肥专业方面比较先进的仪器设备、试验技术、测试技术、数据分析、软件应用等得到引进、使用、应用、学习和熟练掌握，扩展了知识面，提高了土壤化验技术水平。另一方面，通过进村入户，深入田间地头，进行采样调查，技术指导，理论与实践相结合，提高了解决实际问题的能力，进一步提高了技术人员的业务能力。

2. 扭转了农民的施肥观念，改变了施肥习惯

通过宣传培训，通过项目实施，提高了广大群众对测土配方施肥技术重要性的认识，满足了他们对技术的渴求，在一定程度上掌握了科学施肥的方法，避免了盲目施肥。广大农民

了解了测土配方施肥技术的理论和技术，对测土配方施肥重要性的认识得到进一步提高，掌握了合理施肥技术，扭转了农民的施肥观念，重无机轻有机、重氮轻磷不施钾的习惯得到改变，过量施肥、盲目施肥的现象逐渐减少。在施肥方法上，撒施、表施等不合理施肥现象大幅度降低。

3. 改善了耕地质量

通过推广测土配方施肥技术，推动了耕地质量建设工作的开展，提高农业综合生产能力和建设节约型农业，积极引导积造农家肥，实施秸秆还田，提高了有机肥的利用水平，土壤养分结构趋于合理化。河南省土壤肥料站和河南农业大学资源与环境学院为西华县测土配方提供技术支持，为西华县更好地落实耕地地力评价工作任务打下了坚实基础。

4. 探索了一条农技推广的新模式

以项目为依托，整合技术力量，技物有机结合，深入乡村田间，在讲授技术的同时，为农民提供信息物资服务，使技术推广更直接、更有效，深受农民欢迎。

（三）生态效益

通过项目实施，测土配方施肥技术应用面积逐年扩大，技术含量逐年提高，调整了各类肥料的用量，养分比例趋向协调，土壤肥力得到提高，促使作物生长健壮，植株抗逆能力增强，在一定程度上减少了病虫害发生程度。尤其是氮肥用量的下降，减少了氮素的挥发和下渗，减轻了环境污染。

五、问题与建议

（一）存在的主要问题

（1）单位人员专业素质及业务能力需要进一步提高，测土配方施肥补贴项目要求一批专业知识较高的人员来参与完成，而在项目工作具体开展中部分工作人员由于专业性不够强显得有些力不从心。

（2）配方施肥的宣传力度需进一步加大，充分改进推广模式，提高测土配方施肥技术的入户率。

（3）由于当前肥料市场供求矛盾突出，直接影响到农民群众施用配方肥的积极性，不利于测土配方施肥技术的落实。

（4）个别生产厂家打着测土配方施肥的旗号生产劣质肥料，以价格低为依据误导群众，造成作物减产现象时常发生。

（二）建议

（1）加强技术培训，确保项目实施质量。工作人员除了具备一些专业知识外，还要充分掌握取土、调查、分析化验、田间试验操作、电脑数据分析等有关技术。多组织一些测土配方施肥补贴项目技术培训会，对项目工作人员进行专业的技术培训，同时，多组织人员参加省站、市站举办的各种技术培训班，并邀请省、市土肥站有关技术专家来进行技术指导，帮助解决技术难题，确保项目的实施质量，保证项目的顺利实施。

（2）强化宣传发动，为项目实施创造良好氛围。通过多种宣传媒体及科技赶集、开现场会、办培训班、田间示范效果展示等多种形式大力宣传测土配方施肥技术。同时，还可以利用标语、条幅、墙体广告、手机短信等方法宣传测土配方施肥工作的重要性，提高农民科学施肥的积极性，为项目的实施营造浓厚的工作氛围。

（3）建议实行肥料补贴，加大测土配方施肥补贴力度。对使用配方肥的农户实行补贴，从而保证测土配方施肥技术的推广。

（4）加大执法力度，对假、劣肥料应重罚、重管、坚决查处。

（三）下步工作计划

通过田间试验示范对初步建立的施肥指标技术体系进一步修订完善；进一步探索和完善企业参与测土配方施肥工作的运作模式，完善服务机制，认真做好耕地地力评价工作，建立长效机制，整体推进测土配方施肥工作进展。

附　　记

　　耕地是农业生产的基础，耕地地力评价是农业耕地等级划分和农业区划的科学依据。本次地力评价建立了西华县测土配方施肥数据管理系统和西华县耕地资源管理系统。本次地力评价为西华县新型现代农业利用 GIS、GPS 和计算机技术，开展资源评价，建立农业生产决策支持系统奠定了基础。西华县的耕地地力评价是依托测土配方施肥项目，在河南省土壤肥料站和周口市土壤肥料站的业务指导下、西华县农业局的领导下，西华县耕地地力评价办公室具体组织下进行的。

　　农化样化验分析由西华县土肥站综合化验室承担。河南省土壤肥料站土肥监测中心作了具体的业务指导。

　　技术组主要成员：白永杰、金广彦、邓春霞、陈东芳、崔喜来、马开华、庞磊等。

　　化验分析主持人：陈东芳、邓春霞。

　　田间土样采集人员有：陈东芳、邓春霞、宋臣红、朱来运、崔喜来、刘利等。

　　田间试验主持人：金广彦、崔喜来。

　　河南省土壤肥料站的程道全、易玉林、孙笑梅、闫军营、袁天佑；周口市土肥站的杜成喜、王伟；河南省农业大学环境资源学院的陈维强、李玲做了具体的工作指导。

　　西华县水利局、西华县国土资源局、西华县农业综合开发办公室、西华县气象局、西华县统计局、西华县林业局、西华县质量技术监督局等单位在这次地力评价工作中，都给予了大力支持。

　　本地力评价是集体研究成果。编写执笔人金广彦同志。因水平有限，错误难免。望批评指正。

　　参加野外工作和室内化验工作的其他同志都付出了辛勤劳动，做了大量工作。在此，一并致谢。

编　者

2016 年 6 月

附　　录

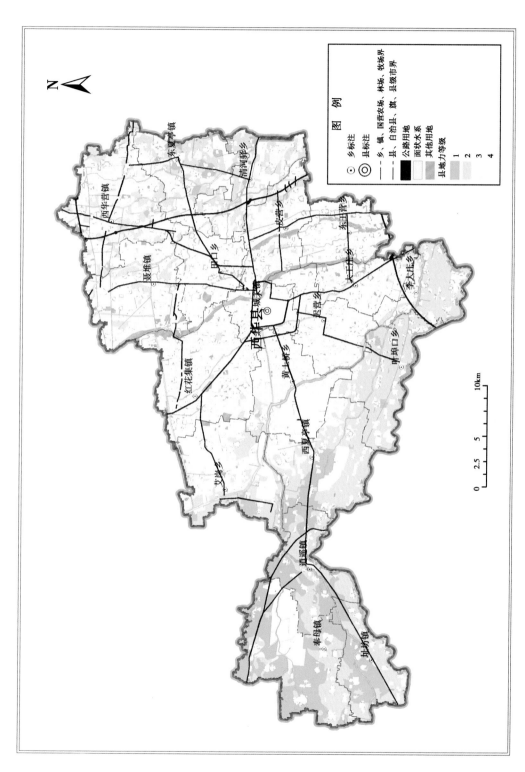

附录 1　西华县耕地地力等级分布图（县等级体系）

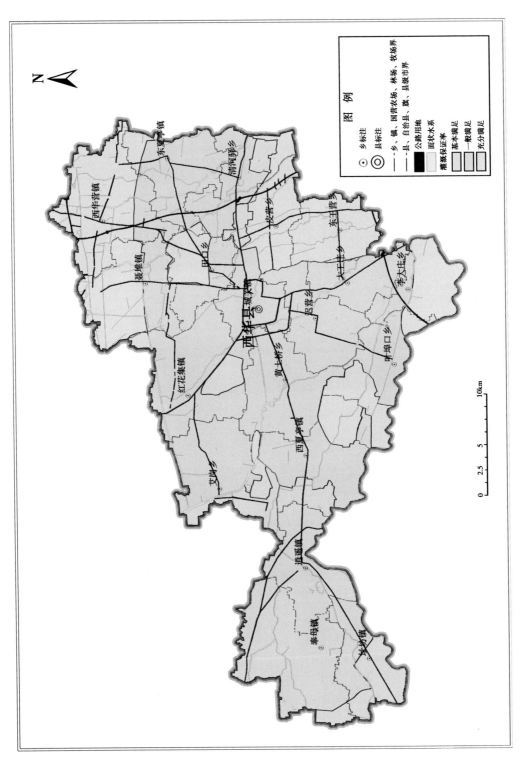

附录 2　西华县灌溉分区图

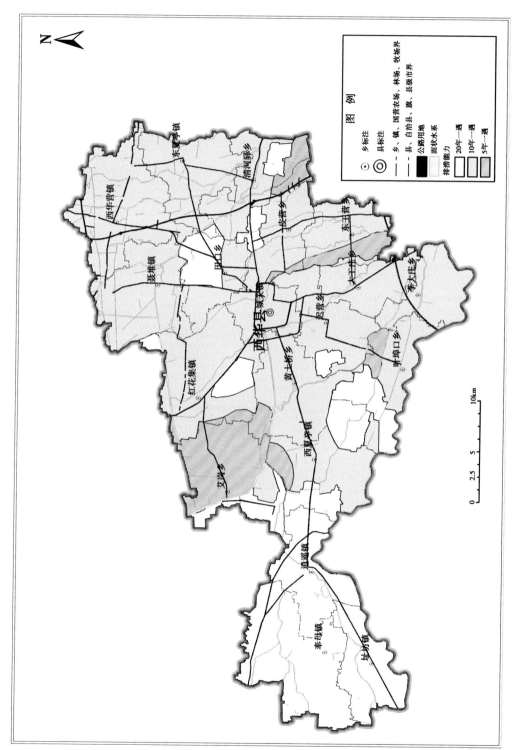

附录 3　西华县排水分区图

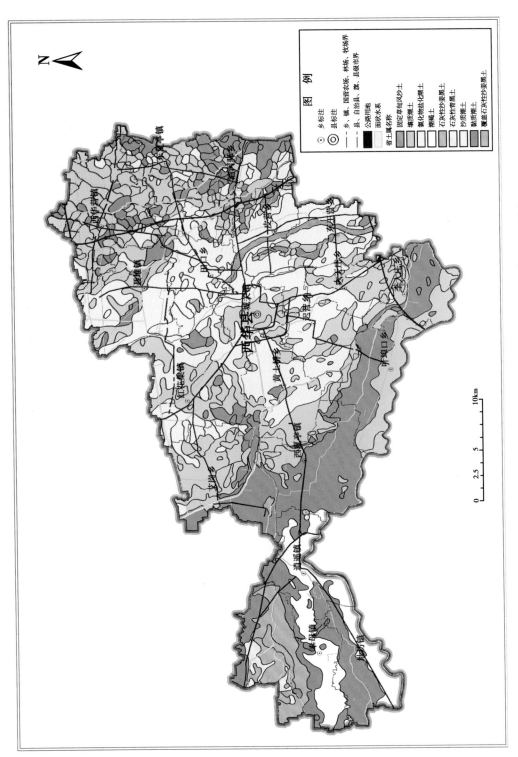

附录 4　西华县土壤分布图（省土属）

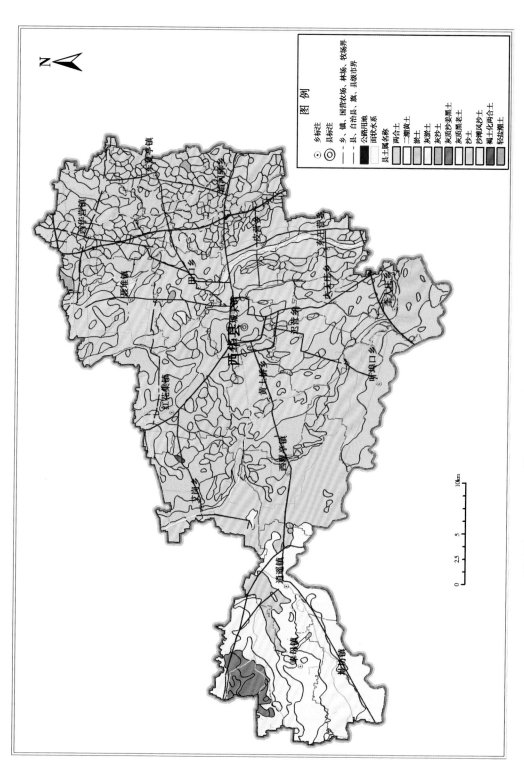

附录 5　西华县土壤分布图（县土属）

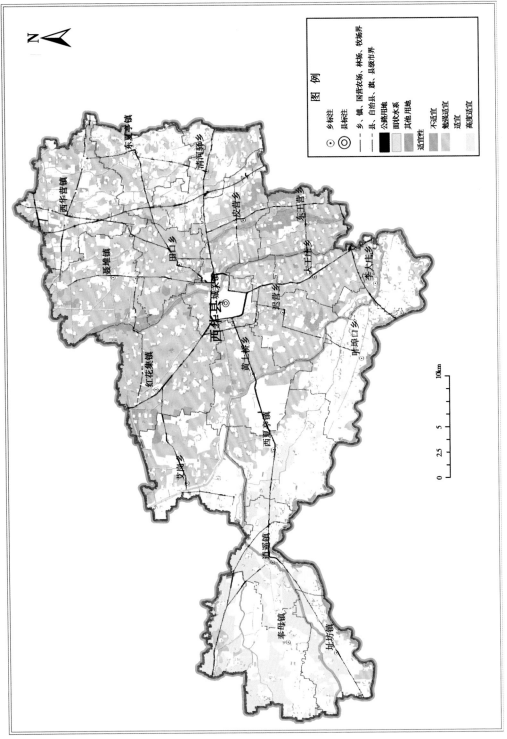

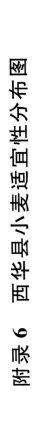

附录 6 西华县小麦适宜性分布图

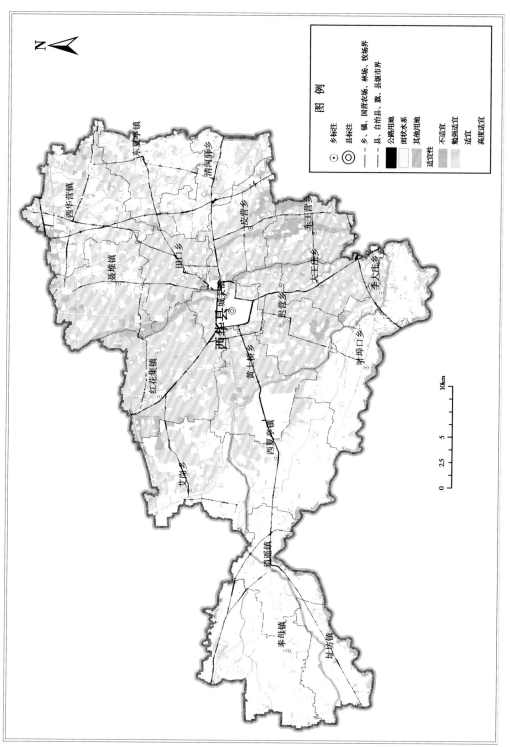

附录 7　西华县玉米适宜性分布图

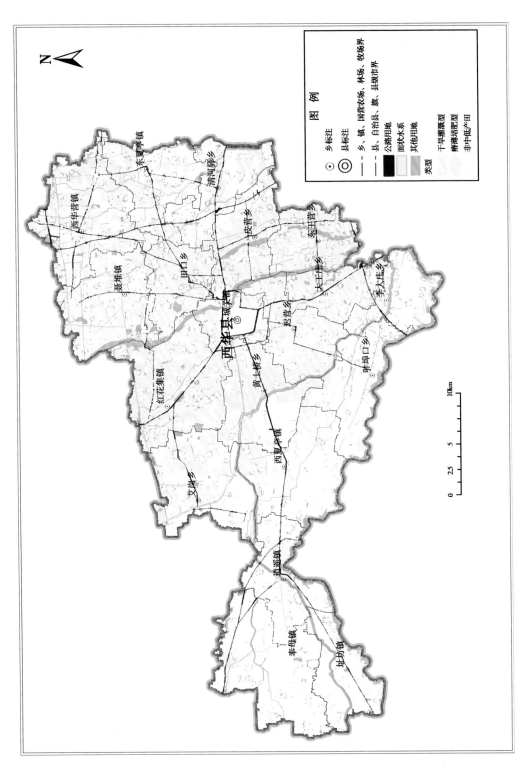

附录 8 西华县中低产田改良类型分布图

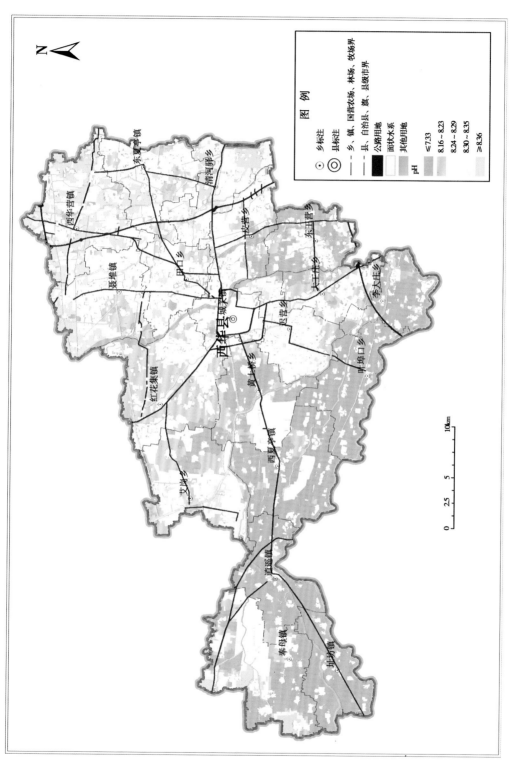

附录9　西华县土壤pH值分布图

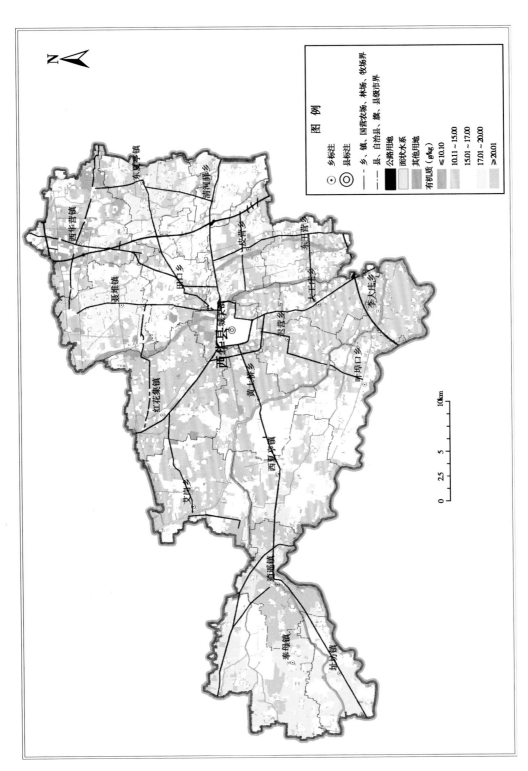

附录 10　西华县土壤有机质含量分布图

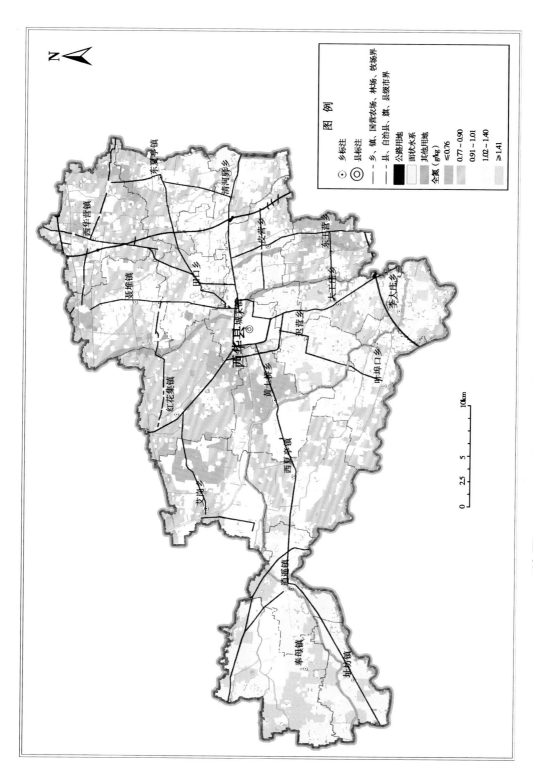

附录 11　西华县土壤全氮含量分布图

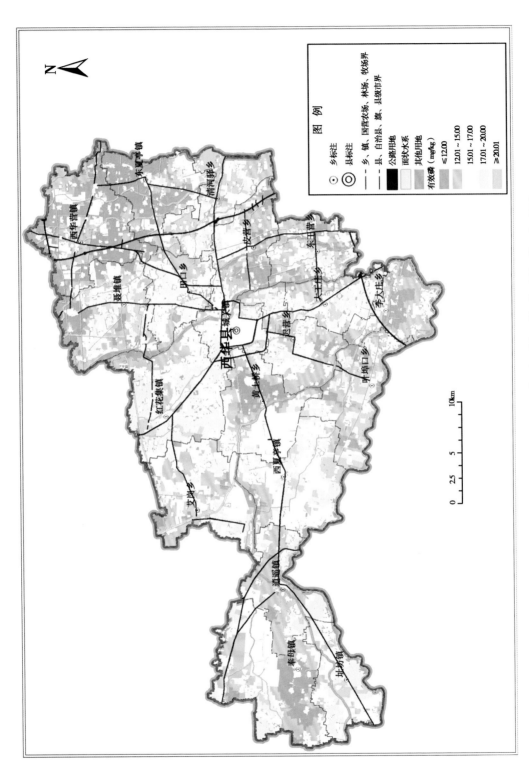

附录 12 西华县土壤有效磷含量分布图

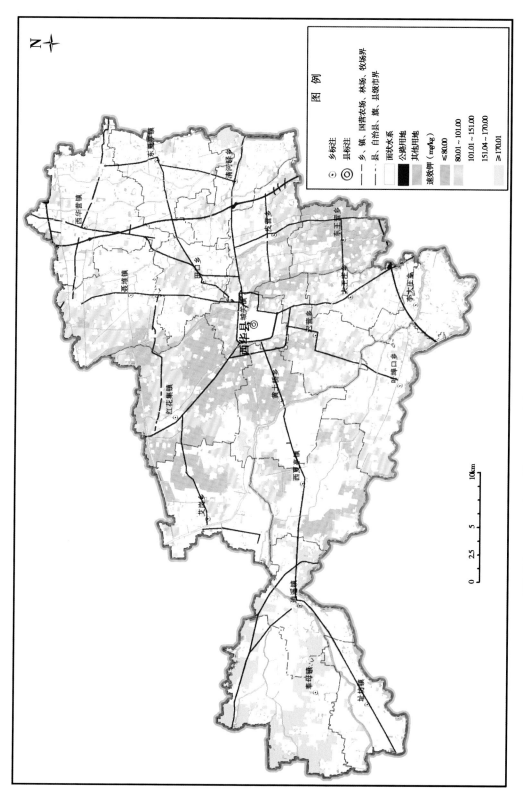

附录 13 西华县土壤速效钾含量分布图

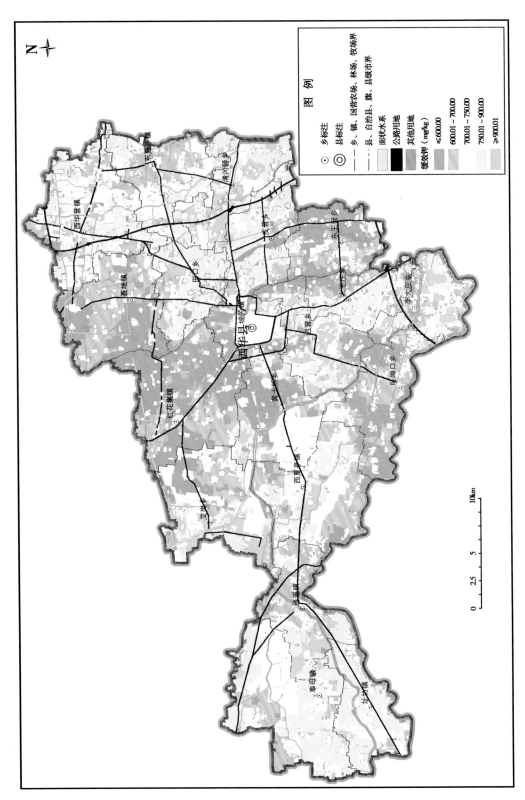

附录 14 西华县土壤缓效钾含量分布图

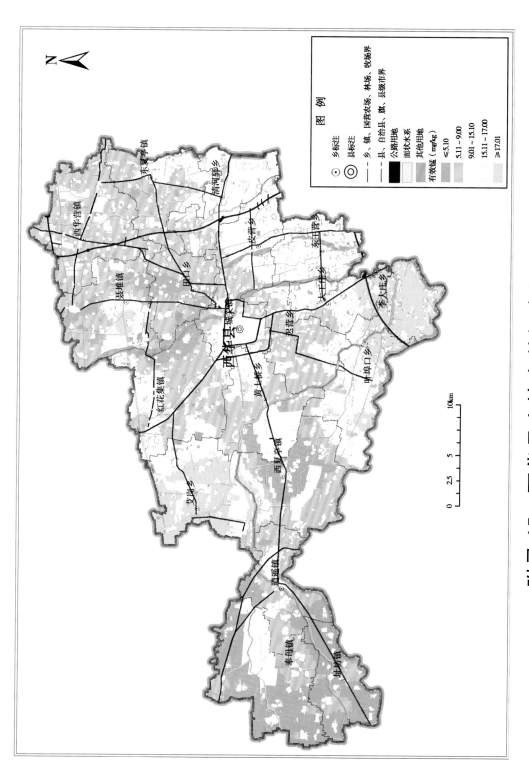

附录 15　西华县土壤有效锰含量分布图

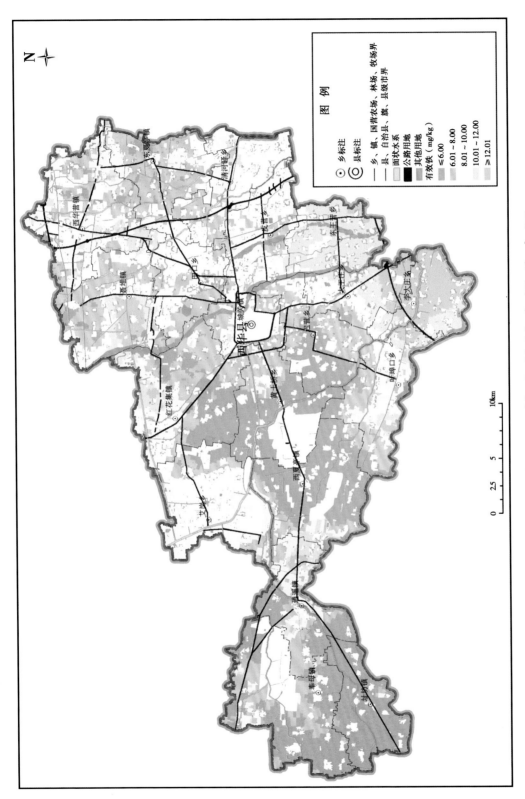

附录 16　西华县土壤有效铁含量分布图

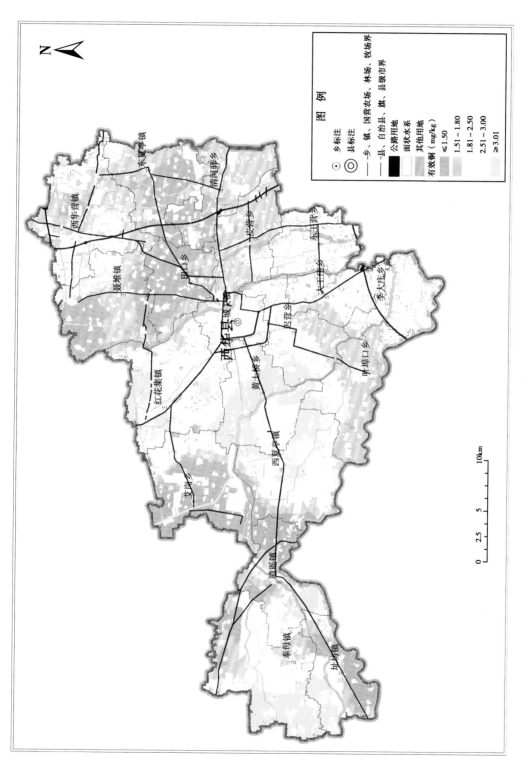

附录 17　西华县土壤有效铜含量分布图

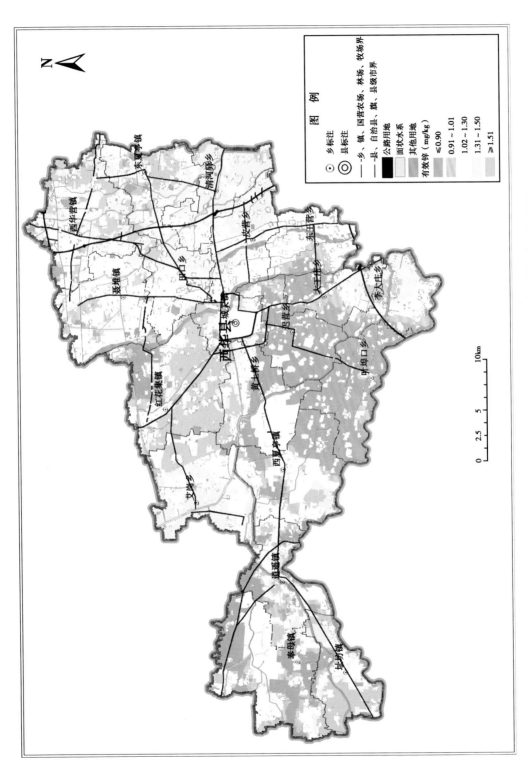

图　例

乡标注
县标注

——乡、镇、国营农场、林场、牧场界
——县、自治县、旗、县级市界

公路水系
面状用地
其他用地

有效锌（mg/kg）
≤0.90
0.91～1.01
1.02～1.30
1.31～1.50
≥1.51

N

10km

0   2.5   5

附录 18　西华县土壤有效锌含量分布图